Knaurs Geheimnisse
und Rätsel des Meeres

Delphine

Knaurs Geheimnisse und Rätsel des Meeres

Jacques-Yves Cousteau und Philippe Diolé

Delphine

Intelligente Freunde des Menschen

Mit 168 Abbildungen,
davon 105 in Farben

Droemer
Knaur

Ins Deutsche übertragen von Gerda Kurz und Siglinde Summerer

1. bis 27. Tausend

Originalausgabe: Les Dauphins et la Liberté

Umschlaggestaltung: Typobild Günter Becker
Satz und Druck: Mohndruck Reinhard Mohn OHG, Gütersloh
Einband: Großbuchbinderei Wennberg, Leonberg
Printed in Germany
ISBN 3-426-04579-6

Inhalt

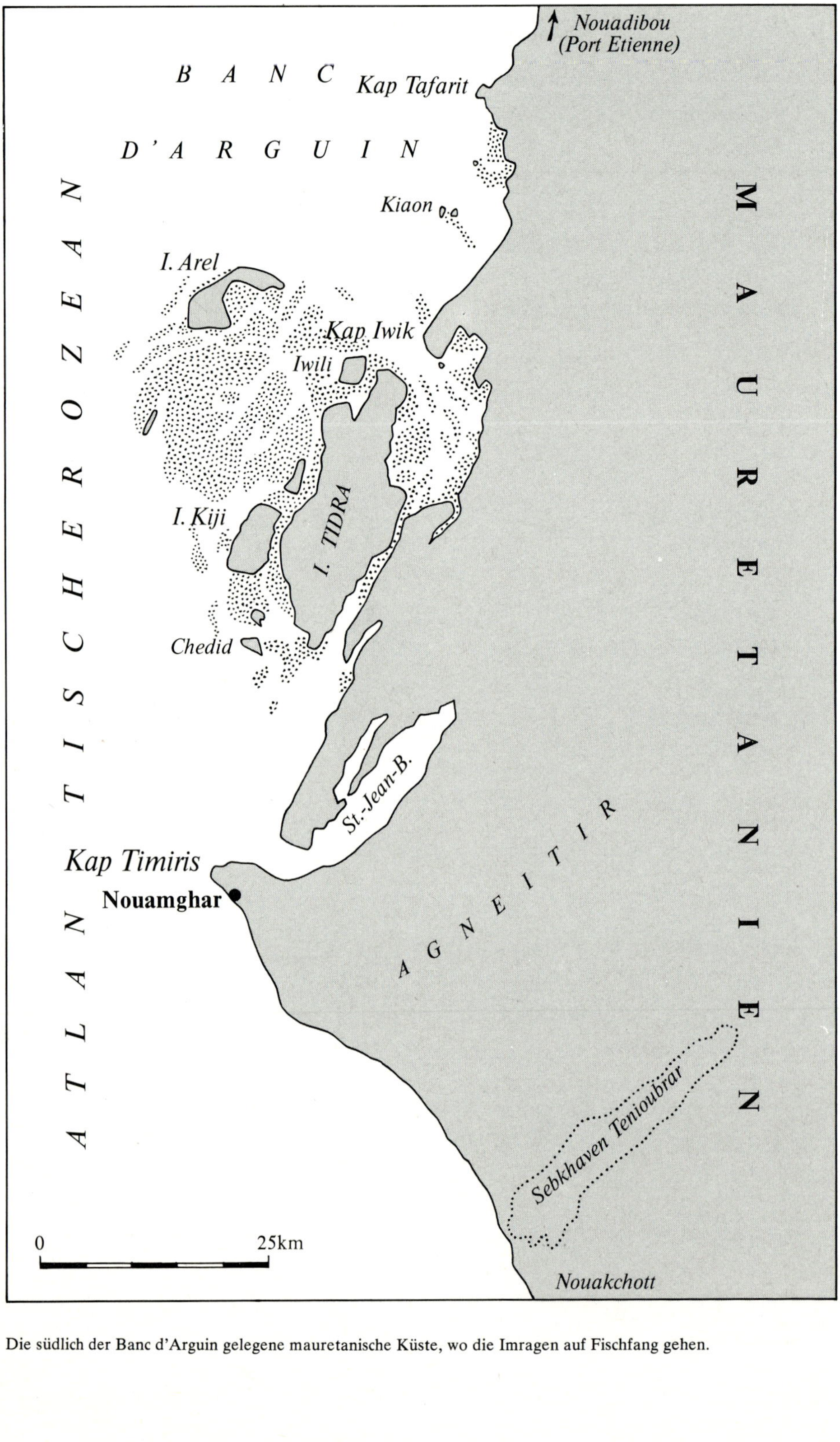

Die südlich der Banc d'Arguin gelegene mauretanische Küste, wo die Imragen auf Fischfang gehen.

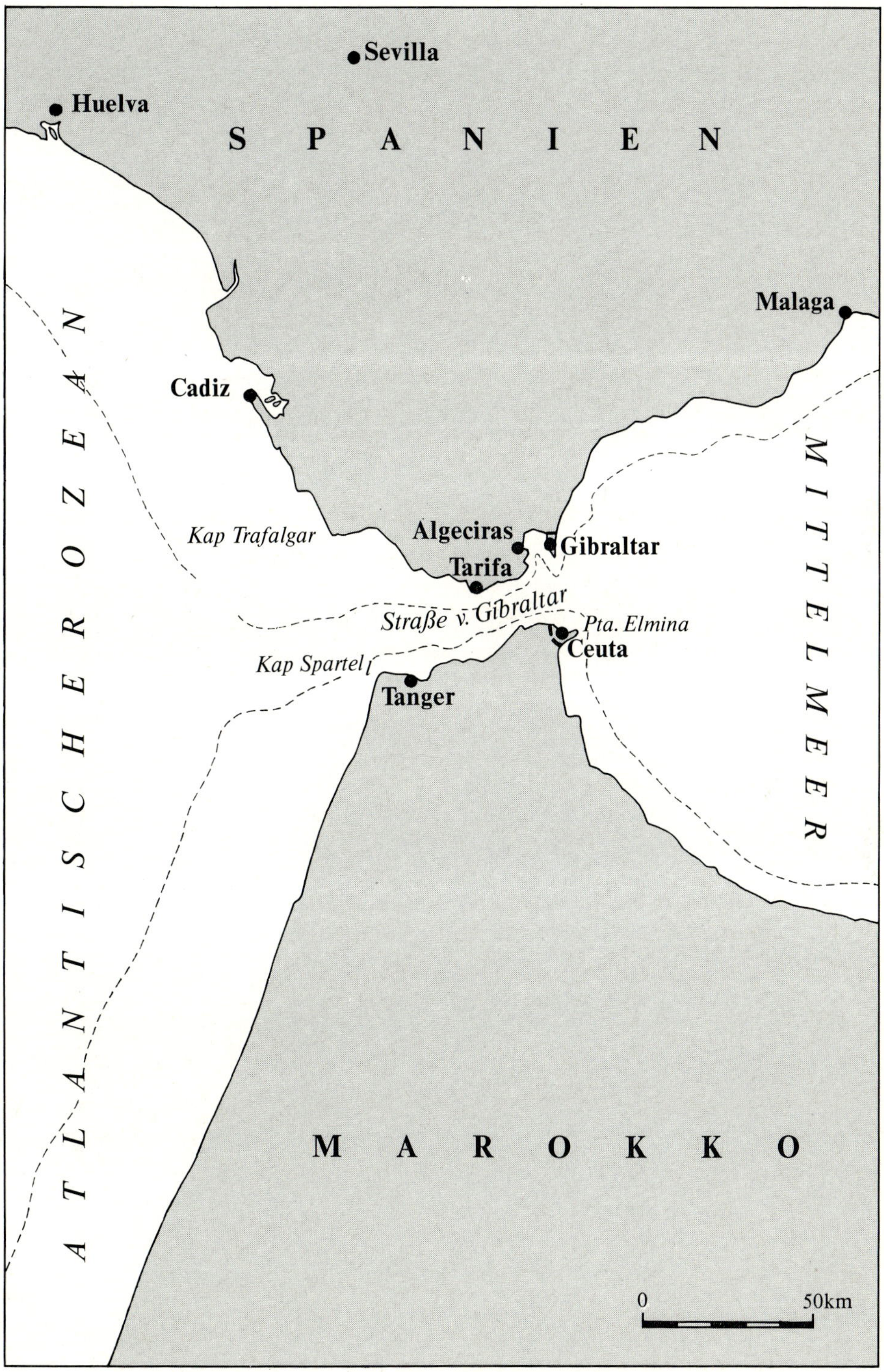

Die Straße von Gibraltar, eine fast immer von Walen frequentierte Meeresregion.

Commandant Cousteau, Kameramann Jacques Renoir und der Toningenieur nähern sich einer Delphinschule.

1 Erste Begegnung

Guter Orientierungssinn
Mißtrauen
Schweigende Welt
Versammlung am Meeresgrund
Ausschluß aus der Gruppe
Rätselhaftes Verhalten
Im Grenzbereich zwischen Mensch und Tier

Die Schiffsmotoren arbeiten auf vollen Touren, und wie der Vordersteven, vom Wasserwiderstand nach oben gedrückt, hochschnellt, sieht es aus, als bäumte der Kreuzer sich auf, prallte vibrierend gegen diese flüssige Mauer, die, von seinem Bug aufgeschlitzt, in einer gewaltigen Welle hochschäumt. Schauplatz der eindrucksvollen Szene ist der Ferne Osten, und das Schiff, die *Primauguet,* die, frisch aus der Werft ausgelaufen, Tempotests durchführt, holt im Moment mit 33,5 Knoten die Höchstgeschwindigkeit heraus.
Wie wir so dahinziehen, das Meer mit einer Gewalttätigkeit ohnegleichen aufreißend und eine Schaumgarbe aufpflügend, bemerke ich plötzlich an Steuerbord achtern eine Delphinschule. Geschmeidige Rücken biegen sich, Flossen tauchen auf und wieder unter, die Tiere kommen näher, holen uns zu meiner Verblüffung unaufhaltsam ein, bis, nur noch zehn, fünfzehn Meter vom Schiffsrumpf entfernt, das Leittier auf den Vordersteven zuschießt, um sich von der aufschäumenden Bugwelle nach oben tragen zu lassen. Doch schon drängen die anderen heran, rangeln um den begehrten Platz, und einer nach dem anderen nehmen sie ihr Spiel in den Wasserwirbeln auf, tummeln sich zwei, drei Minuten lang dicht vor dem Bug, gleiten zur Seite. Wie ich das herrliche Schauspiel genieße, geht mir durch den Kopf, daß sie, um die

auf Hochtouren laufende *Primauguet* einzuholen, ein Tempo von mindestens achtzig Stundenkilometern vorlegen mußten ... Das war 1934. Aber obwohl ich in den darauffolgenden Jahrzehnten oft Gelegenheit hatte, Delphine zu beobachten, ist mir jene erste Begegnung lebhaft in Erinnerung geblieben, und noch immer sehe ich die wendigen Tiere pfeilschnell durch die Wellen auf den Bug des Kreuzers zuschießen, dem feuchten Element weit besser angepaßt als die raffiniertesten und leistungsfähigsten Konstruktionen menschlicher Technik.

Alle Seeleute der Welt kennen die Delphine. Und sie betrachten die Tiere, die den Schiffen folgen, als würden sie von ihnen angezogen, seit alters als ihre Freunde. Warum sich diese Meeressäuger allerdings mit Vorliebe hart vor dem Bug tummeln, weiß bis heute niemand so recht zu sagen. Manche sehen darin ein reines Zweckverhalten – sie glauben, die Tiere ließen sich von der Bugwelle tragen und so mit beträchtlichem Tempo über ziemlich weite Entfernungen transportieren. Doch dagegen läßt sich einwenden, daß die Delphine auch ohne Hilfe eines Schiffes hohe Geschwindigkeiten vorlegen und daß sie sich überdies nie besonders lange vor dem Bug eines fahrenden Schiffes aufhalten. Offensichtlich wollen sie nichts weiter als »spielen« – aber was bedeutet in diesem Zusammenhang »Spiel«?

Daß es den Delphinen wohl nicht darum gehen kann, sich von der Bugwelle »treiben« zu lassen, beweisen u. a. die Schriften der Antike, in denen wiederholt ihre »Spiele« vor dem Bug der damals ja noch sehr langsamen Schiffe beschrieben werden, und auch der Umstand, daß sie heute noch gern vor kleinen Segelbooten herziehen.

Da diese Erklärung also offensichtlich ausscheidet, hat man gemeint, sie würden vielleicht von den Strömungen am Vordersteven angelockt, die ihre Haut sacht massierten oder von Schmarotzern befreiten. Und in der Tat ist die Haut der Delphine so empfindlich, daß ihnen darüberrieselndes Wasser durchaus ein sinnliches Vergnügen bereiten könnte – nur daß sie sich, wenn dem so wäre, ebensogut auch im Kielwasser tummeln könnten, wo man sie indessen noch nie beobachtet hat. Wie man sieht, läßt sich also das Verhalten der Delphine so einfach nicht deuten. Fest steht nur, daß sie spontan auf alles an der Oberfläche Treibende zuschwimmen und sich zuweilen eng an den Schiffsrumpf schmiegen oder das Gefährt zu zweit in die Mitte nehmen, als wollten sie es stützen und so vor dem Sinken bewahren. Vielleicht erklärt diese Eigenart auch, warum sie Ertrinkenden zu Hilfe kommen, denn daß Delphine Schiffbrüchige retten, ist kein Märchen, sondern eine ziemlich sicher verbürgte Tatsache.

Daß das Leben der Delphine voll von Geheimnissen ist, sollte ich noch bei manch anderer Gelegenheit erfahren.

So etwa 1948, als wir an Bord der *Elie Monnier*, eines Schiffes der französi-

schen Marine, von Toulon ausliefen, um bei den Kapverdischen Inseln Professor Piccards Tauchkugel, den Bathyscaph FNRS-2, abzusenken, und in der Nähe von Gibraltar eine recht ungewöhnliche Begegnung erlebten. In diesen Regionen wimmelt es von Meeressäugern, die teils ins Mittelmeer ziehen und es teils verlassen, vor allem von Walen – Pottwalen, Nordkapern und Grindwalen. An einem strahlend schönen Tag nun wollten wir nahe der Meerenge im Atlantik eine Lotung durchführen und nahmen Kurs auf die vorgesehene Stelle, ohne uns weiter um die vielen Delphine, die wir unterwegs sichteten, zu kümmern. Doch als wir nach getaner Arbeit in mindestens fünfzig Meilen Entfernung von der Küste erneut eine große, in Richtung Gibraltar ziehende Schule kreuzten, drehten wir bei, um uns ein wenig mit den Tieren zu vergnügen, und wie erwartet kamen sie vor den Bug und hoben mit ihren Sprüngen und Spielen an . . .
Ich konnte nicht recht glauben, daß sie über die Lage der Straße von Gibraltar ebensogut Bescheid wissen sollten wie wir mit unseren Navigationsinstrumenten, und hielt das Ganze eher für einen Zufall, ordnete aber, um sicherzugehen, einen Kurswechsel der *Elie Monnier* an. Zunächst sah es auch ganz so aus, als wollten sie mit unserem Schiff mitziehen, aber dann drehten sie plötzlich ab und nahmen ihre ursprüngliche Richtung wieder auf. Wir folgten ihnen und wiederholten das Manöver noch dreimal, aber jedesmal entfernten sich die Delphine nach einiger Zeit von unserem Kahn, um ihrer alten Route zu folgen. Offensichtlich kannten sie, und das fünfzig Meilen vom Land entfernt, den genauen Azimut von Gibraltar und steuerten geradewegs darauf zu. Wie sie sich dabei orientierten – ob mittels der Strömungen oder der Topographie des Meeresgrundes oder der Zusammensetzung des in den Atlantik fließenden Mittelmeerwassers –, ist mir bis heute unerfindlich geblieben.

Ein andermal während derselben Fahrt stoppten wir vor der marokkanischen Küste mitten in einem Delphinschwarm, der mit spielerischen Sprüngen bei spiegelglatter See nach Süden zog, um uns den Tieren erstmals im offenen Meer zu nähern. Mutig ließen wir uns ins Wasser gleiten und hofften, mit unseren Aqualungen ganz nah an sie heranschwimmen, sie filmen und womöglich gar berühren zu können – für uns damals (1948, also ziemlich zu Beginn unserer Forschungsfahrten) ein aufregendes Abenteuer, nur leider auch eines von kurzer Dauer; denn kaum hatten wir ein paar Bilderfolgen gedreht, löste sich die Schwimmformation auf, und die Tiere, von Panik ergriffen, tauchten teils zum Grund ab, und teils suchten sie das Weite und schossen davon.
An jenem Tag machten wir zum erstenmal die Erfahrung, daß Delphine im offenen Meer Taucher meiden, eine Entdeckung, die wir in der Folge immer

Die *Calypso* vor Anker.

Delphine auf offener See.

wieder bestätigt fanden: Nie haben wir erlebt, daß die Tiere in Freiheit auf einen Menschen unter Wasser zusteuerten, gleichgültig, ob dieser sich bewegt oder stillhält. Während sie den Schwimmer an der Oberfläche nicht sonderlich zu fürchten scheinen, erfaßt sie Angst, sowie er abtaucht. Offenbar mutet er sie wie ein bedrohliches Meerestier an, das sie an ihre Feinde, Haie und Schwertwale, erinnert.

Manchmal kommen sie zwar ein wenig näher, um zu erkunden, was sich da unter Wasser bewegt, machen sich aber gleich darauf wieder aus dem Staub. Selbst in völlig unberührten Meeresregionen, wo ihnen vom Menschen bestimmt noch kein Leid widerfahren ist, bleiben sie niemals längere Zeit in der Nähe eines Tauchers, sondern flüchten vor ihm wie vor einem gefährlichen Gegner.

Delphine schwimmen gern in größeren Schwärmen – eine Eigenart, die wir während der seit 1951 durchgeführten Forschungsfahrten der *Calypso* im Roten Meer und Indischen Ozean wiederholt beobachten konnten. Nicht selten begegneten wir Schulen von ein paar hundert Exemplaren, die wir

schließlich schon aus weiter Entfernung an den Wassergarben, die aufspritzen, wenn die Tiere nach ihren Sprüngen wieder ins Meer klatschen, erkannten.

Obwohl wir gewöhnlich, kaum hatten wir dieses Brodeln auf dem Meeresspiegel wahrgenommen, ins Wasser stiegen, wollte es uns doch nie glücken, an die Tiere wirklich heranzukommen, geschweige denn uns unter sie zu mischen und an ihren Spielen teilzunehmen, wie wir es uns so sehnlich wünschten und in unseren Träumen von einem gemeinsamen Leben mit ihnen im Meer immer wieder ausmalten. Aber wir mochten uns so langsam und vorsichtig bewegen, wie wir wollten, und alles nur Erdenkliche unternehmen, um uns als Freunde zu präsentieren, wir konnten sie von unseren guten Absichten einfach nicht überzeugen, ihnen kein Zutrauen einflößen, sie mit nichts ködern und herumkriegen, ja, sie schienen die Fische, die wir ihnen hinhielten und auf die sich ein Zackenbarsch oder ein Hai gierig gestürzt hätte, nicht einmal zu bemerken.

Damals wußten wir noch sehr wenig über die Delphine (wie überhaupt über das Leben in der Meerestiefe), jedenfalls nichts Exaktes. Die Berichte aus antiker Zeit kannten wir natürlich, und wenn wir auch nicht alles für bare Münze nahmen, was die Alten über sie geschrieben hatten, muteten sie uns doch wie Fabelwesen an, Wesen, denen unsere ganze Sympathie gehörte, denn obwohl sie uns beim Tauchen stets auswichen und, kaum wurden sie unser ansichtig, mit kräftigen Schwanzschlägen fächerförmig auseinanderstoben, fanden wir sie anziehender als alle anderen Meerestiere.

Wie oft haben wir sie im Verlauf unserer Kreuzfahrten in Parallelformation auf die *Calypso* zuschwimmen sehen, und meist kam, wie ich schon fünfzehn Jahre früher an Bord der *Primauguet* beobachtet hatte, das größte und stärkste Tier direkt vor den Bug geschossen, um sich mit sichtlicher Wonne von der Bugwelle tragen zu lassen, während sich ringsum seine Kameraden tummelten, unter dem Schiffsrumpf durchtauchten und sich laut quiekend um den Platz beim Vordersteven rissen, wo der Druck am stärksten, das Spiel also am lustigsten ist.

Manchmal umringten die Tiere das Schiff eine Viertelstunde oder zwanzig Minuten lang, ein andermal tauchten sie nur für ein paar Sekunden auf.

Um sie aus nächster Nähe zu sehen, brauchten wir nur in unsere Beobachtungskammer hinunterzusteigen, jenen durch einen Metallschacht zugänglichen, in die »falsche Nase« am Bug der *Calypso* eingebauten Raum mit sei-

Eine große Delphinschule zieht seewärts.

Seite 18 und 19: Drei Delphine tummeln sich in der Nähe der *Calypso*.

nen 2,50 Meter unter der Wasserlinie gelegenen Bullaugen, und manchmal schien es, als beäugten uns auch die Tiere, die mit ihrer bogenförmig vom Auge zum Schnabel verlaufenden Kerbe unablässig zu lächeln schienen. Ihr Blick wirkt schlau, verständig, neugierig. Er hat nichts von der eisigen Starre des Haiauges, sondern ist typisch für ein Säugetier. Ihre sanftgraue Haut schimmert so seidig, daß man sie am liebsten streicheln möchte.
Am meisten aber hat uns ihre Beweglichkeit beeindruckt, die Leichtigkeit und Geschmeidigkeit, mit der sie sich im Wasser tummeln, ihre Wendigkeit beim Tauchen, um die wir sie im Grunde seit jeher ein wenig beneidet haben.
Sie »spielen« gern, aber mitnichten zu jeder beliebigen Zeit oder auf jede beliebige Weise. Immer sind ihre Spiele Gemeinschaftsspiele, die von allen gleichzeitig wie auf ein Signal hin aufgenommen werden. Wiederholt konnten wir beobachten, wie riesige Delphinschulen wie auf ein Zauberwort hin zu springen und Kapriolen zu schlagen begannen, aus dem Wasser schnellten und sich seitlich oder rücklings wieder zurückfallen ließen, daß der Schaum aufspritzte, wobei sie beim Abtauchen ihren weißen Bauch zeigten und hin und wieder mit den Flossen oder dem ganzen Körper aneinanderstreiften. Spiel muß für sie die größte Wonne sein.

Als wir 1954 nach Arbeiten im Roten Meer Kurs auf den Persischen Golf nahmen, um nach Erdöl zu suchen, beobachteten wir beim Auslaufen von Aden eine Delphinschule, wie wir sie in dieser Zahlenstärke weder vorher noch nachher je zu Gesicht bekommen hatten.
Diesen Schwarm haben wir zwar für »Schweigende Welt« aufgenommen, aber der Film vermittelt keine rechte Vorstellung von dem Bild, das sich uns damals bot. Schon von fern schien die Wasseroberfläche zu kochen und zu brodeln. Unser Kapitän François Saout ließ mich auf die Kommandobrücke rufen und erklärte:
»Commandant, ich verstehe nicht, wie es so was geben kann, aber dort vorne muß ein Riff sein, das nicht in die Karte eingezeichnet ist.«
Beim Näherkommen stellten wir dann fest, daß das »Riff« in Wirklichkeit ein riesiger Delphinschwarm war, wohl an die zehn- bis zwanzigtausend Tiere, die spielerisch über den Wasserspiegel hochschnellten und dabei so phantastische Sprünge vollführten, wie wir es, die wir mit Delphinen ja schließlich einigermaßen vertraut sind, seither nie wieder erlebt haben. Wir hielten uns drei oder vier Stunden in ihrer Mitte auf und trennten uns erst bei Anbruch der Dunkelheit von ihnen.
Während wir selbst in der Folgezeit nie mehr einen so gewaltigen Delphinschwarm zu Gesicht bekamen, hat ein uns befreundeter Wissenschaftler, Professor René Guy Busnel (Leiter des schallphysiologischen Laboratoriums

des INRA; er hat mehrere Kreuzfahrten der *Calypso* angeregt und an einigen auch persönlich teilgenommen), wiederholt riesige Ansammlungen beobachtet, die zum Teil eine Länge von etwa sechzig Kilometern erreichten. Bei einer Mittelmeerfahrt sah er Delphinschulen, die offenbar von weither kamen, lautlos und ohne das Wasser aufzuwirbeln in höchstem Tempo, Tier hinter Tier, vorbeiziehen, und auf der Route nach Dakar war sein Schiff rings von Delphinen umgeben, die in Millionenzahlen vorbeidefilierten.

Als wir 1955 während der Dreharbeiten an unserem Film »Schweigende Welt« nach einem Aufenthalt auf den Seychellen Kurs auf die Amiranten nahmen, gingen wir zwei Tage lang im Windschutz eines Riffs vor Anker, um am Riffabhang zu tauchen. An beiden Tagen sahen wir morgens gegen 10 Uhr eine Delphinschule vorbeiziehen, die offenbar eine Runde um die Insel drehte. Der Vorgang weckte natürlich unsere Neugier, und so beschloß ich, der Sache auf den Grund zu gehen, fuhr aber, da ich die *Calypso* an ihrem Ankerplatz lassen wollte, mit Frédéric Dumas in einer der Barkassen los. Noch heute kann ich es mir nicht verzeihen, daß ich keine Kamera mitnahm und so das ausgefallene Bild, das sich uns auf der anderen Seite der Insel bot, nicht aufnehmen konnte. Zunächst sahen wir nur einen einzelnen Delphin, der zum Atemholen auftauchte und sich anschließend scheinbar ohne jede Bewegung absacken ließ, doch als wir unser Boot leise zu der betreffenden Stelle manövriert hatten und über Bord geklettert waren, bot sich uns ein höchst sonderbarer Anblick. Nie mehr haben wir später etwas Ähnliches zu Gesicht bekommen, denn als wir durch das kristallklare Wasser hinunterschauten, bemerkten wir in zehn bis zwölf Meter Tiefe am Riffabhang eine regelrechte Versammlung, rund ein Dutzend Delphine (wahrscheinlich die Schule, die wir am Morgen immer beobachtet hatten), die buchstäblich auf ihren Schwänzen zu sitzen und eine Geheimberatung abzuhalten schienen.
Als wir ins Wasser stiegen, drehten sie den Kopf und schauten zu uns herauf, doch da wir uns an der Oberfläche hielten – wir hatten unsere Taucherausrüstung nicht mitgenommen –, ließen sie sich zunächst nicht weiter stören, sondern bewegten sich lediglich ein wenig, als wollten sie aufeinander zutreten, genau wie bei einer Versammlung. Verblüfft starrten wir auf das einzigartige und wunderliche Bild, doch als wir etwas näher heranschwammen, verschwanden die Tiere schlagartig.
Da wir vom Treiben freilebender Delphine nur das wissen, was sich an der Wasseroberfläche tut, wenn sie in Schwärmen dahinziehen oder vor dem Bug der Schiffe ihre Spiele aufführen, aber keine Ahnung haben, was in der Meerestiefe, wo die Tiere einen Gutteil ihrer Zeit zubringen, vorgehen mag, bin ich mir nicht recht sicher, wie die Delphinversammlung bei den Amiranten letztlich zu deuten ist. Als einziges scheint mir festzustehen, daß es sich um

Unser Schlauchboot in unmittelbarer Nähe der im Meer spielenden Delphine.

kein Paarungsspiel handelte – was es sonst gewesen sein könnte, vermag ich nicht zu sagen, und ich erwähne die Szene eigentlich auch nur, weil sie einen Zug am Verhalten der Delphine offenbart, den außer uns anscheinend noch niemand beobachtet hat.

Eine völlig andere Begegnung hatten wir 1953, als wir, Korsika umrundend, in das zwischen der Insel und Italien gelegene Tyrrhenische Meer einliefen. Ich entsinne mich noch genau des windstillen, herrlichen Tages, an dem ich zum erstenmal in meinem Leben vom Beobachtungsraum aus einen auf dem Rücken schwimmenden Finnwal sah. Das Tier hielt sich fünfzehn bis zwanzig Sekunden in meinem Blickfeld auf, und ich glaubte zunächst, einen weißen Wal vor mir zu haben, bis es sich dann umdrehte und den schwarzen Buckel zeigte. Seither bin ich davon überzeugt, daß die meisten weißen Wale, die durch die Berichte von Walfängern und Seeleuten geistern, ganz gewöhnliche

Delphine können drei Meter hoch und ebenso weit springen.

Wale waren, die sich beim Abtauchen zu ihrem Vergnügen auf den Rücken rollten und ihren weißen Bauch sehen ließen. Sicher liegt hier die Wurzel all der Geschichten à la Moby Dick, finden sich doch bei dieser Spezies nur äußerst selten Albinos, während ein auf dem Rücken schwimmender Wal gewiß nichts Ausgefallenes ist.
An besagtem Tag also gelangten wir bis in die Nähe der Liparischen Inseln, konnten aber die Küste noch nicht ausmachen. Infolge des schönen Wetters, der Strömung und eines noch nicht lange zurückliegenden Vulkanausbruchs driftete eine so dichte Bimssteindecke auf dem Meeresspiegel, durch die sich die *Calypso* wie durch ein Geröllfeld hindurcharbeiten mußte, wobei die Steinbrocken dauernd am Rumpf entlangstreiften und den Lack abkratzten. Eine geschlagene Stunde lang riß dieses Knirschen und Klirren, das sich anhörte, als stiege von der See ein wirres Stimmengemurmel auf, nicht mehr ab, doch dann hatten wir wieder das freie Wasser erreicht und sichteten fern

am Horizont einen schwarzen Punkt. Beim Näherkommen identifizierten wir ihn als vereinzelten Delphin, der senkrecht im Wasser stand, den Schnabel in die Luft reckte und sich von Zeit zu Zeit mit einem leichten Schwanzschlag hochschnellte, um sein Luftloch zum Atmen über den Meeresspiegel zu bringen. Da er nicht schwamm und sich beim Herannahen des Schiffs überhaupt nicht mehr rührte, hielten wir ihn für tot, drehten aber doch in fünf oder sechs Meter Entfernung bei und schwammen auf ihn zu. Offensichtlich lebte er, denn er schaute zu uns herüber, tauchte aber, statt, wie erwartet, die Flucht zu ergreifen, nur den Kopf unter, kam nach einiger Zeit zum Atmen wieder hoch und verschwand erneut, was er in regelmäßigen Abständen wiederholte.

Nachdem das eine Dreiviertelstunde lang so gegangen war, erklärte unser Schiffsarzt Dr. Nivelot:

»Das Tier muß krank sein, vielleicht könnte ich ihm helfen.«

Daraufhin machte sich Canoé mit einem Netz auf, wickelte den Delphin, der widerstandslos alles mit sich geschehen ließ, hinein, wir hievten ihn an Bord und setzten ihn in einen mit Wasser gefüllten Kahn, wo er sich soweit ganz wohl zu fühlen schien – jedenfalls schwamm er und atmete ganz normal. Da er keinerlei Verletzung zeigte, kam der Doktor zu dem Schluß, er brauche lediglich ein Anregungsmittel, und gab ihm eine Kampferspritze. Die erwünschte Wirkung blieb jedoch aus, und eine Stunde später ging der Delphin zu unserem großen Kummer ein. Der Arzt nahm eine Autopsie vor, konnte aber weder eine organische Krankheit noch ein Blutgerinnsel noch sonst irgend etwas feststellen. Auch die Temperatur, die wir vor seinem Tod gemessen hatten, war mit 38 Grad ganz normal gewesen.

Dieser Vorfall hat mir viel Kopfzerbrechen bereitet, und ich bin mir bewußt, daß der Schluß, zu dem ich wesentlich später nach zahlreichen weiteren Beobachtungen gelangte, recht gewagt klingt. Trotzdem meine ich, daß dieser Delphin möglicherweise von seiner Gruppe ausgeschlossen worden war. Delphine sind gesellige Lebewesen, die die Vereinzelung nicht vertragen. Werden sie von der Gemeinschaft ausgestoßen, fallen sie in tiefste Verzweiflung, klammern sich an alles und jeden, ja suchen, wie wir bei unseren Experimenten im Laboratorium von Monaco feststellen konnten, sogar von sich aus den Tod. Offenbar sind sie noch erregbarer, noch sensibler und verletzlicher als wir.

Vermutlich herrscht innerhalb der Schulen eine uns nicht näher bekannte Disziplin mit strikten Regeln, die das Einzeltier nicht übertreten darf.

Da es sich bei dem Delphin, dessen dramatisches Ende mich so nachhaltig beeindruckte, um ein noch junges Weibchen handelte, das Tier also nicht aus Altersgründen ausgeschlossen worden sein kann, wäre es vielleicht vorstellbar, daß es aufgrund irgendeines Verstoßes in Acht und Bann geriet.

Falco ist es geglückt, einen Delphin im Wasser zu fassen und mit ihm zu schwimmen.

Ein weiterer geheimnisvoller und rätselhafter Zug im Verhalten der Delphine ist ihre Anhänglichkeit anderen Lebewesen gegenüber. Ich kenne die kritischen Einwände gegen diese vermenschlichende Betrachtungsweise, möchte dazu aber bemerken, daß manche Tatsachen nicht nur über jegliche Kritik erhaben sind, sondern sich im Grunde nur erklären lassen, wenn man diesen Tieren gewisse Gefühlsregungen zuspricht. Mag sein, daß sie in Not geratene Schwimmer vornehmlich deshalb zur Wasseroberfläche befördern, weil sie überhaupt dazu neigen, schwimmende Gegenstände anzustoßen und nach oben zu bugsieren. Aber wie soll man sich erklären, daß ein in Gefangenschaft gehaltener Delphin den Kadaver seines Kameraden tagelang unablässig hochtauchte und daß ein anderer dasselbe eine Woche lang mit einem toten Tigerhai trieb, den man ihm um keinen Preis entreißen konnte und von dem er erst abließ, als die Verwesung einsetzte?
Dieses Verhalten zeugt von einem Unvermögen, den Tod zu fassen, einer Weigerung, ihn hinzunehmen, die, wenn sie vielleicht auch nichts beweisen, doch nachdenklich stimmen.

Die Begegnung mit Delphinen läßt im Grunde ähnliche Erinnerungen zurück wie die Begegnung mit Menschen, vielleicht, weil jedes der Tiere eine ausgeprägte persönliche Eigenart besitzt: Scheinen die einen zu Scherz und Spiel aufgelegt, geben sich die anderen nervös wie Akrobaten vor dem Auftritt. Trotz aller Geschmeidigkeit wirken diese Wunderwesen an Eleganz und Präzision fast immer zerbrechlich wie hochkomplizierte Maschinen und verletzlich wie Rennpferde.

Delphine können auf offener See ein Tempo von über 70 km/h vorlegen.

Jedenfalls aber sind sie allesamt neugierig, vor allem neugierig auf den Menschen, wie schon ihr Blick verrät. Jeder, der einmal einem Delphin ins Auge geschaut hat, dieses glänzende, funkelnde, strahlende Auge, das wie aus einer anderen Welt anmutet, wird es bestätigen. Dieser leuchtende Blick, klar, ein bißchen schwermütig und ein wenig schelmisch, aber nicht entfernt so frech und zynisch wie der der Affen, scheint voller Nachsicht für die ungesicherte Lage des Menschen und gänzlich frei von jenem für die Primaten so kennzeichnenden Ausdruck der Trauer – Trauer, nicht auch Mensch zu sein. Wenn man ihnen so ins Auge sieht, zwei, drei Blicke mit ihnen tauscht und dann unverhofft jenes Verstehen und Einverständnis wahrnimmt, mag man wohl einen Augenblick lang die Hoffnung hegen, der intelligenteste von ihnen könnte das große Geheimnis lüften und uns Menschen so gestatten, die Mauer, die uns vom Tiersein trennt, zu überwinden, um wieder eins zu werden mit allem Lebendigen.

Zweifellos ist der Delphin das Lebewesen, das uns am unmittelbarsten nötigt, über uns und unsere Stellung in der Welt nachzudenken – kein Wunder, steht er uns doch von allen Säugetieren möglicherweise am nächsten, weshalb wir uns ja auch nach Kräften bemühen, die beträchtliche Barriere, die uns von ihm trennt, zu überwinden.

Mitglieder der Crew beobachten vom Bug der *Calypso* aus die Spiele eines Delphins.

Allein schon durch seine Existenz zwingt er uns, unsere Denkgewohnheiten und Begriffe zu überprüfen, denn da er auf der fließenden Grenze zwischen Mensch und Tier steht, wirft er physiologische und moralische Fragen auf und läßt bestimmte Umweltprobleme in neuem Licht erscheinen.
Da wir wissen, daß sich diese vielen, zum Teil äußerst schwierigen Fragen in einem Buch wie dem vorliegenden keinesfalls erschöpfend behandeln lassen, wollen wir uns mit einem schlichten Bericht begnügen und lediglich erzählen, was wir unternommen und was wir beobachtet haben, wobei wir al-

lerdings für uns in Anspruch nehmen dürfen, im Laufe unserer rund fünfundzwanzigjährigen Praxis wohl die unmittelbarsten Erfahrungen mit Delphinen gemacht und den direktesten Einblick in ihr Leben und Treiben gewonnen zu haben. Wir haben sie sowohl in unumschränkter Freiheit im offenen Meer als auch in jenem Zustand der Halbfreiheit kennengelernt, auf den sie sich durch die Begegnung mit dem Menschen einlassen, um Futter und »Zärtlichkeiten« von ihm entgegenzunehmen, haben Delphine für ein bestimmtes Experiment eingefangen und anschließend wieder freigelassen und haben – leider – auch jene in Gefangenschaft gehaltenen »trauernden Delphine« erlebt, die in uns den Wunsch aufsteigen ließen, nie mehr ein Tier seiner Freiheit zu berauben.
Verglichen mit all den vielen wissenschaftlichen Abhandlungen und romanhaften Berichten, die bereits über Delphine geschrieben worden sind, möchte das vorliegende Buch nichts weiter sein als ein Zeugnis, allerdings eins, das uns hilft, diesem höchstentwickelten und interessantesten Meeressäuger gegenüber die rechte Einstellung zu finden.
Eins freilich müssen wir von allem Anfang an offen zugeben: Daß weder unsere persönlichen Erfahrungen noch die Untersuchungen der Wissenschaft (an die dreißig Forscher mühen sich derzeit, das geheimnisvolle Leben der Delphine zu entschlüsseln) bündige Antworten auf so wichtige Fragen wie die Bedeutung der von den Tieren ausgestoßenen Laute, die innerhalb der Schulen herrschende Rangordnung oder die Anhänglichkeit an den Menschen erlauben. So bleibt uns denn nichts anderes übrig, als uns mit unserer Unwissenheit fürs erste abzufinden, wenn auch in der Hoffnung, durch weitere Beobachtungen und Experimente die Wahrheit schließlich doch noch zu ergründen und unumstößliche Erkenntnisse zu gewinnen.
Da so vieles noch im Ungewissen ist, wollen wir uns nach Möglichkeit davor hüten, feste Behauptungen aufzustellen und uns allzu weit ins Wunderbare vorzuwagen – selbst auf die Gefahr hin, damit manchen Leser zu enttäuschen.
Das Thema ist tatsächlich nicht ganz einfach zu behandeln, nimmt doch der Delphin insofern eine Sonderstellung ein, als er beim breiten Publikum die lebhafteste Bewunderung und bei den Wissenschaftlern ein ebenso tiefes Mißtrauen weckt – eine paradoxe Situation, die sich daraus erklärt, daß er für die Öffentlichkeit eine noch relativ neue Entdeckung darstellt. Es ist ja kaum zwanzig Jahre her, daß er zum Fernseh- und Zirkusstar aufgerückt ist, und wie es sich für einen Star gehört, hat man flugs viele glänzende Eigenschaften an ihm entdeckt, hat ihm eine »Sprache«, »Intelligenz«, »Gemüt« zugeschrieben. Die Begeisterung schlägt hohe Wogen, die Bewunderung kennt keine Grenzen – wie sollte da die nüchterne Wissenschaft mithalten können?

Heißt das nun aber, daß all die außergewöhnlichen Züge, die man dem Delphin nachsagt, falsch oder übertrieben sind, wie manche Kritiker behaupten? Wir für unseren Teil glauben es nicht, billigen wir doch die Meinung des breiten Publikums und teilen seine Gefühle in vielen Punkten um so bereitwilliger, als wir über das Verhalten freilebender Delphine einiges wissen.
Aber wenn wir es auch nicht als unsere Aufgabe betrachten, das »Delphin-Märchen« zu »entmythologisieren«, so wollen wir uns doch ebensowenig über die kritischen Stimmen all jener Zoologen, Neurophysiologen und Schallspezialisten hinwegsetzen, die aus berufsbedingter Skepsis experimentell fundierte Beweise fordern – zu Recht, wie wir meinen.
Denn wir glauben nicht, daß das Delphin-Abenteuer dadurch etwas von seiner Faszination verliert. Es wird im Gegenteil um so großartiger werden, je eindeutiger die Wahrheit erwiesen und je fester sie untermauert ist.
Außerdem ist dieses Abenteuer ja mitnichten schon abgeschlossen, sondern geht täglich weiter, wird umfassender und vielschichtiger, denn wie immer und überall triumphiert auch hier das Leben mit seinem drängenden Elan über die engen Grenzen, in die wir Menschen es gerne pressen möchten.

Unserem Taucher Ivan Giacoletto ist es gelungen, diese Delphingruppe im Meer zu fotografieren.

Von der am Vordersteven der *Calypso* angebrachten Plattform aus versucht Falco, einen der vor dem Schiff schwimmenden Delphine zu fangen.

2 Die Delphine von Monaco

Anfangs spielten sich unsere Begegnungen mit den Delphinen mehr beiläufig ab, bildeten eine gewisse Erholung von unserer eigentlichen Arbeit, eine Abwechslung und Belustigung während der Kreuzfahrten der *Calypso.* Und wenn uns an unseren neuen, ebenso drolligen wie mysteriösen Freunden auch so manches bestaunenswert anmutete und wir sehr zufrieden waren, daß uns unsere Tauchabenteuer mit solchen Wesen in Berührung brachten, befaßten wir uns zunächst doch nicht eingehender mit ihnen.
Im übrigen hielten wir es damals noch für einen glücklichen Zufall, wenn wir auf eine Delphinschule stießen. Ich sage »damals« und bin mir doch nicht sicher, ob es heute anders ist, denn bei der unermeßlichen Weite der Ozeane bleiben die Beobachtungen, die ein Mensch im Laufe seines Lebens anstellen kann, notwendig immer auf bestimmte Meeresregionen beschränkt.
Eines Tages aber beschlossen wir dann doch, die Mittelmeerdelphine etwas genauer kennenzulernen, nämlich nach meinem Amerikabesuch im Jahre 1957, bei dem ich verschiedene amerikanische Meereszoos besichtigt hatte und höchst beeindruckt von den Kunststücken, die sie den Delphinen dort beibringen, nach Monaco zurückgekehrt war.
Erfüllt von der Hoffnung, am dortigen Ozeanographischen Museum ähnliche

Erfolge zu erzielen, wandte ich mich an unseren Cheftaucher und Mannschaftsältesten Albert Falco, der sich mit dem Meeresgetier besonders gut auskennt, und bat ihn, ein paar Delphine einzufangen.
»Einfangen?« meinte Falco. »Und wie stellen Sie sich das vor, Commandant?«
»Mit dem Lasso vielleicht, wie in Amerika.«
»Wacker, wacker. Scheut doch nichts, so ein Cowboy, nicht mal die wilde See.«
»Im Ernst, Bébert. Die *Calypso* – sie läuft erst kommende Woche wieder von Monaco aus – stünde Ihnen volle acht Tage zur Verfügung.«
Gesagt, getan. Um für den Delphinfang entsprechend gerüstet zu sein, lassen wir am Vordersteven eine Plattform anbringen, und auf diesem Vorsprung bezieht Bébert, mit einem von einer Stange baumelnden Lasso bewaffnet, Position.
Das Wetter ist herrlich, und gleich am ersten Tag sichten wir vor Villefranche eine Delphinschule und gehen auf Parallelkurs. Wie gewohnt schießen die Tiere auf den Vordersteven zu, der erste Delphin gleitet mit der Bugwelle nach oben, und da schwingt auch schon Bébert, der seine große Stunde nahen fühlt, den Stab, läßt das Lasso durch die Luft sausen, daß das Seil klatschend aufs Wasser schlägt – und wie der Blitz ist der Delphin entwichen und alle anderen hinterdrein. Die See ist wie leergefegt.
Eigentlich hätten wir uns denken können, daß das Lasso bei einem Tempo von fünf oder sechs Knoten an der Wasseroberfläche bleiben und nicht tief genug absinken würde, um den Delphin zu umgürten.
Trotzdem läßt Falco die ganze Woche lang von seinen Fangversuchen nicht ab. Offenbar hofft er, schließlich doch noch hinter den Trick zu kommen und einen Delphin mit dem Lasso zu kapern.
Vergebens. Als die *Calypso* zu ihrer Atlantikkreuzfahrt ausläuft, begleitet uns Bébert noch bis Lissabon und kehrt anschließend nach Monaco zurück, um an Bord der *Espadon*, eines alten Trawlers, der uns damals schon gehörte, aber noch nicht zum Tauch- und ozeanographischen Forschungsschiff umgebaut war, die Delphinjagd fortzusetzen.

Damals wußte Falco laut eigenem Bekunden »noch so gut wie nichts über Delphine. Ich hatte ihnen zwar schon oft stundenlang bei ihren Spielen vor dem Bug der *Calypso* zugesehen, und außerdem hatten wir seit fünf oder sechs Jahren wiederholt versucht, in einer Schule zu tauchen, aber es war doch immer dasselbe – sie kamen bis auf zehn, fünfzehn Meter heran und hauten dann auf der Stelle wieder ab – bis auf ein einziges Mal, damals, 1954, während unserer Kreuzfahrt im Indischen Ozean. Ich entsinne mich noch gut, wie wir eines schönen Morgens bei den Farquhar-Inseln nordöstlich von

Die *Espadon,* ein alter Trawler, mit dem Falco die ersten Fangversuche durchführte.

Madagaskar ein Boot zu Wasser ließen – wir hatten damals nämlich die Gewohnheit, vor jeder Insel eine Barkasse oder eins unserer Zodiac-Schlauchboote auszuschicken, um Bodenproben zu sammeln und das Leben am Riff zu beobachten – und in nächster Nähe mehrere Delphine sichteten. Sie kamen neugierig herangeschwommen und beäugten die Barkasse, zogen aber, als wir leise und behutsam über Bord kletterten, nicht wie erwartet ab, sondern verharrten in fünf, sechs Meter Entfernung in mäßiger Tiefe, die meisten kopfunter, so daß wir ihren wohlgenährten weißen Wanst sehen konnten, und betrachteten uns mit ihrer schelmischen Visage mindestens zehn Minuten lang, ohne einen Ruck zu tun.
Ich weiß noch, daß unter ihnen Haie kreisten und daß wir uns fragten, ob sie nicht plötzlich zum Angriff übergehen und wie sich die Delphine dann wohl verhalten würden, von denen es ja immer heißt, sie fürchteten Haie nicht, weil sie weitaus schlauer seien als diese.
Damals habe ich zum erstenmal Delphine aus knapp sechs Meter Entfernung gesehen.«
Jedenfalls kehrte Bébert in der festen Überzeugung nach Monaco zurück,

Seite 34 und 35: Delphine erkennt man mühelos an ihrer charakteristischen Fortbewegungsweise. Hier der Moment, in dem das Tier mit gekrümmtem Rücken wieder ins Wasser eintaucht.

den schwierigen Auftrag, den ich ihm da aufgehalst hatte, nur mittels einer Spezialfangvorrichtung durchführen zu können, und wußte auch bereits, wo man den Delphin fassen mußte, nämlich am Schwanz, da dieser Körperteil am längsten sichtbar bleibt, wenn sich die Tiere vor dem Bug tummeln. Das Problem bestand also darin, eine Vorrichtung zu konstruieren, mit der das Tier am dünnen Schwanzstück unmittelbar vor der kräftigen Fluke gepackt werden konnte, und dieses Gerät zielsicher auf das Tier zu katapultieren.
Die für Unterwasserforschung zuständige Stelle, das *Office Français de Recherches Sous-marines* in Marseille, fand sich tatsächlich bereit, das gewünschte Objekt anzufertigen, eine Art riesiger Zuckerzange, deren Backen sich beim Aufprall öffnen und dann wieder schließen sollten.
Trotzdem setzte Falco auch seine Versuche mit dem Lasso fort, dessen Schlinge mittlerweile durch einen festen Reif offengehalten wurde und das nun außerdem mit einer Handharpune oder einem Armbrustgewehr betätigt werden konnte. Dies Ding galt es dem Delphin über die Schnauze zu streifen – ein Unterfangen, das nur bei zügigem Fahrttempo Erfolg versprach.
In beiden Fällen jedoch erwies es sich als recht schwierig, ein Fanggerät für ein gut siebzig Kilo schweres Tier zu konstruieren, das jeden Moment zu einem Riesensprung ansetzen und mit fünfzig, sechzig Sachen davonschießen konnte, zumal wir um keinen Preis eine Verletzung der äußerst empfindlichen Haut riskieren wollten. Außerdem hatten wir keine Ahnung, wie ein Delphin auf diese Freiheitsberaubung reagieren würde.

Die ersten Fangversuche führte die *Espadon* vor Korsika durch, da wir in diesen Gewässern schon wiederholt Delphinschulen begegnet waren und damals noch nicht wußten, daß wir gleich vor unserer Haustür, zwischen Monaco und Nizza, mindestens ebenso viele Tiere angetroffen hätten.
Insgesamt sollte sich die Korsika-Mission als Schlag ins Wasser entpuppen, vor allem weil sich die Zange als zu zierlich erwies, war sie doch kaum größer als der Schwanz eines mittleren Delphins.
Auch den Versuchen mit dem Lasso war kein großer Erfolg beschieden. Zwar waren die Chancen dank Eisenring und Armbrustgewehr etwas gestiegen, aber unseligerweise sprang die am Vordersteven der *Espadon* eigens angebrachte Plattform nicht weit genug vor, so daß Falco, statt senkrecht schießen zu können, schräg zielen mußte. Überdies erschlaffte, kaum schlug das Lasso auf dem Wasser auf, das Seil, und der Delphin schlüpfte unten durch.

Aber wenn die *Espadon* auch unverrichteterdinge nach Monaco zurückkehrte, Falco war doch um eine Erfahrung reicher.
Er ließ am Vordersteven des Trawlers eine weiter vorspringende Plattform

anbringen und willigte ein, ein neues Fanggerät, eine mit Kurare bestrichene Harpunenspitze, zu erproben, obwohl er selbst sich nicht viel von dieser Methode versprach. Aber er wollte nichts unversucht lassen, zumal sich die Experten sehr zuversichtlich gaben und erklärten, bei richtiger Dosierung würde das Tier gerade lange genug gelähmt, um Fang und Bergung zu ermöglichen. Nur den weiten Weg bis Korsika schenkte sich Falco diesmal, hatte er doch inzwischen herausgebracht, daß sich auch vor Monaco, sogar in Küstennähe, genügend Delphine aufhielten, und so kam man überein, hier einen neuen Versuch zu starten.

Das Ergebnis fiel katastrophal aus: Der erste mit Kurare beschossene Delphin dachte nicht im Traum daran einzudösen, sondern suchte mit wahrhaft furchterregenden Sprüngen in einem unglaublichen Affenzahn das Weite. Vermutlich trat überhaupt keine Lähmung auf, denn erstens war die Harpunenspitze nur klein und löste sich sofort wieder und außerdem dürfte das Gift mit dem ausströmenden Blut binnen kurzem ausgeschieden worden sein. Nach mehrtägigen Versuchen jedenfalls hatte Falco die Nase von der »unfehlbaren Waffe« derart gründlich voll, daß er auf ihre weitere Anwendung endgültig verzichtete.

Eins immerhin erbrachte die glücklose Kreuzfahrt der *Espadon*, nämlich daß sich in dieser Meeresregion weitaus mehr Delphine finden als vermutet und daß die Tiere in ihrem Verhalten eine unwahrscheinliche Regelmäßigkeit an den Tag legen, kurzum, daß wir unser Vorhaben wirklich ebensogut vor der eigenen Haustür durchführen konnten.

Diese Einsicht verdankten wir Falco, der, da er das Meer wie seine Hosentasche kennt, bald herausgebracht hatte, daß es zwei, drei Meilen von der Küste direkt vor dem Museum, aber auch vor Villefranche, Nizza, der Baie des Anges und an der Var-Mündung eine Menge Delphine gibt, über deren Gewohnheiten er binnen kurzem Bescheid wußte. Und diese simplen Einsichten, von denen der Landbewohner keine Ahnung hat, sollten sich als äußerst nützlich erweisen.

Trotzdem dauerte es volle sechs Monate, bis Falco seinen ersten Delphin erwischte, der übrigens nicht der an der Küste Floridas sehr zahlreich und auch im Mittelmeer gelegentlich vertretenen Art *Tursiops truncatus* (Großer Tümmler) angehörte, die, da sie sich relativ leicht an die Gefangenschaft gewöhnt, in den amerikanischen Ozeanarien gehalten wird und dort allerlei Kunststücke vollführt, sondern der kleineren, leichteren und vor allem, wie sich bald erweisen sollte, empfindlicheren Spezies *Delphinus delphis* (Gewöhnlicher Delphin).

Binnen kurzem verstand es jeder an Bord der *Espadon*, die spielenden Schulen mit dem Fernglas auszumachen, und Kapitän Jean Toscano perfektionierte die Kunst, auf Parallelkurs zu gehen und dabei gerade den rechten

Abstand zu halten, um die Neugier der Delphine zu wecken und sie vor den Bug zu locken.

Denn wie Falco sagte: »Man muß zusehen, daß sie sich anhängen«, das heißt, in ihnen die Lust wecken, beim Schiff ihre Spiele zu treiben, wobei sich die Männer schließlich schon aufgrund der Tageszeit, des Wetters, des Seegangs zusammenreimen konnten, ob das Unterfangen gelingen würde.

Kamen die Tiere vor den Bug, hieß es sich richtig verhalten, denn meist behält ein Delphin, solange er sich vor dem Vordersteven tummelt, das Schiff im Auge, um, sowie sich an Bord etwas rührt, mißtrauisch sein Spiel abzubrechen und unter Umständen samt all seinen Kameraden das Weite zu suchen. Will man sich gar wie Falco auf einer Plattform über dem Wasserspiegel aufhalten, muß man sich eng an den Schiffsrumpf drücken und darf, einer hölzernen Galionsfigur gleich, kein Glied regen. Starr und steif muß man so ausharren und dann im passenden Moment blitzschnell handeln . . .

Inzwischen sind im Ozeanographischen Museum von Monaco die Bauarbeiten in vollem Gang, denn da Falco erklärt hat, wir besäßen kein Bassin von entsprechender Größe, und mir seine Argumente einleuchten, habe ich trotz unserer mageren Mittel die Konstruktion eines relativ geräumigen und tiefen Delphinbeckens veranlaßt.

Falco war unterdessen auch nicht untätig gewesen, sondern hatte eine verbesserte »Zuckerzange« entworfen und dieses Fanggerät, eine Art Riesenschere, vom Mechaniker des Museums anfertigen lassen. Die U-förmigen Backen, mit Schaumgummi gepolstert, damit sich die Delphine die Haut nicht abschürfen, werden mittels einer Feder gespannt und durch Dazwischenklemmen eines Plastikstabs offen gehalten. Prallt die durch ein Seil an einer Boje befestigte, auf einen Pfeil montierte und mit einem Armbrustgewehr abgeschossene Zange auf den Delphin auf, springt der Plastikstab heraus, und die Backen schließen sich um den Schwanz des Tieres.

Mit diesem neuen Gerät war uns alsobald Erfolg beschieden, nur daß es dem Delphin gelang, sich wieder loszureißen, woraufhin Falco den einen Zangenbacken verstärken ließ. Das nächstemal klappte der Fang tadellos, doch nun zappelte der von Panik erfaßte Delphin so wild, daß er sich die Haut abschürfte und unsere Leute ihn wieder ziehen lassen mußten. Wer hätte aber auch gedacht, daß sich der *Delphinus delphis* als derart erregbar entpuppen würde.

Trotz geglücktem Zangenmanöver war also das Spiel noch lange nicht ge-

Eine vor Korsika flott dahinziehende Delphinschule.

Beim Herannahen des Zodiac-Bootes ändert der Delphin blitzschnell den Kurs und taucht ab.

wonnen. Die Bergung des Tieres erwies sich womöglich als noch schwieriger, und um auch diesen Teil des Unterfangens zu bewältigen, entwickelten Bébert, Maurice Léandri und Canoé schließlich einen ausgetüftelten Schlachtplan:

Maurice Léandri sollte, gleich nachdem Falco mit dem Armbrustgewehr die Zange abgeschossen hatte, die gelbe Boje möglichst weit vom Schiff wegschleudern, um zu verhindern, daß der Delphin in die Schiffsschraube geriet, die sich auch nach Abstellung des Motors noch eine Weile weiterdrehte und so eine ernste Gefahr darstellte.

Hatte Léandri seine Boje geschleudert, sollte Canoé unverzüglich mit zwei aufgeblasenen Luftmatratzen ins Meer hechten und der Kapitän das Ruder herumwerfen, den Schiffsmotor stoppen und auskuppeln, wodurch – zumindest theoretisch – die Möglichkeit ausgeschaltet schien, daß sich der Delphin am Ruder oder an der Schraube verletzte.

Canoés Aufgabe nun bestand darin, das Tier um den Leib zu fassen, es auf die Matratzen zu schieben, ihm die Zange abzunehmen und es anschließend zur *Espadon* zu bugsieren, wo es durch eine achtern an Backbord angebrachte Luke aufs Schiff geholt werden sollte. Die Matratzen waren lediglich dazu bestimmt, Verletzungen zu verhüten. Im übrigen verhielten sich die Delphine recht unterschiedlich: Während die einen, von dem unerwarteten Manöver völlig überrumpelt, alles mit sich geschehen ließen, wehrten sich die anderen verzweifelt und entfalteten dabei solche Kräfte, daß unsere Leute sie wieder ziehen lassen mußten.

So beschäftigte Bébert mittlerweile weniger die Frage nach der fachgerechten Handhabung des Lassos, da der Fang selbst, gleichgültig, ob mit Seil, Zange oder Netz, offensichtlich gar nicht das Hauptproblem darstellte und der wirklich kritische Moment erst kam, wenn es das wie toll dahinschießende Tier zu bändigen und an Bord zu nehmen galt.

Doch obwohl die ersten Fangversuche vor Monaco, Villefranche und Nizza nicht von Erfolg gekrönt waren, ermöglichten sie uns immerhin, die Delphine zu orten und ihre Lebensgewohnheiten genauer kennenzulernen.

So brachte Falco heraus, daß die Tiere zwischen Monaco und der Var-Mündung in ziemlich regelmäßigem Rhythmus aus Südost gezogen kamen, um zwei, drei Meilen von der Küste entfernt Kurs auf Nizza zu nehmen. Während sich untertags nur sehr wenig Delphine blicken ließen, kamen sie am Spätnachmittag, zwischen vier und fünf Uhr, in großen Scharen von draußen herein, stießen aber nie in das ins Meer strömende grüne Var-Wasser vor, sondern hielten sich im besonders fischreichen Grenzbereich auf, um dann abends mit munteren Sprüngen und beträchtlichem Tempo in Richtung Südwest zu verschwinden. Nachts schlugen sie vermutlich weit draußen einen großen Bogen und tauchten am nächsten Tag im Südosten wieder auf.

Albert Falco, Canoé Kientzy und Armand Davso bugsieren den soeben gefangenen Delphin auf zwei Luftmatratzen.

Schließlich stellte sich der ersehnte Erfolg dann aber doch ein. Hier der entscheidende Auszug aus Falcos Tagebuch:
»*31. Oktober 1957:* Alles scheint soweit in Ordnung. Die Zange müßte jetzt tadellos funktionieren, die ganze Mannschaft ist in die Taktik eingeweiht. Herrlichstes Wetter, die *Espadon* stampft überhaupt nicht. Plötzlich ist uns das Glück hold: Überall am Horizont tauchen Flossen auf, kein Traum, sondern zwei- bis dreihundert Delphine leibhaftig hier vor Monaco. Aber wir liegen falsch, und so leitet der Kapitän ein Manöver ein, um die Schule in entsprechender Entfernung zu umrunden. Wir wollen die Tiere keinesfalls verschrecken, denn wenn sie im Moment auch ganz in Fischjagd oder Spiel vertieft scheinen, wissen wir mittlerweile doch zur Genüge, daß man ihnen niemals den Weg abschneiden darf, sondern sie am besten hinten kreuzt und

Springende Delphine vor der Bucht von Villefranche.

dann auf Parallelkurs geht, um sie zum Schiff herüberzulocken. Diesmal jedoch erweist sich das Manöver als überflüssig, denn während wir hinter der Schule vorbeigleiten, tauchen plötzlich drei Nachzügler auf, holen uns in flottem Tempo ein und kommen vor den Bug geschossen. Glücklicherweise stehe ich bereits mit dem Armbrustgewehr auf der Plattform. Ich ziele, treffe die angepeilte Stelle, die Zange schließt sich, Maurice schleudert die Boje, Kapitän Toscano dreht unverzüglich bei, Canoé springt mit den Matratzen über Bord, und ich besteige mit Commandant Alinat eilends das Schlauchboot und steure auf die Boje mit dem reglos an der Wasseroberfläche driftenden, vielleicht ohnmächtigen Delphin zu. Das ganze Manöver hat nicht länger als drei Minuten gedauert.

Da ist er also endlich, der Moment, auf den wir seit drei Monaten gewartet haben. Ich springe bei der Boje ins Wasser, hantle mich die letzten Meter

am Nylonseil entlang, bekomme den Delphin schließlich am Schwanz zu fassen, aber er taucht schlagartig ab und verpaßt mir mit der Fluke einen solchen Schlag, daß ich alle Viere voran in die Luft fliege. Zum Glück fange ich mich gleich wieder und schwimme erneut auf die Boje zu, um ihn beim Wiederauftauchen zu schnappen, und diesmal packe ich kräftiger zu und kann ihn festhalten. Er atmet in kurzen Stößen – offenbar ist er nach all den Anstrengungen ziemlich fertig. Canoé assistiert mir mit den Matratzen, Alinat hilft vom Schlauchboot aus nach, und mit vereinten Kräften nehmen wir dem Tier die Zange ab und legen ihm ein Lasso um den Schwanz, um es so schleppen zu können.

An Bord besprengen wir unseren Delphin sanft mit der Pütz, was ihm sichtlich wohltut, denn er atmet jetzt nicht mehr ganz so gepreßt. Mit seinen kastanienbraunen Säugetieraugen verfolgt er unser Treiben, zappelt nicht

mehr, zeigt auch nicht die Zähne, aber von Zeit zu Zeit läuft ein Schauer durch den spindelförmigen Körper. Ich streichle ihm über die seidige graue Haut. Was für ein wundervolles Tier.
Unverzüglich nehmen wir Kurs auf Monaco, und während der Motor mit 1600 Umdrehungen auf Hochtouren läuft, machen wir auf dem Schiff ein wenig Ordnung, verstauen die Taue und Bojen, das Schlauchboot und die Netze, die das Achterdeck verstopfen. Und da taucht auch schon das Ozeanographische Museum auf, wir geben das vereinbarte Signal, wickeln den Delphin in eine feuchte Decke und verladen ihn am Kai auf seiner Luftmatratze in den bereitstehenden Museums-Lieferwagen.«
So war das Experiment, auf dessen Gelingen ich so großen Wert legte, schließlich doch noch geglückt. Die Amerikaner hatten bislang immer Delphine der Spezies *Tursiops* gefangen und erfolgreich an die Gefangenschaft gewöhnt, wir aber besaßen nun einen Mittelmeerdelphin, ein Exemplar der zarteren, kleineren und, wie mir schien, unabhängigeren und stolzeren Art *Delphinus delphis.* Fragte sich nur, ob es uns gelingen würde, ihn zum Freund zu gewinnen. Ich hoffte es.

Als wir unseren um 12.30 Uhr gefangenen Meeressäuger um 14.15 Uhr ins neue Museumsbecken setzen, machen wir als erstes die Entdeckung, daß ein Delphin die Gegenwart des Menschen, den Kontakt mit ihm, von dem Augenblick an nicht mehr fürchtet, da er, aus seiner natürlichen Umwelt herausgerissen, hilflos den Beklemmungen der Einsamkeit ausgeliefert ist.
Falco ist mit ins Bassin gestiegen, um das Tier zu stützen und so vor dem Ertrinken zu bewahren, denn während der ersten Minuten läßt sich der Delphin einfach absacken. Er zittert am ganzen Körper, wird von regelrechten Krämpfen geschüttelt. Da er ohnmächtig scheint, halten wir eine Sauerstoffflasche über sein Atemloch, was ihn ziemlich rasch wieder zu sich bringt. Bébert, der ihn unablässig stützt, schwimmt mit ihm langsam rings ums ganze Becken, denn das Tier muß seinen neuen Lebensbereich kennenlernen und vor allem die Mauern orten.
Diese Orientierung ist von entscheidender Bedeutung, haben doch Delphine eine panische Angst davor, gegen ein Hindernis zu stoßen. Da sie zudem nicht rückwärts schwimmen können, geraten sie, wenn sie mit der Schnauze gegen eine Wand streifen und sich irgendwie beengt fühlen, leicht in völlige Verwirrung und schießen in ihrem Entsetzen blindlings auf die Mauer zu.
Offenbar setzt unserem Delphin die neue Situation schwer zu. Nach und nach jedoch scheint er sich in sein Schicksal zu fügen – jedenfalls kreist er ohne fremde Hilfe in engem Bogen langsam im Becken herum und atmet ziemlich regelmäßig. Gegen Abend glauben Falco und Canoé, die den Delphin vom Beckenrand aus pausenlos überwacht haben, er werde die Nacht wohl ohne

Zwischenfälle überstehen, und beschließen wegzugehen, bleiben dann aber vorsichtshalber doch noch einen Moment . . . und sehen das Tier plötzlich auf den Boden des Beckens sinken. Er ist wieder ohnmächtig geworden und drauf und dran, zu ersticken und so zu ertrinken. Mit einem Satz sind die beiden im Wasser, holen ihn an die Oberfläche zurück und bugsieren ihn, um ihm das Atmen zu erleichtern, langsam rings ums Bassin.

Die Nacht, während der Canoé, Falco und Boissy abwechselnd ins Becken steigen, um ihm beizustehen und zu verhüten, daß er erstickt, ist strapaziös, wie am Bett eines Schwerkranken.

»Offenbar«, schreibt Falco, »hat er gräßliche Angst davor, gegen irgend etwas zu stoßen, und meidet die Mauer wie die Pest, während er uns anscheinend nicht nur nicht fürchtet, sondern geradezu froh ist, wenn wir zu ihm ins Bassin kommen und ihn stützen – jedenfalls überläßt er sich ganz unserer Fürsorge, als zählte er auf unsere Hilfe.«

Zwischen 20 und 23 Uhr schwimmt der Delphin von alleine, aber dann droht er wieder abzusaufen und muß gestützt werden. Er hält jetzt die Augen fast völlig geschlossen, sein Schwanz ist steif und wie gelähmt. Wieder lassen wir ihn Sauerstoff atmen.

Gegen 10 Uhr morgens wirkt er dann wesentlich munterer, versucht sogar ein paarmal zu tauchen, wofür sich das Becken jedoch als zu flach erweist. Dr. Beck, den wir verständigt haben, kommt zur Visite und läßt sich von Falco Bericht erstatten: Temperatur am Abend 38,6 Grad, am Morgen 38,2 Grad, Atemrhythmus während der Nacht 2–4 Züge pro Minute, seit dem Morgen weniger.

Auch den Herzschlag hat Canoé nach den Anweisungen des Arztes mittlerweile zählen gelernt, obwohl es alles andere als einfach ist, einem Delphin den Puls zu fühlen, und so steigt er auch jetzt wieder ins Becken, faßt das Tier um die Mitte, legt ihm die Hand auf die Herzgegend und zählt.

»Nun?« fragt Dr. Beck.

»Gestern abend 60, aber seit einigen Stunden nur noch 48.«

»Logisch. Wie ihr ihn eingefangen habt, ist er in höchste Aufregung geraten, hat sozusagen ein Trauma erlitten, hat sich inzwischen aber wieder etwas beruhigt. Scheint soweit in ganz passabler Verfassung. Leidet natürlich noch unter den Auswirkungen des Schocks – kein Wunder, nach dem Schrecken und der Verwirrung, in die das Fangmanöver und die Gefangenschaft in diesem Becken das sensible Tier gestürzt haben. Werde ihm Vitamine und Mineralstoffe geben, das wird ihm schon aufhelfen.«

Ich für meinen Teil war mir allerdings nicht so sicher, ob sich die Sache mit Medikamenten beheben ließe, schien mir das Problem doch in erster Linie psychischer Natur – nur eine Annahme, die durch eine Beobachtung Falcos erhärtet wurde.

»Heute nacht ist was Komisches passiert«, erzählte er mir. »Wie Canoé und ich zum Museum hinaufsteigen, um uns einen Kaffee zu genehmigen, hören wir mit einemmal kurze durchdringende Schreie vom Bassin her, wie die hohen Klagelaute eines Kindes, das will, daß man sich um es kümmert. Natürlich sind wir sofort wieder 'runtergelaufen und haben ihm gut zugeredet, und denken Sie, Commandant, er war tatsächlich schlagartig still! . . . Ich glaube, allein schon unsere Anwesenheit hat ihn beruhigt und ermutigt.«
Für mich war diese wunderliche kleine Episode die Bestätigung, daß zwischen Delphin und Mensch tatsächlich eine Gefühlsbindung zustande kommen kann, die – so unerklärlich es auch sein mag –, eine Übermittlung von Empfindungen ermöglicht; es war aber auch der Beweis dafür, wie sehr diese Tiere unter der Vereinzelung leiden, und so sagte ich zu Falco:
»Er verträgt das Alleinsein nicht. Sehen Sie zu, Bébert, daß Sie eine Gefährtin für ihn finden. Fangen Sie ihm einen Kameraden.«

Die Erfahrung hat uns gelehrt, daß das größte Risiko beim Delphinfang nicht in etwaigen Verletzungen durch die Zange, sondern im Nervenschock liegt, den das Tier durch das Manöver erleidet.
So hatte Bébert schon vor dem Fang unseres ersten Delphins festgestellt, daß die Tiere, sowie sie Lasso, Harpune oder Zange spüren, sekundenlang völlig benommen, am ganzen Leib zitternd, im Wasser oder auf der Luftmatratze verharren und daß dieser Lähmungszustand auch anschließend im Bassin noch geraume Zeit anhält. Sie können es nicht verwinden, daß man sie mitten im tollsten Dahinschießen gestoppt und ihrer Freiheit beraubt hat, und erleiden einen ihrer differenzierten Sensibilität entsprechenden Nervenschock.
Von diesem Schock erholt sich auch unser Delphin, ein Weibchen übrigens, das wir Kiki getauft haben, nur mit Mühe. Natürlich haben die Museumsbesucher keinen Zutritt zum Delphinbecken, aber es kommen trotzdem eine Menge ungebetener Gäste – Journalisten, Rundfunk- und Fernsehreporter –, die sich nicht abwimmeln lassen. Kiki ist, daran kann kein Zweifel bestehen, die große Attraktion.
Da sie leider immer noch ziemlich malad ist, hat die Crew der *Espadon* in einem kleinen Raum in Beckennähe Quartier bezogen, und Falco, Tag und Nacht auf dem Posten, tut praktisch überhaupt kein Auge mehr zu. Unermüdlich kontrolliert er den Atemrhythmus des Tieres, unter dessen Brustflossen er je einen Plastikballon angebracht hat, damit Kiki an der Oberflä-

Vergeblich versucht Falco, den Delphin zum Fressen zu bewegen.

che gehalten wird und nicht plötzlich absaufen kann. Wie notwendig diese Vorsichtsmaßnahme ist, zeigt sich, als sich einer der Ballons löst und Kiki, dem Ersticken nahe, von Falco, der wieder einmal zur rechten Zeit nachschaut, im letzten Moment gerettet wird.
»Ein wirklich liebes Tier«, meinte Falco. »Es ist richtig anhänglich und kommt immer zu mir her. Es merkt eben ganz genau, daß ich ihm wohlgesonnen bin und helfen möchte. Manchmal zappelt es ja und will allein schwimmen, aber wenn es dann gegen die Beckenwand stößt, ist der Schrecken groß, und wenn es gar noch Wasser ins Atemloch bringt und keine Luft mehr kriegt, steuert es stante pede auf mich zu, um sich von mir hochtragen zu lassen.«
Als am 2. November 1957 noch immer keine Besserung eingetreten ist, geben wir Kiki auf Verordnung von Dr. Chazalonitis ein Morphiumzäpfchen. Offensichtlich steht es sehr schlecht um sie. Manchmal läuft ein Zittern durch ihren Leib, als hätte man ihr einen Messerstich beigebracht, aber sonst rührt sie sich nicht, sondern läßt, beim Fiebermessen angefangen, alles mit sich geschehen.
3. November: Obwohl die Nacht ruhig verlief, hat ständig jemand bei Kiki gewacht. Der Tierarzt zeigt sich bei der Visite nach wie vor optimistisch und gibt ihr die erste Penicillinspritze. Die Temperatur betrug am Morgen 37 Grad. Kiki macht jetzt vier Atemzüge pro Minute.
Seit Kiki hier im Museum ist, hat sie keinerlei Nahrung aufgenommen. Wir versuchen, sie mit Gewalt zu füttern, doch sie spuckt alles wieder aus, versucht aber trotz ihres eindrucksvollen Gebisses kein einzigesmal zu beißen.
Um 15 Uhr, 21 Uhr und 4 Uhr morgens bekommt sie eine Theramycinspritze.
Die Nacht ist wieder einmal sehr anstrengend – alle paar Minuten muß einer ins Wasser steigen und Kiki stützen. Verpassen ihr zwei Kampferzäpfchen.
Am 6. November stellt der Arzt bei der Visite um 18.30 Uhr fest, daß Atem und Herzschlag endlich wieder normal sind. Temperatur: 36,3 Grad.
Falco wirft klatschend drei lebendige Rötlinge ins Becken, die Kiki auf der Stelle gierig verschlingt. Offensichtlich regt sie das Gezappel der Fische zum Fressen an. Uns soll das eine Lehre sein.
Außerdem frißt Kiki noch zwölf Sardinenfilets, für ein Tier ihrer Größe zwar nur ein Appetithappen, aber die Mannschaft ist über diesen kleinen Fortschritt trotzdem überglücklich und schöpft neue Hoffnung.
Obwohl unser Delphin nun normal zu schwimmen scheint, belassen wir ihm vorsichtshalber noch die Plastikballons während der Nacht. Das hat allerdings den Nachteil, daß das Tier den Kopf nicht untertauchen kann, und so sieht die Schädelhaut schon ganz entzündet und rissig aus. Aber ein von Zeit zu Zeit erneuertes feuchtes Tuch schafft hier Abhilfe.

Allmählich beginnt Kiki den Schwanz wieder zu bewegen.
7. November: Kiki frißt wieder Rötlinge und Sardinen. Temperatur 36,6 Grad, 68 Herzschläge pro Minute. Als ihr Falco die Ballons abnimmt, schwimmt sie ganz normal, taucht den Kopf ins Wasser und streift sanft an unserem Taucher entlang. Keinerlei Lähmungserscheinungen mehr.
Die Mannschaft ist ob dieser Fortschritte bester Stimmung, und so endet der Tag mit allgemeiner Heiterkeit.

Mittlerweile verfügen wir endlich auch über ein großes Bassin: Man hat uns erlaubt, das Schwimmbecken von Palm Beach zu benutzen, das uns mit seinen fünfzig mal zwanzig Metern geradezu märchenhaft geräumig vorkommt.
Falco ist mit der *Espadon* erneut auf Delphinjagd gegangen, um Kiki einen Gefährten oder eine Gefährtin zu geben, und tatsächlich gelingt es ihm, vor Nizza einen fünfzig Kilo schweren Delphin zu kapern, der sogleich nach Palm Beach befördert wird.
Die erste Begegnung der beiden Tiere wird uns unvergessen bleiben: Das Männchen stößt die Schnauze gegen Kikis Genitalregion, umkreist sie geschmeidig, die beiden langgestreckten grauseidenen Spindeln kreuzen sich, berühren einander, entfernen sich voneinander und schwimmen wieder aufeinander zu, reiben über zwanzig Minuten lang ihren Bauch gegeneinander und beginnen dann wie auf ein Signal hin nebeneinander herzuschwimmen. Paarung findet indessen keine statt.
Falco wirft Dufduf, wie wir den Neuankömmling getauft haben, Sardinen vor, und der frißt sie, ohne sich weiter zu zieren. Wahrscheinlich ist das auf Kikis Einfluß zurückzuführen – jedenfalls haben wir bis dahin noch nie erlebt, daß ein Delphin gleich am ersten Tag seiner Gefangenschaft Nahrung angenommen hätte. Seither vertilgt Dufduf drei Kilo Fisch täglich. Ob das wohl genügt? Zu dumm, daß wir von so vielem keine Ahnung haben.
Falco, stets darauf bedacht, die Tiere zu unterhalten, bringt sie dazu, blitzschnell von einem Ende des 50-Meter-Bassins zum anderen zu schießen, was ihnen offenbar großen Spaß bereitet. Außerdem wirft er ihnen einen Ball und Ringe zu, nicht, um sie zu dressieren, sondern um ihnen etwas Bewegung zu verschaffen. Leider magern sie trotz aller Fürsorge sichtlich ab. Neben den Flossen entsteht allmählich eine regelrechte Mulde.
Am 1. März 1958 finden wir Dufduf nach vierzigtägigem Aufenthalt in Palm Beach tot am Grund des Bassins vor und entdecken bei der Autopsie in sei-

Seite 50 und 51: Ein gewisses Lächeln macht die Delphine sympathisch.

nem Magen ein Stück Holz und einen Stoffetzen. Falco hat später wiederholt beobachtet, daß kranke Delphine gierig alles verschlingen, was ihnen unterkommt – ein Verhalten, für das es bis jetzt keine zufriedenstellende Erklärung gibt.

Wir stopfen Kiki mit Vitascorbol und Lebertran voll, aber sie kreist rastlos im Becken herum und gibt Klagelaute von sich. Offenbar sucht sie ihren Kameraden. Wir müssen schnellstens einen neuen Gefährten für sie finden.

Immer wieder haben wir während unserer ersten Experimente mit Delphinen festgestellt, wie schwer diesen in der Gruppe lebenden, geselligen Tieren das Alleinsein fällt. Allein fühlen sie sich sehr unglücklich, verfallen in Apathie und überstehen die Gefangenschaft nicht lange, gibt man ihnen dagegen einen Kameraden, ist die Freude groß.

So startet Falco erneut mit der *Espadon,* trifft aber in der Baie des Anges nur auf einige hundert Weibchen mit ihren Jungen, die beim Herannahen des Schiffs nach allen Richtungen seewärts fliehen.

Am 16. März müssen wir das Bassin von Palm Beach räumen, da die Badesaison beginnt, und so heißt es, Kiki wieder ins Museumsbecken von Monaco zurückbringen.

Am selben Tag fängt Falco einen sehr großen und schweren Delphin, den er zu Kiki ins Becken setzt und sachte herumbugsiert. Aber der Neuankömmling – gleichfalls ein Weibchen – entwischt ihm und stürzt sich, Kopf voran, gegen die Beckenwand. Falco dreht es das Herz im Leib um, er fängt den Delphin wieder ein, befördert ihn an die Oberfläche, redet ihm gut zu, sucht ihn zu beruhigen, aber erneut schießt das Tier los und rennt mit demselben entsetzlichen Krachen gegen die Mauer. Als es sich um 13.30 Uhr wieder mit Tempo 50 von einem Beckenrand zum anderen wirft, ist es endgültig soweit. Ein schrecklicher Todeskampf setzt ein, bei dem das Tier zur Seite torkelt und, am ganzen Leib zitternd, allmählich steif wird, während sich seine Lungen glucksend mit Wasser füllen.

Falco, der das Drama mitansehen muß, ist ganz aufgewühlt. Er holt Dr. Beck, und gemeinsam öffnen sie den Leib des Tieres, in dem sich ein vollständig entwickelter, aber leider toter Delphinembryo von 1,5 Kilo findet.

Falco kommt der Vorfall ganz wie ein Selbstmord vor. Trotzdem macht er sich erneut auf die Jagd, fängt bald darauf ein zweites Männchen, das wir Beps taufen, aber Beps kommt auf dieselbe Weise zu Tode wie das trächtige Weibchen – auch er wirft sich mit voller Wucht gegen die Bassinmauer und rennt sich beim dritten Anlauf den Schädel ein.

Dafür ist Kiki mittlerweile völlig zahm und topfit.

Insgesamt hat Kiki sechs Monate in Gefangenschaft gelebt und ist schließlich vermutlich an Vereinsamung eingegangen. Kameraden konnten wir ihr kei-

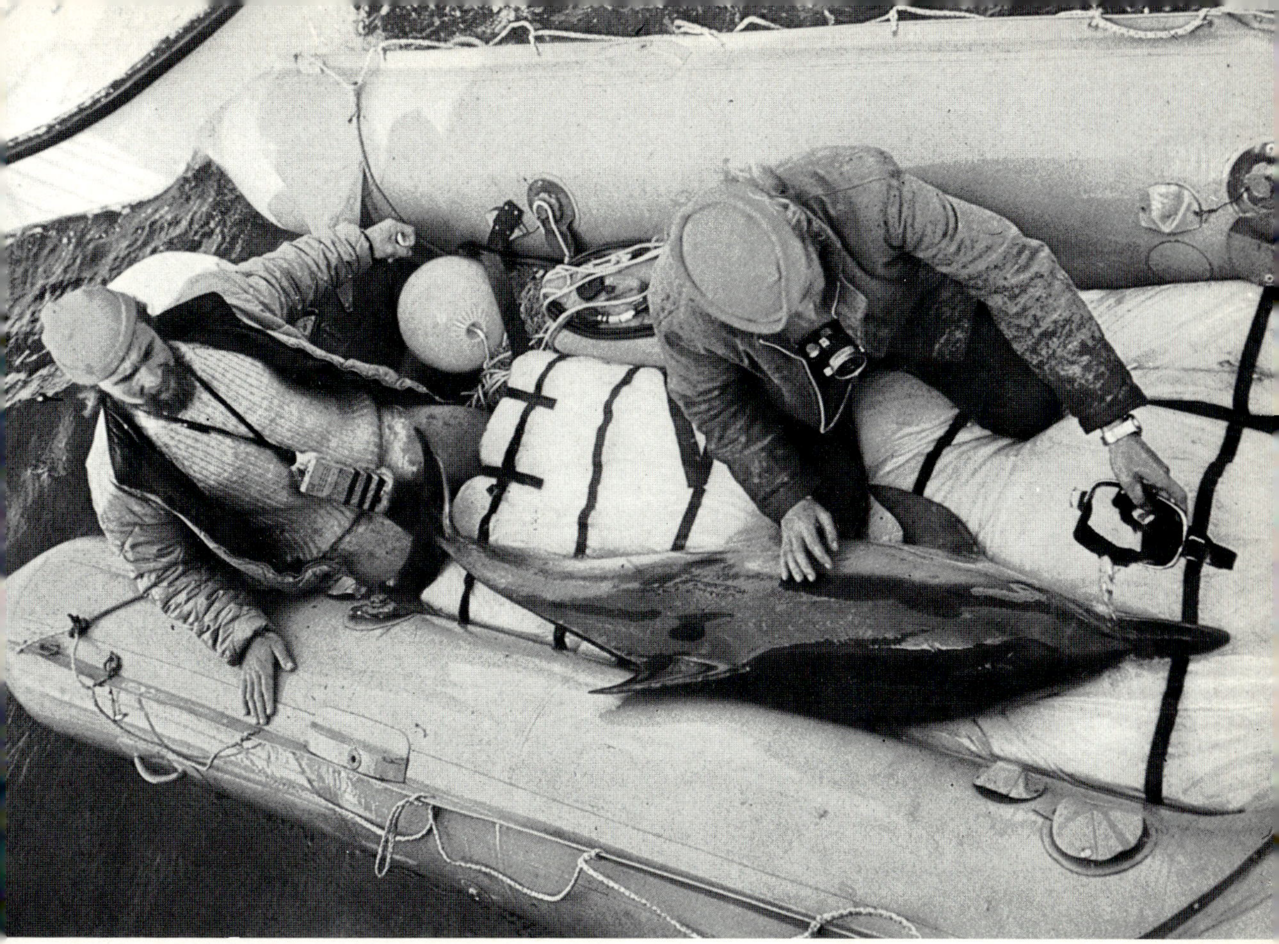

Bernard Delemotte und Jean-Pierre Genest hieven einen gefangenen Delphin ins Schlauchboot.

nen mehr geben, und Falco, an dem sie offenbar besonders hing und bei dem sie sich sichtlich geborgen fühlte, mußte einen anderen Auftrag ausführen. Vielleicht hätte sie, wenn er bei ihr geblieben wäre, noch ein paar Monate länger gelebt.

Wir wissen nicht, ob Delphine eine echte Gefühlsbindung zu jenen verspüren, die sie lieben, und werden es vielleicht auch nie herausbringen. Fest steht nur, daß sie sich nicht allen Menschen gegenüber gleich verhalten. Dieses Verhalten als »Liebe« zu bezeichnen, ist wohl nicht ganz zulässig, denn wie so häufig lassen sich menschliche Begriffe auch hier nicht ohne weiteres auf Tiere übertragen.

Unser Taucher Jean-Pierre Genest schwimmt neben einem Delphin her.

3 Gesellige Lebewesen

Überempfindliche Haut
Mutterliebe
Jagd
Leittiere
Mikroreviere
Umherziehende Schulen
Räuber

Obgleich wir uns bei der Delphinjagd 1957/58 noch recht ungeschickt anstellten, haben wir dabei doch viel gelernt, auch wenn unser Versuch, Delphine an die Gefangenschaft zu gewöhnen, nach gut achtmonatigen Bemühungen scheiterte, weil wir über die Meeressäuger einfach nicht genügend wußten – jedenfalls nicht das, was wir heute, fünfzehn Jahre später, wissen. Fünfzehn Jahre sind eben trotz allem eine lange Zeit.
Unser Unterfangen wurde aber auch noch dadurch erschwert, daß wir es mit Gewöhnlichen Delphinen *(Delphinus delphis)* zu tun hatten, die unvergleichlich empfindlicher und sensibler scheinen als die in amerikanischen Ozeanarien gehaltenen Großen Tümmler *(Tursiops)*. Der *Delphinus delphis* kann sich offenbar an die Gefangenschaft nicht gewöhnen, er leidet unter dem Freiheitsentzug und geht über kurz oder lang daran zugrunde.
Aber wenn es mir mittlerweile auch unvertretbar erscheint, Tiere, und wäre es auch nur für wissenschaftliche Zwecke, ihrer Freiheit zu berauben, so hat uns das ausgedehnte Delphinunternehmen Falcos und der Crew der *Espadon* doch wertvolle Aufschlüsse über die Reaktion der Tiere während des Fangmanövers und danach sowie über das Verhalten freilebender Delphine gebracht.

So wissen wir zum Beispiel seither, daß Delphine beim Fang einen regelrechten Schock erleiden, der sie völlig erstarren läßt. Falco, der mit seiner Zange, wenn man von kleinen Unzulänglichkeiten einmal absieht, eigentlich ein recht brauchbares Fanggerät konstruiert und außerdem die einzig mögliche Zielmethode (nämlich senkrecht nach unten) entwickelt hatte, stellte immer wieder fest, daß die Tiere unmittelbar nach dem Fang mehrere Sekunden lang wie betäubt reglos verharren, eine Spanne, die es auszunutzen gilt, um zu verhüten, daß sie sich durch Zappeln und Schwanzschlagen Verletzungen zuziehen.
Wir haben allerdings auch gelernt, wie man solche Verletzungen behandelt und heilt, und dabei zu unserem Erstaunen festgestellt, daß Delphine den Menschen niemals angreifen, ja, daß man sie sogar mitten um den Körper fassen und ihre sicher oft schmerzenden Wunden verbinden kann.
Selbst wenn man ihnen gewaltsam das Maul öffnet und einen Fisch in den Schlund stopft, beißen sie nicht, obgleich sie derartige Aktionen sichtlich nervös machen.
Tatsächlich gehört es zu den schwierigsten Problemen, gefangene Delphine zum Fressen zu bewegen, wovon vor allem Falco ein Liedchen singen kann. Er warf den Fisch, wenn nötig, auch hundertmal hintereinander, in hohem Bogen ins Becken, und irgendwann schnappte der Delphin dann doch zu, wenn er die Beute auch oft nach kurzem Verkosten wieder ausspuckte. Nicht minder oft ließ er sich durch das Aufklatschen des Fischs zwar anlocken, streifte dann aber, statt ihn zu fressen, nur an ihm entlang und bugsierte ihn spielerisch mit dem Schnabel herum, wobei das Interesse schlagartig nachließ, sowie der Fisch auf den Boden des Bassins absank.
Kurzum, es ist kein Kinderspiel, einem freßunwilligen Delphin fünf bis zehn Kilo Fisch pro Tag einzutrichtern – ein Problem, das sich, wie bereits geschildert, am leichtesten dadurch lösen läßt, daß man den Neuling zu einem bereits eingewöhnten Artgenossen, der mit gutem Beispiel vorangeht, ins Bassin setzt.

Doch das Hauptproblem, mit dem wir beim *Delphinus delphis* zu kämpfen hatten, war seine überaus empfindliche Haut, die beim Fang größte Vorsicht gebot, konnte sich doch schon die kleinste Schramme, die geringfügigste Schürfung im Nu zur lebensgefährlichen Verletzung auswachsen. Begann sich die Wunde weißlich zu verfärben, wußte jeder auf der *Espadon*, was es geschlagen hatte. Schon in gesundem Zustand braucht der Gewöhnliche Delphin ein absolut sauberes Wasser und kann keinerlei Verunreinigung vertragen, ist also auch in dieser Hinsicht unvergleichlich empfindlicher als der Große Tümmler.
Diese Verletzlichkeit der Haut scheint nach allem, was wir bei unseren Expe-

rimenten in Monaco feststellen konnten, das Verhalten gefangener Delphine entscheidend mitzubestimmen. Nicht nur, daß diese Haut an der Luft binnen kurzem auszutrocknen, sich zu verfälteln und zu entzünden beginnt, die Tiere scheinen auch stets bestrebt, nirgends anzustoßen – eine Eigenart, die uns auch an anderen Meeressäugern aufgefallen ist: So haben wir bei den Dreharbeiten zu unserem Film über die Buckelwale wiederholt erlebt, wie die Tiere die großen weißen Flossen hoben, um uns nicht zu streifen (vgl. Jacques-Yves Cousteau und Philippe Diolé, *Wale – Gefährdete Riesen der See,* Droemer Knaur) – ein Verhalten, das wir damals etwas naiv als Vorsichtsmaßnahme deuteten (wir glaubten, die Wale wollten auf diese Weise vermeiden, uns zu verletzen), während sie in Wirklichkeit wohl nur etwaigen Stößen auszuweichen trachteten.

Wenn uns die wissenschaftliche Forschung der letzten zwanzig Jahre den Delphin auch zu Recht als Lebewesen mit außerordentlich fein entwickeltem Gehör vorstellt, das in einem akustischen Universum lebt, darf man darüber doch nicht vergessen, welch panischen Schrecken die Tiere etwa an den Tag legen, wenn sie trotz ihres vollendet funktionierenden Sonars gegen die Bekkenwand stoßen.

Überhaupt führt das Leben im Bassin beim Delphin zur Zerrüttung des gesamten Sinnesapparats, was bei einem so sensiblen Geschöpf Störungen des seelischen Gleichgewichts und Verhaltensstörungen auslöst, die beim Gewöhnlichen Delphin Siechtum und Tod bewirken. Beim robusteren und kräftigeren Großen Tümmler ist die Eingewöhnung zwar weniger problematisch, verändert aber, wie wir noch sehen werden, das Tier doch tiefgreifend, das heißt, Delphine vertragen, genau wie alle übrigen in Gefangenschaft gehaltenen Tiere, die Freiheitsberaubung teils besser, teils schlechter, je nachdem, wieweit es ihnen gelingt, sich anzupassen.

Und noch einen weiteren auffallenden Zug haben wir bei unseren Versuchen in Monaco kennengelernt – den ausgesprochen gemeinschaftsbezogenen Charakter des Delphins. Als Gruppentier braucht er mehrere oder doch wenigstens einen Kameraden, und es ist ganz erstaunlich, welch verändertes Verhalten ein zunächst vereinzelter Delphin an den Tag legt, sobald ein Artgenosse, gleich, welchen Geschlechts, hinzukommt.

Ist ein Delphin krank oder langweilt er sich, rückt auch der Mensch als möglicher Gefährte in sein Blickfeld, wobei nicht die Fütterung den Ausschlag gibt (zumal Delphine anfangs ohnehin fast jede Nahrung verweigern), sondern die Nähe des Menschen, seine zärtliche Fürsorge. Falco kommt in seinem Tagebuch immer wieder auf diesen Punkt zu sprechen: »Der Delphin

Seite 58 und 59: Bei ideal ruhiger See stießen wir im Indischen Ozean auf diese Delphinschule.

schwimmt ganz nah an mich heran, wie um mir zu bedeuten, daß ich ihn stützen und oben halten soll . . . Kaum sieht er mich ins Wasser steigen, schießt er schon auf mich zu und streift langsam an mir entlang . . . Als ich mich dem Bassin nähere, stößt er kurze Laute aus, ich glaube, vor Freude . . .«
Doch die wohl aufschlußreichsten Beobachtungen machte Falco, wie schon angedeutet, auf offener See, als er mit der *Espadon* vor Monaco, der Baie des Anges und der Var-Mündung kreuzte.
Im Februar tauchten in dieser Region die Delphinweibchen mit ihren Jungen in fünfzig bis sechzig Kopf starken Schulen auf, und dann und wann sichtete die Crew abends auch größere Delphine, die in Abständen von etwa zweihundert Metern vereinzelt dahinzogen und beim Herannahen des Schiffs gewaltige Luftsprünge vollführten (Delphine sind ja bekanntlich sehr wendig und können drei, vier Meter weit und bis zu drei Meter hoch springen) oder das Schiff beäugten, um plötzlich abzutauchen und erst nach mehreren Minuten wieder an die Oberfläche zu kommen.
Aber die Tiere brachten keineswegs die ganze Zeit mit Springen und Spielen zu – sie hatten im Gegenteil ihren festen Stundenplan. So tauchten sie untertags über lange Zeiten hin nur zum Atmen auf, bis dann mit einemmal einer der wohlgeformten, seidiggrauen Leiber in die Luft schnellte und damit gewissermaßen das Signal gab, auf das hin ringsum die Wassergarben nur so hochspritzten. Das Spiel hatte begonnen, und für die Crew der *Espadon* war der Augenblick gekommen, auf Parallelkurs zu gehen, um die Tiere nach Möglichkeit vor den Bug zu locken. Handelte es sich allerdings um Weibchen mit Jungen, bestand wenig Aussicht auf Erfolg, da sie sich auf diese Spiele gewöhnlich nicht einließen. Nur einmal hat Falco beobachtet, wie eine Delphinmutter der Versuchung nicht widerstehen konnte und, die Route der *Espadon* kreuzend, in den Wasserwirbeln herumzutollen begann, während sich ihr Junges einem anderen Weibchen mit Kleinem anschloß. Doch nach zwei, drei Minuten hatte die Alte dann genug vom Spiel und schwamm wieder zu ihrem Kind hinüber.
In besagtem Jahr wimmelte es in diesem Teil des Mittelmeers von jungen Delphinen jeglichen Alters – von ganz kleinen, erst zwei bis drei Kilo schweren Neugeborenen bis zu einjährigen Tieren, die immerhin schon an die dreißig Kilo wiegen. Im großen und ganzen kommen Jungtiere nicht vor den Bug.

Als Bébert am 10. Februar 1958 ein achtzig Kilo schweres Delphinweibchen erwischt, schaut sich das Junge erst gar nicht lang nach der Mutter um, sondern schließt sich unverzüglich einem anderen Weibchen der gleichen Schule an, und auch die Gruppe begreift rasch, daß sich für das gefangene Tier nichts weiter tun läßt, und zieht ab.
Obwohl nur ganz selten Junge vor den Bug kommen und die wenigen, die

es doch wagen, von den Alten auf der Stelle abgedrängt und wieder zur Herde hinüberbugsiert werden, sieht Falco eines Tages doch »von der vorderen Plattform aus ein Junges heransteuern und unmittelbar unter mir in den Wellen herumspielen. Da die Alte vermutlich gerade auf Fischjagd war und sich nicht weiter um das Tierchen kümmerte, trieb es sich eine Weile vor dem Vordersteven herum, bis ich schließlich der Versuchung nicht mehr widerstehen konnte und die Zange abschoß. Als das Kleine mit der Boje abziehen wollte, sprang ich sofort ins Wasser und fing es ein, um eine Verletzung seiner noch besonders zarten und empfindlichen Haut zu vermeiden, und da merkte ich erst, wie winzig es noch war – es wog bestimmt nicht mehr als zehn oder höchstens fünfzehn Kilo.
Wie ich es so im Arm halte, sehe ich die Alte in rasendem Tempo aus der Tiefe auf mich zuschießen. Sie hätte mich glatt zerfetzen können, aber sie kreiste nur quiekend um mich herum, glitt über mich weg, streifte mich, bedrängte mich förmlich von allen Seiten, ein schön gewachsenes Tier von gut hundert Kilo, jedenfalls viel stärker als ich und natürlich im Wasser auch unvergleichlich wendiger. Mir war etwas bänglich zumute, bis ich merkte, daß sie überhaupt nicht vorhatte, mich anzugreifen. Sie jammerte nur in einem fort und wollte ihr Kleines wiederhaben, kam aber offenbar nicht auf die Idee, es mir mit Gewalt zu entreißen. Ich wußte wirklich nicht, was ich machen sollte. Einerseits hätte ich das Junge natürlich zu gern mit nach Monaco genommen, denn sicher wäre es viel schneller zahm geworden als ein ausgewachsenes Tier. Aber schließlich machte ich noch im Wasser die Zange auf und ließ das Kleine frei. Wie der Blitz ist es auf seine Mutter zugeschossen, und im Handumdrehen waren beide in der blauen Tiefe verschwunden.«

Falco entwickelte schließlich eine solche Meisterschaft im Aufspüren der Delphine, daß seinem geübten Auge so leicht keine Schule entging – nicht einmal an so unvermuteten Stellen wie vor der Promenade des Anglais in Nizza. Er kannte alle Anzeichen, die auf eine durchziehende oder jagende Herde schließen lassen – etwa über einem bestimmten Punkt kreisende Möwen, die meist darauf warten, daß von den Schnäppern, Sardinen, Makrelen oder Sardellen, an denen sich die Delphine gütlich tun, auch für sie der eine oder andere Happen abfällt.
Delphine bei der Jagd zu beobachten ist laut Bébert nicht einfach, denn man kommt »mit dem Schauen kaum mit, so schnell geht alles. Nur was vor ihnen ist, sehen sie offenbar nicht richtig, denn sie drehen im Jagdeifer den Kopf bald auf die eine, bald auf die andere Seite. In der Gefangenschaft machen sie das natürlich nicht, und vielleicht hängt diese Kopfbewegung auch mehr mit dem Zuschnappen als mit dem Sehen zusammen. Jedenfalls schießen sie mitten in die Fischschwärme hinein, packen, was sie erwischen und wie sie

es erwischen, müssen dann aber die Beute, bevor sie sie verschlingen, im Schnabel erst so drehen, daß sie sie Kopf voran schlucken können, damit ihnen nicht Flossen und Gräten im Hals steckenbleiben. Vermutlich entwischt ihnen bei dieser Aktion mancher Fisch wieder, den sich dann die Möwen schnappen.«

Delphine haben ein ungewöhnlich dicht bestücktes Gebiß – sie halten mit 88 bis 200 Zähnen den Rekord unter sämtlichen Meeres- und Landsäugern, wobei die durchweg gleichen, kegelförmigen Zähne nur dazu dienen, die Beute festzuhalten, nicht aber, sie zu zerbeißen oder zu kauen. Freilebende Delphine zerdrücken den Fisch lediglich mit den Kiefern, bis er eine zylindrische Form annimmt und so leichter am Kehlkopf vorbei die Speiseröhre hinunterrutscht. In der Gefangenschaft hingegen verschlingen sie gierig alles, was man ihnen gibt – man kann ihnen pausenlos Fischstücke zuwerfen, die in ihrem Schlund wie in einem Briefkasten verschwinden.

Die Mahlzeit findet stets um dieselbe Zeit statt und dauert rund eine Stunde. Danach sammeln sich die Tiere für einen Moment, ehe sie gruppenweise in einem Tempo von fast zehn Knoten seewärts ziehen.

Was die Gliederung dieser Gruppen betrifft, so scheint sie unseren Beobachtungen nach je nach Jahreszeit zu wechseln. Im Herbst und Winter etwa setzt sich die Hauptgruppe aus Muttertieren mit ihren Jungen zusammen, wobei die Weibchen einander bei der Beaufsichtigung der Kleinen, wie vorher schon beim Gebären, helfen, ein Verhalten, das man in Ozeanarien wiederholt beobachtet hat und auf das wir später noch zu sprechen kommen werden.

Die Männchen, die sich zu gewissen Zeiten des Jahres von der übrigen Herde zwar absondern, aber nicht allzu weit entfernen, scheinen in der Dreier- oder Vierergruppe, die offenbar die Grundzellen der Gemeinschaft bilden, als Oberhaupt den Ton anzugeben und die Weibchen mit ihren Kleinen sowie die sechs bis neun Monate alten Jungtiere zu beschützen. Diese familienähnlichen Trupps schließen sich zu fünfzig bis hundert Tiere umfassenden Schulen zusammen und bleiben auch beieinander, wenn sich eine größere Herde verfolgt sieht und aufsplittert.

Ob man bei den Delphinen von »Harems« sprechen kann, wie man sie beispielsweise bei See-Elefanten oder Seebären (vgl. Jacques-Yves Cousteau und Philippe Diolé, *Robben – Gesellige Meeressäuger,* Droemer Knaur) antrifft, bei denen bis zu achtzig Weibchen unter der Autorität eines einzigen Bullen zusammenleben, vermögen wir nicht zu sagen, denn im Gegensatz zu

Delphinansammlung an der Var-Mündung.

Auf der Suche nach Delphinen kreuzt die *Espadon* vor Agay.

Zwei Delphine des Marineland of Florida beim Fischfang. Foto: Marineland of Florida.

diesen Robbenarten, deren Paarungsgewohnheiten sich an Land mühelos verfolgen lassen, beschränkt sich unser Wissen über die entsprechenden Gepflogenheiten der Delphine auf Beobachtungen in Aquarien und Meereszoos, wo sich die Tiere möglicherweise anders verhalten als in der freien Natur. In der Gefangenschaft jedenfalls scheint sich das Delphinmännchen weder in eifersüchtiger Ausschließlichkeit an ein Weibchen zu binden noch auch einen ausgesprochenen Harem zuzulegen.
Dagegen haben vor allem die Japaner, die ganze Delphinschulen einfingen, um die altersbedingte Rollenverteilung der Geschlechter innerhalb einer großen Herde zu studieren, festgestellt, daß sich namentlich die Jungtiere zunächst zu Gruppen von Männchen beziehungsweise Weibchen zusammenschließen, um sich zur Zeit der Geschlechtsreife dann in einer einzigen Gruppe zu vereinigen.

Im übrigen scheint innerhalb der Delphinschulen eine ebenso strenge Rangordnung zu herrschen wie bei Elefantenherden, ohne daß wir im einzelnen sagen könnten, wie sie aussieht, noch nach welchen Kriterien sie sich richtet – fest steht nur, daß es Leit- und ranghöhere Tiere gibt.
Etwas genauer wissen wir in diesem Punkt über die gleichfalls zu den Zahn-

walen *(Odontoceti)* zählenden Pottwale Bescheid, bei denen eine Herde entweder von einem alten Bullen oder, da die alten Männchen meist Einzelgänger sind, von einer Kuh angeführt wird. Aufgrund welcher Eigenschaften allerdings ein bestimmtes männliches oder weibliches Tier zum Leittier aufrückt, ist gleichfalls unbekannt.

Allem Anschein nach fällt bei freilebenden Meeressäugern den ältesten Männchen die Rolle zu, die Weibchen zu begatten, wie man umgekehrt bei Fangmanövern wiederholt festgestellt hat, daß sich nicht etwa das Leittier für die Gruppe opfert, indem es beispielsweise ein Hindernis überwindet oder ein Netz zerreißt und so den anderen die Flucht ermöglicht, sondern ein rangniedrigeres Männchen.

Daß es nicht nur ranghöhere Einzeltiere, sondern auch ranghöhere Arten gibt, konnten wir bei großen, aus verschiedenen Gattungen zusammengesetzten Walschulen feststellen. So haben wir Grindwale *(Globicephalae)* im Verein mit Großen Tümmlern *(Tursiops)* angetroffen und bei unserer Expedition vor der mauritischen Küste eine Herde gesichtet, der außer einem Exemplar der Gattung *Sousa teuszi* noch zwei andere Arten, darunter vermutlich auch ein Großer Tümmler, angehörten – eine Beobachtung, auf die wir später noch zurückkommen werden.

Falco mit einem Delphin, der sich ohne Scheu von ihm streicheln läßt.

Auch in der Gefangenschaft scheinen laut Caldwell bestimmte Arten zu dominieren – oder sind es in Wirklichkeit nur bestimmte Einzeltiere?
Alles in allem bereitet es natürlich weitaus größere Schwierigkeiten, das Gemeinschaftsleben von Meerestieren zu beobachten als das von Landtieren, und so können wir uns bis jetzt keinen rechten Begriff von der Sozialordnung der im offenen Meer lebenden Delphine machen – wir ahnen lediglich, daß eine solche Ordnung existiert und daß sie sehr fest sein muß. Betrüblicherweise wird die Delphinhaltung durch unsere Unkenntnis sehr erschwert, wäre es doch entscheidend zu wissen, welche Stellung das einzelne Tier ehedem einnahm, ob es zu den ranghöheren, zu einer privilegierten oder einer untergeordneten Gruppe zählte.
Außerdem darf man nicht übersehen, daß ein in einem Ozeanarium gehalte-

ner Delphin sein Leben erst wieder aufbauen, daß er sich bei seinen neuen Kameraden bewähren, seinen Rangplatz durchsetzen und behaupten muß, das heißt, daß zu dem durch die Gefangenschaft ausgelösten seelischen Trauma noch durch die Zerstörung der Sozialstruktur verursachte innere Krisen kommen.
Und auch die für das Tier völlig neuen Beziehungen zum Dresseur und zu den Pflegern müssen sich nach einer bestimmten Rangordnung einspielen, was auch von seiten des Menschen eine gehörige Portion Aufmerksamkeit und Verstand voraussetzt.

Allem Anschein nach tritt die Rangordnung in den Ozeanarien deutlicher zutage als im offenen Meer, eine Tatsache, die man namentlich in großen Meereszoos wie dem von Saint Augustin und Miami beobachtet hat, die über riesige Bassins für zwanzig bis fünfundzwanzig Tiere verfügen.
Ganz ähnlich wie bei den Landsäugetieren im selben Zoogehege nimmt in diesen Becken jedes Tier einen seinem Rang innerhalb der Hierarchie entsprechenden Platz ein, denn wie an Land gibt es auch im Wasser gute und schlechte Plätze. So hält sich das Leittier normalerweise in der Beckenmitte oder in der Nähe des Zuflusses auf, und auch alle übrigen scheinen ihr »Mikrorevier« zu besitzen, das sie gelegentlich erbittert verteidigen.
Beobachtungen am Marine-Studio von Florida (vgl. den Beitrag von Margaret C. Tavolga, *Behavior of the Bottlenosed Dolphin,* in: *Whales, Dolphins and Porpoises,* University of California Press) haben ergeben, daß das männliche Leittier mit Ausnahme der Paarungszeit meist allein im Bassin herumkreiste. Nur selten schloß sich ihm für kurze Zeit ein Weibchen oder ein jüngeres Männchen an. In der Regel verhielt sich das Oberhaupt friedfertig, konnte aber gelegentlich auch aggressiv werden. Manchmal war der Anlaß seines Unmuts zu erkennen, beispielsweise, wenn ihm ein anderes Tier einen Happen vor der Nase wegschnappte oder ein jüngeres Männchen sich an ein in seiner Gesellschaft schwimmendes Weibchen heranmachen wollte. In solchen Fällen ließ der dergestalt Gereizte ein lautes Klappern mit den Kiefern vernehmen und verjagte den Frechling oder verpaßte ihm einen kräftigen Schwanzhieb. Jedenfalls trug das Opfer nicht selten Schürfungen, Bißwunden und Quetschungen davon. Handelte es sich beim Gegner indessen um ein Weibchen, ein noch sehr junges Tier oder ein Neugeborenes, unterblieben alle Tätlichkeiten.

Gleich nach dem ranghöchsten Männchen kam Pudgy, ein Delphinweibchen, das bereits mehrmals geworfen hatte. Pudgy lebte keineswegs in einer so unnahbaren Isolierung wie das Oberhaupt, sondern stand im Gegenteil ständig im Mittelpunkt des Interesses, da sie sich immer als erste auf alles Neue ein-

ließ, ob es nun ums Ballspielen oder um die Begrüßung eines Neulings ging. Passierte irgend etwas Beunruhigendes, nahm sie sich der Sache auf der Stelle an, wobei sie die anderen erst einmal durch pfeifende Laute um sich sammelte, um sie von der Gefahrenstelle wegzulotsen. Sie selbst schwamm auf den Fremdkörper mutig zu und suchte ihn in mehreren zusehends kühneren Vorstößen zu identifizieren, um anschließend die übrige Herde zu beruhigen, die sich daraufhin gleichfalls an die Gefahrenzone heranwagte.
Dieses Verhalten legte Pudgy auch bei ihr unbekannten Tauchern an den Tag, und zwar selbst dann, wenn diese die vertraute Montur trugen, was zu beweisen scheint, daß ein Delphinweibchen entgegen der Meinung vieler Fachleute durchaus imstande ist, einen Taucher vom anderen zu unterscheiden.
Pudgy war auch die einzige Delphindame, die dem männlichen Oberhaupt des Rudels außerhalb der Paarungszeit Gesellschaft leisten durfte.
Unmittelbar nach dem Leittier und Pudgy kamen in der Hierarchie dann mehrere ungefähr gleichrangige Delphine – alte Weibchen wie Pudgy, aber auch erstmals trächtige jüngere Tiere.
Eine zweite Gruppe umfaßte drei Männchen, von denen eins über den beiden anderen stand, und die dritte Gruppe schließlich bildeten die Jüngsten, die alle im selben Jahr geboren und noch nicht entwöhnt waren.
Den Anstoß zu Gemeinschaftsaktionen aber gab stets die erste Gruppe, deren treibende Kraft Pudgy bildete.

Bereits diese wenigen Andeutungen über das Gemeinschaftsleben der Delphine in einem Ozeanarium lassen vermuten, daß die Beziehungen zwischen den Tieren in der freien Natur ungemein vielschichtig sein müssen.
Denn immer wieder stehen wir ja vor der Frage, was sich im Meer draußen eigentlich abspielt. Falls zwischen den Tieren eine Rangordnung existiert, dürfte es mit ziemlicher Sicherheit auch »Reviere« geben, allerdings Reviere, die von einer ganzen Herde behauptet werden. So beobachtete Kenneth S. Norris vor Hawaii eine mehrere Wochen an derselben Stelle verharrende Schule, und in Florida hat man festgestellt, daß sich die Großen Tümmler, in einem kleinen Bezirk von fünfzig bis hundert Meilen, oft noch wesentlich kleiner, im seichten Wasser, vornehmlich im Mündungsgebiet des Mississippi, aufhalten. (Ihre Wanderzüge ließen sich dank eines weißen Delphins, eines Albinos, der schließlich eingefangen werden konnte, ziemlich genau verfolgen.)
Caldwell beobachtete Delphine, die sich drei Jahre lang in derselben Meeresregion aufhielten, und so ist es durchaus möglich, daß die Großen Tümmler namentlich vor Florida kaum weit wandern, sondern daß sie im Laufe des Tages immer dieselbe Route einschlagen. Etwas Ähnliches hat seinerzeit

auch Falco konstatiert, der die Tiere morgens stets im Südosten auftauchen und abends im Südwesten verschwinden sah, zweifellos auf den Spuren der dem Lauf der Sonne folgenden Fischschwärme.
Auch während eines Forschungsunternehmens im Golf von Malaga fiel uns das pünktliche Verhalten der Gewöhnlichen Delphine auf, die sich morgens mit ziemlicher Sicherheit auf der linken, abends hingegen auf der rechten Seite des Golfes einfanden, d. h. insgesamt eine Route von rund fünfzig Meilen zurücklegten, gerade so viel, wie der Golf an seiner breitesten Stelle mißt.

Gestützt auf die namentlich in Florida gemachten Beobachtungen hat man behauptet, Delphine hielten sich mit Vorliebe im seichten Wasser auf, doch was auf einen Teil des Erdballs zutrifft, muß nicht notwendig auch anderswo stimmen. So hat Professor Busnel in Meeresstrichen von drei-, vier-, ja sogar fünftausend Meter Tiefe Große Tümmler gesichtet, weshalb er denn auch bestreitet, daß Delphine ausgesprochene Flachwasserbewohner sind. In den Küstengewässern Floridas findet man sie seiner Meinung nach nur deshalb so häufig vor, weil sie den hier durchziehenden Fischschwärmen, vor allem den Seebarben, folgen.
Auch im Mittelmeer trifft man sie in Küstennähe, aber häufiger noch an sieben- bis achthundert Meter tiefen Stellen am Rande des Kontinentalabhangs an.
Ausschlaggebend scheint, daß die Delphine als Räuber ihre Beutetiere verfolgen, die ihrerseits häufig den Standort wechseln. So tauchen die Fische untertags zum Grund ab und kommen abends mit dem aufsteigenden Plankton wieder nach oben, eine Bewegung, die die Delphine möglicherweise mitmachen.
Verschiedene Beobachter haben auch darauf hingewiesen, daß die Delphine in Reih und Glied, wie eine marschierende Armee, dahinziehen und im allgemeinen alle gleichzeitig zum Atmen an die Wasseroberfläche kommen. So hat sie beispielsweise unser Freund Busnel (eine ähnliche Beobachtung erwähnt auch David K. Caldwell) in Riesenherden vorbeidefilieren sehen. Möglicherweise setzen sich diese Gruppen aus lauter Tieren gleichen Alters und gleichen Geschlechts zusammen, vielleicht auch schwimmen die Delphinschulen nur dann in dieser Formation, wenn sie einen ausgedehnten Wanderzug vorhaben – doch Genaueres wissen wir darüber nicht.
Dagegen können wir die Frage, wie alt Delphine werden, ziemlich präzis anhand ihres Gebisses beantworten, das auf eine Lebensdauer von zwanzig bis fünfundzwanzig Jahren, vielleicht auch mehr, schließen läßt, das heißt, Delphine erreichen in etwa dasselbe Alter wie die Grindwale, die bis zu sechsundzwanzig Jahre leben können, wobei allerdings bereits mit achtzehn Jahren ein spürbarer Kräfteabbau einsetzt.

4 Dolly – Die Geschichte einer Delphindame

Auf den Key-Inseln
Lange Unterhaltungen
Ein schlechter Rekrut
Freiwillige Gefangene
»Gerettet«
Angst vor dem offenen Meer
Das Ruder
Immer noch allein
Ein gewisses Lächeln

Der interessanteste Zug, mit dem wir uns bei unserer Untersuchung über das Leben der Delphine befaßten, war die Eigenart der Tiere, sich dem Menschen aus freien Stücken zu nähern, ein Vorgang, der in den USA wie in Australien, in Neuseeland wie in England wiederholt beobachtet wurde und der seit ältester Zeit bezeugt ist, nur daß diese Berichte, die uns vor allem aus der Antike in reicher Zahl überliefert sind, lange Zeit als Märchen galten.

Am berühmtesten ist die Geschichte von Arion, dem Dichter von der Insel Lesbos, der, als ihn Schiffer auf hoher See ausrauben und ins Meer stürzen wollten, darum bat, noch einmal singen zu dürfen. Durch den Klang seiner Stimme angelockt, kam ein Delphin herbeigeschwommen und trug ihn auf dem Rücken bis zum Kap Tainaron. (Daß Delphine für die menschliche Stimme wie für Musik tatsächlich empfänglich sind, werden wir im weiteren Verlauf noch sehen.)

Dolly vollführt vor dem Landungssteg der Asburys in Florida Luftsprünge.

Eine andere bekannte Geschichte ist die des Byzantiners Korianos, von dem Plutarch berichtet, er habe Fischer dazu überreden können, gefangene Delphine wieder freizulassen, und sei zum Dank dafür kurz darauf bei einem Schiffbruch von einem Delphin gerettet worden.
Daß nicht alles, was die antiken Schriftsteller in diesem Zusammenhang erzählen, in den Bereich von Fabel und Anekdote gehört, scheint beim heutigen Wissensstand mehr als wahrscheinlich, denn es läßt sich einfach nicht bestreiten, daß freilebende Delphine die Gesellschaft des Menschen suchen, sich an ihn anschließen, beharrlich an die Stelle zurückkehren, wo sie mit Badenden, vor allem Kindern, Bekanntschaft geschlossen haben, und sich dabei als possierliche Spielkameraden, manchmal aber auch als Helfer und Retter in der Not erweisen.

Für die Wahrheit eines dieser Abenteuer, die geradezu rührende Geschichte einer Freundschaft zwischen einem Delphinweibchen und einer amerikanischen Familie, können wir uns, da wir es selbst miterlebt haben, verbürgen.
Die Asburys – so der Name der Familie, die sich aus fünf Mitgliedern, Vater Asbury, dem Hubschrauberpiloten des US-Präsidenten, seiner Frau Jean, den beiden Töchtern Kelly (8) und Tina (10) sowie dem Hund Puggy zusammensetzt – bewohnen in Florida ein kleines Haus mit Landungssteg an einem jener zahlreichen, die Key-Inseln labyrinthartig durchziehenden Kanäle, durch die man ins gut und gern acht Kilometer entfernte Meer gelangt.
An besagtem Landungssteg nun taucht eines schönen Maimorgens im Jahre 1971 unverhofft ein Delphin, ein Großer Tümmler, auf, streckt den Kopf aus dem Wasser, quiekt und schnattert und beäugt die staunend versammelte Familie voll Aufmerksamkeit, wobei er übers ganze Gesicht zu »lächeln« scheint.
Den Asburys verschlägt es den Atem, als das Tier immer näher kommt. Jean rennt ins Haus, holt ihren gesamten Fischvorrat aus dem Kühlschrank, den der neue Gast gierig verschlingt, wobei er sogar aus der Hand frißt und sich streicheln läßt. Die beiden kleinen Mädchen fühlen sich mitten in eine Fernsehszene versetzt. Nur Puggy kommt die Geschichte nicht geheuer vor.
Natürlich schließen die Asburys das Tier auf Anhieb ins Herz, betreuen und füttern es von da an regelmäßig, und Dolly (wie sie die etwa fünfjährige Delphindame taufen, die mit ihren gut vier Zentnern Lebendgewicht und ihrer Länge von 2,10 Metern eine recht stattliche Erscheinung darstellt) läßt sich ihre Fürsorge gern gefallen und entwickelt sich binnen kurzem zu einem richtigen Haustier, mehr noch, zu einem Familienmitglied.

Dolly reagiert auf Jean Asburys Stimme.

Jean hält Dolly mit dem Mund einen Fisch vor.

Sie tollt mit den beiden Mädchen im Wasser herum, duldet, daß sie sich an ihre Rückenflosse hängen und von ihr ziehen lassen, und kann schließlich sogar Puggys Mißtrauen besiegen.

Man weiß nicht recht, wer wen adoptiert hat – Dolly die Asburys oder diese sie; jedenfalls zeigt Dolly für die übrigen Nachbarn wenig Interesse und läßt sich kaum bei ihren Landungsstegen blicken, während sie den Asburys mit sichtlicher Wonne ihre Kunststücke vorführt.

Die größte Zuneigung aber faßt Dolly zu Jean Asbury, die ihr gegenüber ebenso die Mutterrolle versieht wie gegenüber ihren beiden Töchtern – ein Vorgang, bei dem eine äußerst wichtige, wenn auch nur schwer faßbare Gefühlskomponente mitschwingt. Tiere merken ja die zwischen den Menschen bestehende Liebe, und so muß wohl auch Dolly Jean Asburys warme mütterliche Art irgendwie gespürt haben, zeigte sie sich doch für Jeans sanftes und verständnisvolles Wesen, ihre nie erlahmende Geduld ganz besonders empfänglich, und so glich ihr Verhältnis mehr und mehr dem zwischen Mutter und Kind, wobei natürlich mit hereingespielt haben mag, daß Jean Dolly fütterte, am meisten mit ihr spielte und ihr die verschiedenen Nummern beibrachte, kurzum, sich mehr mit ihr abgab als Herr Asbury, der oft tagelang nicht zu Hause war, oder die beiden Mädchen, die ja in die Schule mußten.

Unter anderem pflegte Jean mit Dolly endlose Unterhaltungen, bei denen das Tier den Kopf aus dem Wasser reckte und lebhaften Blicks, voll Aufmerksamkeit, ja geradezu mit Hingabe dem Klang ihrer weichen Stimme lauschte, sichtlich erpicht darauf, so angesprochen zu werden.
Tatsächlich verstand Dolly den Sinn bestimmter Wörter wie »ja« und »nein«, begriff, wenn man sie für etwas lobte oder tadelte, apportierte auf Befehl bestimmte Gegenstände – aber schließlich kann ein Hund das alles ebensogut.
Daneben beherrschte Dolly aber auch noch besondere Glanznummern und erstaunliche Kunststücke – das Törchen zu ihrem neben dem Asburyschen Steg angebrachten Gehege, in das sie sich zurückzog, wenn sie ihre Ruhe haben wollte, zu öffnen und zu schließen oder Ringe aufzufangen, einen Ball herumzubugsieren und in einen Korb zu schießen, hohe Sprünge zu vollführen, ein kleines Plastikboot mit dem etwas verunsichert dreinschauenden Puggy zu ziehen und mit Tina und Kelly an der Rückenflosse in Windeseile durchs Wasser zu flitzen.
Ein anderes Spielchen bestand darin, daß Jean eine Handvoll Münzen ins Wasser warf, von denen Dolly nur die kleinsten apportieren sollte – sie tat es fehlerfrei, obgleich es für sie bestimmt nicht einfach war, die für ihren Schnabel im Grunde viel zu kleinen Zehn-Cent-Stücke aus dem Schlamm zu fischen. Aber Dolly bewältigte die Aufgabe mit Hilfe ihres gut ausgebildeten »Sonars«, das ihr ermöglichte, die sofort im Schlick versinkenden Münzen zu orten.
Da sich Dolly nicht gut den ganzen Tag beim Haus der Asburys aufhalten konnte, wurde sie bald im ganzen Umkreis bekannt. Aber wenn sie auch gern in den Kanälen herumstreifte und dann und wann bei den Nachbarn eine Stippvisite machte, zeigte sie doch nach wie vor eine entschiedene Vorliebe für die Asburys und deren Domizil, das sie auch als ihr »Zuhause« betrachtete und wohin sie regelmäßig mit einzigartigem Orientierungssinn durch all die Kanäle zurückfand.

Als sich die Asburys, neugierig, woher ihr neuer Hausgenosse wohl kommen mochte, in der Nachbarschaft umhörten, erfuhren sie, daß die Delphindame ursprünglich einer Abteilung der US-Navy angehört hatte und in einer in Key West stationierten Basis abgerichtet worden war, einem jener »Schulungszentren«, wie die Amerikaner diese Einrichtungen schamhaft nennen, da sie nicht gern zugeben, daß sie Meerestiere für kriegerische Zwecke dressieren.

Einer von Dollys früheren Dresseuren erzählte Jean, man habe, als das »Schulungszentrum« von Florida nach Kalifornien verlegt wurde, das junge Delphinweibchen nicht mitgenommen, da es als undiszipliniert und allzu phantasiebegabt, kurzum, als schlechter Rekrut galt, und offenbar war Dolly tatsächlich etwas eigenwillig gewesen, hatte zwar bestimmte Objekte befehlsgemäß an die vorgesehene Stelle transportiert, aber anschließend manchmal gleich wieder zurückgebracht, was, sollte es sich bei dem Ding um eine Bombe handeln, im Ernstfall gewisse militärische Komplikationen auslösen könnte.
Da Dolly also die nötigen soldatischen Tugenden vermissen ließ, hatte man sie vor Florida wieder freigelassen, doch sie, mittlerweile an menschliche Gesellschaft gewöhnt, mochte diese nicht mehr entbehren, schwamm zur Küste zurück und streifte in den Kanälen der Keys herum, bis sie schließlich in den Asburys die geeigneten Partner fand.

Es ist eine bekannte Tatsache, daß Delphine durch den Umgang mit Menschen tiefgreifende Wesensveränderungen erfahren und ihre neuen Partner so wenig missen mögen, daß sie, sofern sie durch ein Versehen entwischen oder wieder ausgesetzt werden, mit der wiedererlangten Freiheit nicht mehr viel anzufangen wissen.
Dolly ist dafür nicht das einzige Beispiel. Ein geradezu unwahrscheinlich klingendes Abenteuer passierte mit dem berühmten Delphin Tuffy, jenem Großen Tümmler, der während des amerikanischen Sealab-Experimentes Botendienste zwischen dem Haus am Meeresgrund und der Oberfläche leistete.
Tuffy wurde in einem Schwimmgehege an der kalifornischen Küste gehalten, und eines schönen Tages machte ein Fischer aus Versehen die Tür zu seiner Einfriedung auf und ließ ihn heraus – vermutlich zu Tuffys Verwirrung, der sicher die gewohnten Präliminarien und das übliche Begleitzeremoniell wie Pfiffe, Befehle, präzise Weisungen vermißte. Trotzdem machte er sich davon, doch da er eigentlich unersetzlich und insofern mit Gold nicht aufzuwiegen war, suchte man ihn per Schiff und per Flugzeug, spürte ihn auch mühelos auf, und ohne jeden Widerstand, ja, sichtlich zufrieden, schloß er sich wieder seinem Dresseur an. (Vgl. David K. Caldwell und Melba C. Caldwell, *The World of the Bottlenosed Dolphin*, J. B. Lippincott Company, Philadelphia.)
Ein ähnlicher Fall hätte sich beinahe im Lerner-Laboratorium in Bimini auf den Bahamas zugetragen, wo man gleichfalls die Klappe des Bassins aus Versehen offenließ, nur daß es dem Delphin nicht im Traum einfiel, die Gelegenheit zu nutzen.
In Florida trieb sich ein Delphin des Ozeanariums, den man ähnlich wie Dolly

Commandant Cousteau und Jean beobachten Dollys Treiben.

absichtlich wieder freigelassen hatte, eine ganze Weile in der Nähe des Meereszoos herum, zog aber, da zwischen den Becken und dem Meer weder ein Kanal noch sonst eine Verbindung bestand, schließlich doch ab.
Ein paar Monate später ging einem Fangteam des Ozeanariums ein Delphin verdächtig leicht ins Garn – wie sich herausstellte, der Freigelassene, der sich wieder hatte einfangen lassen.
Und das Ozeanarium von Saint Petersburg Beach am Golf von Mexiko setzte einen Delphin wegen einer auffälligen körperlichen Mißbildung aus, doch der entdeckte ein probates Mittel: Er stürzte sich mitten in die Fischernetze hinein und ließ sich sogleich mehrmals fangen, bis die Leute vom Ozeanarium schließlich vor so viel Hartnäckigkeit kapitulierten und ihn wieder aufnahmen.

Um mit Dolly Bekanntschaft zu schließen, ist ein Team der *Calypso* unter Leitung meines Sohns Philippe nach Florida gereist, wo die Männer von den Asburys und Dolly freundschaftlich empfangen werden. Man versteht sich

Ein paar Szenen aus Dollys Zusammenleben mit den Asburys: Sie spielt mit einem Ball und einem Gummiring und legt den Kopf auf Jeans Knie.

auf Anhieb, und binnen zwei oder drei Tagen kennt die Delphindame die Taucher und weicht ihnen nicht mehr von der Seite. Ihr übergroßes Interesse wird manchmal geradezu etwas lästig, denn kaum steigen die Männer ins Wasser, sehen sie sich von Dolly bedrängt, müssen mit ihr tauchen, sich an ihre Flosse hängen, ihr ihren Ball zuwerfen, mit einem Wort, durch harte Fron für ihre Unterhaltung sorgen.
Da Dolly den Kopf unablässig aus dem Wasser streckte, um die Asburys herbeizuzitieren, zu schnattern, zu spielen oder herumzuschauen, holte sie sich schließlich einen regelrechten Sonnenbrand, der ihrer empfindlichen Haut so zusetzte, daß ihre Pflegeeltern ihren Schädel mit Salbe einreiben mußten, um die Entzündung zu dämpfen.
Binnen kurzem hatte sich zwischen unserer Crew und Dolly eine dicke Freundschaft entwickelt, obgleich man vor ihr immer ein bißchen auf der Hut sein mußte, denn sie konnte, wie unsere Leute, die sich im Taucheranzug mit ihr vergnügten, am eigenen Leibe zu spüren bekamen, im Wasser beträchtliche Kräfte entfalten. Daran gewöhnt, Gegenstände vom Grund mit dem Schnabel hochzubugsieren, packte sie die Taucher kurzerhand am Gürtel und transportierte sie zur Oberfläche. Da half kein Zappeln und Sich-Wehren, man mußte ihr einfach ihren Willen lassen. Vielleicht glaubte sie, die Männer würden drunten ertrinken, vielleicht aber war alles auch nur ein Spiel.
An der Oberfläche dagegen wandte Dolly die entgegengesetzte Taktik an, steckte Kopf und Schnabel zwischen Arme und Körper des Tauchers und zog ihn hinunter.

Während unsere Leute so Dollys Verhalten sechs Wochen lang aus der Nähe beobachteten, um herauszufinden, was zwischen ihr und ihren Pflegeeltern eigentlich vorging, machten sie die höchst erstaunliche Entdeckung, daß Dolly nicht mehr in die Freiheit zurückwollte und sich allen Versuchen, sie ins offene Meer hinauszulotsen, hartnäckig widersetzte – leider, denn wir hätten, da das Wasser in den Kanälen zum Filmen im Grunde viel zu schmutzig war, zu gern ein paar Bilderfolgen mit ihr im Meer draußen gedreht.
Da wir zunächst dachten, Dolly hätte sich vielleicht in den Keys verirrt und könnte trotz des ausgezeichneten Ortssinns nicht mehr herausfinden, steuerten wir im Zodiac-Schlauchboot, um das sie mit Vorliebe herumtollte, in Richtung Ausfahrt und suchten sie durch Zurufe und Fischhappen mitzulokken. Die beiden kleinen Mädchen, die es mit Dolly besonders gut verstanden, kamen zu unserer Unterstützung gleichfalls mit und redeten ihr gut zu, doch stets machte sie nach ein, zwei Kilometern wieder kehrt und schwamm zu ihrem Landungssteg zurück. Zwar konnten wir sie bei jedem Versuch etwas weiter hinauslotsen, aber sie ließ sich nie dazu bewegen, im offenen Meer zu bleiben.

Nicht einmal dem Saumriff mochte sie einen Besuch abstatten, geschweige denn dem steil abfallenden Riff selbst.

Dolly beim Schwimmen zu beobachten war ein ungewöhnliches Schauspiel, und mochte sie auch ihre Marinevorgesetzten durch mangelnde militärische Zucht enttäuscht haben, uns führte sie die herrlichsten Kunststücke vor. Und wenn die Nummern, die wir mit ihr filmten, auch nicht viel sensationeller waren als die in den Ozeanarien dargebotenen »Shows«, so hatte bislang doch keiner von uns Gelegenheit gehabt, fünf bis sechs Wochen lang täglich mit einem Delphin zusammenzusein, der von sich aus zusehends eifriger mitmachte.

Die Erfahrungen mit Dolly bedeuteten für uns eine neue Etappe in unserem Verhältnis zum Tier, lebten wir doch, während sich die Beobachtung von Delphinen normalerweise auf gefangene, in Bassins gehaltene Tiere beschränkt, mit ihr, einem völlig frei sich selbst überlassenen Geschöpf, in einer echten Gemeinschaft, wobei wir, wie schon angedeutet, nur den Umstand bedauerten, daß wir bei dem trüben Wasser in den Kanälen fast nicht fotografieren konnten. Zu gern hätten wir gefilmt, wie Dolly frontal auf uns zusteuert, was im offenen Meer praktisch unmöglich ist, da sich nur zahme Tiere darauf einlassen, und Dolly – seltener Glücksfall – nicht nur folgsam, sondern auch frei war.

Zwar zeigten die Bilderfolgen, die wir drehten, in erster Linie die Nummern, die Jean ihr beigebracht hatte – Nummern, die sich nicht wesentlich von den Darbietungen der Meereszoos unterschieden, aber unter völlig anderen Voraussetzungen zustande gekommen waren. Dolly lebte nicht im Bassin, sondern konnte nach Belieben in den Kanälen der Keys herumschwimmen und hätte auch gänzlich verschwinden können, nur daß sie aus freien Stücken immer wieder die Gesellschaft der Asburys und unserer Leute suchte. Allmorgendlich erschien sie unfehlbar zum Stelldichein, erpicht, sich mit all ihren Freunden im Wasser zu tummeln, zu spielen und immer neue Possen zu treiben, etwa, sich des Schlauchboots zu bemächtigen und es womöglich zum Kentern zu bringen. Wir hatten zwar immer Angst, sie könnte ein Motorboot streifen und sich an der Schraube übel verletzen, aber der Kanal vor dem Asburyschen Haus war als Sackgasse kaum befahren, die Nachbarn, die Dolly mittlerweile kannten und mochten, paßten auf, und außerdem hatte Dolly selbst herausgefunden, daß schnelle Boote gefährlich waren, und nahm sich vor ihnen in acht.

Ob sie auf Fischfang ging oder nur von dem lebte, was ihr die Asburys gaben, blieb unerfindlich. Viel kann sie jedenfalls kaum erwischt haben, da die Kanäle nicht sonderlich fischreich waren.

Täglich fuhren wir mit Dolly aus, das heißt, wir bestiegen das Schlauchboot, lockten sie herbei und starteten in mäßigem Tempo zur Spazierfahrt durch

die Kanäle, was ihr großen Spaß machte, da sie das runde Schlauchboot mochte und mit Vorliebe daran entlangstrich. Es war wirklich ein Vergnügen, zu beobachten, wie sie nebenherschwamm, um dann plötzlich vorzuschießen und das Boot, uns einen mutwilligen Blick zuwerfend, zu überholen.
Dumm nur, daß die Asburys so weit vom offenen Meer entfernt wohnten, denn kaum hatte sich Dolly auf dem Weg in die Freiheit für ihre Begriffe zu weit vorgewagt, schien sie eine sonderbare Angst zu überkommen. Dann mäßigte sie jedesmal ihr Tempo und machte schließlich kehrt, um »heimzuschwimmen«.

Erstaunlich war auch, daß Dolly offenbar nie die Versuchung verspürte, die Kanäle zwischen den Key-Inseln zu verlassen, um sich im Meer draußen einen männlichen Gefährten zu suchen.
Dabei setzte ihr die Enthaltsamkeit sichtlich zu. Als eines Tages ein Ruder ins Wasser fiel, versuchte sie, sich an ihm anzuschmiegen und sich daran zu reiben, was natürlich nicht gelingen wollte, da ihr das Ruder immer wieder entglitt, worüber sie in große Erregung geriet, denn sie zitterte am ganzen Leib und stieß kurze, abgehackte Laute aus.
Der Vorgang wiederholte sich mehrmals – ohne allen Zweifel litt das arme Tier an sexuellen Zwängen und konnte keine Befriedigung finden. Auch an den Tauchern streifte sie immer wieder entlang, stieß sie mit der Nase an, drückte sich eng an ihre weichen, glatten Vinyl-Anzüge, die ihr besonders zu behagen schienen, obwohl sie die ungewohnte Gestalt der Männer oft ganz ratlos stimmte.
Freilich war es nicht nur sexuelles Verlangen, das Dolly dazu trieb, sich mit dem ganzen Körper an die Taucher zu schmiegen, sondern ein ihrer Art eigenes, tiefeingewurzeltes Bedürfnis. Delphine sind Gruppentiere, deren Gemeinschaftsbezogenheit sich im körperlichen Kontakt äußert. Sowohl in der Freiheit als auch in den Ozeanarien reiben sie sich aneinander, streifen aneinander entlang, berühren sich mit dem Schnabel oder mit den Flossen, gleiten übereinander. Jede dieser Äußerungen hat offensichtlich ihre Bedeutung und bringt die Gliederung der Gruppe wie den Rangplatz des Einzeltiers zum Ausdruck. Da Dolly ganz allein in den Kanälen der Keys herumstreifte und auf all diese Gemeinschaftsäußerungen verzichten mußte, suchte sie im Kontakt zu den Menschen, in ihren Liebkosungen, Ersatz für die körperliche Berührung mit ihresgleichen.
Man muß sich in diesem Zusammenhang vor Augen halten, daß Delphine im Gegensatz zu den Landsäugern ja keinen Geruchssinn, keine »Witterung«, besitzen und sich, da sie sich nicht »beschnuppern« können, vor allem in der Genitalzone berühren, ein Verhalten, das vermutlich dem Erkennen, aber auch der Demonstration des Rangplatzes innerhalb der Hierarchie

Im Beisein von Philippe Cousteau führt Jean mit Dolly ein lebhaftes Zwiegespräch.

Dolly frißt Commandant Cousteau aus der Hand.

dient. (Der Tastsinn ist bei den Delphinen so fein entwickelt, daß sie schon an der geringfügigsten Wasserbewegung merken, ob ein Artgenosse oder ein Taucher in der Nähe ist.)
Ihre Haut fühlt sich so zart und glatt an wie die feinste Frauenhaut, und so könnte man sich als Mann in eine Delphindame stracks verlieben, nur daß man, um mit Michel Deloire zu sprechen, »dummerweise nicht ahnt, wie sich so ein Vierzentnerschatz im entscheidenden Moment verhalten würde«.
Übrigens glaube ich nicht, daß Dollys Anhänglichkeit an Jean sexuell eingefärbt war. Das Tier suchte bei Frau Asbury sicher nur die mütterliche Wärme und zeigte sich darin heischender als ein Kind, und Jean brachte ihr in der Tat eine grenzenlose Liebe und Geduld entgegen, was sie auf die Dauer über Gebühr strapazierte, denn Dolly machte ihr mehr zu schaffen, als es ein dritter Sprößling getan hätte.
Sie trieb sich ständig in der Nähe des Hauses herum und tat ihre Langeweile lauthals kund, bis Jean sich erweichen ließ und mit ihr redete, sie durch allerlei Kosenamen wie »good girl«, »pretty girl« beruhigte, wofür ihr Dolly dann zum Schluß einen feuchten Kuß auf die Wange gab.
Da Dolly wie ein Kind ständig Aufmerksamkeit beanspruchte, konnte Jean nicht einmal mehr ins Kino gehen, und als die solchermaßen geschlagene Familienmutter zu ihrer Entlastung einen »Delphin-Babysitter« engagieren wollte, zeigte sich Dolly sehr empört und trat in Hungerstreik.
Besuche bei Freunden kamen für Jean schließlich ebensowenig in Frage wie eine Urlaubsreise, kurzum, das Abenteuer mit Dolly begann sich, so einzigartig und schön es auch war, als Behinderung und schwere Belastung zu entpuppen.
Kurz nach der Abreise unseres Teams teilte uns Frau Asbury mit, Dolly hätte sich »sehr betrübt gezeigt«. Offenbar gingen ihr die Spazierfahrten mit den Tauchern und all die vielen Spiele, die sie mit ihr angestellt hatten, doch recht ab.
Nach wie vor ist Dolly auf das Schlauchboot ganz versessen, und wenn die Asburys einmal nicht ausfahren, sucht sie es auf eigene Faust in Bewegung zu setzen und mit ihm zu spielen.
Außerdem lebt sie noch immer allein. Möglich, daß sie eines Tages den idealen Partner finden wird, aber bis jetzt hat sie sich noch nicht verführen lassen.
Im Juli 1972 nahmen die Asburys sie per Flugzeug auf den Parteikongreß der Demokraten nach Miami mit, um sich an der Demonstration zum Schutze der Meeressäuger zu beteiligen. Die Heimfahrt trat die ganze Familie im Schlauchboot an, wobei Dolly tapfer nebenherschwamm, obwohl bis Key Largo 65 Meilen bei grober See zurückzulegen waren.
Als sie unterwegs auf eine Delphinschule stießen, spielte Dolly eine Weile

mit ihren Artgenossen, schloß sich dann aber von selbst wieder dem Boot an.

Etwas später machte sie noch einmal kurz halt, um sich mit Seeschildkröten zu vergnügen, mochte sich aber auch diesmal nicht weiter vom Schlauchboot entfernen – irgendwie muß sie wohl gespürt haben, daß es heimwärts ging.

In Key Largo angelangt, wollten die Asburys zunächst nur eine Nacht im Angler's Club verbringen, aber Dolly zeigte sich vom langen Schwimmen, an das sie im Gegensatz zu ihren freilebenden Artgenossen nicht mehr gewöhnt war, so erschöpft, daß sie eine Ruhewoche einlegen mußten. Sie war so geschwächt, daß sich ihre Haut ganz weiß verfärbt hatte, und so beschlossen die Asburys am 17. Juli, sie mit dem Lastwagen heimzutransportieren, wo sie mit sichtlichem Wohlbehagen wieder ihr altes Quartier bezog.

Nach wie vor machte Dolly abends gern in der Nachbarschaft Besuch, doch eines Tages kehrte sie von einem dieser Streifzüge mit einer Drahtschlinge um den Leib zurück, in die sie sich offenbar auf einer nahegelegenen Baustelle verwickelt hatte. Zwar gelang es, sie zu befreien und zu verbinden, aber Jean war völlig ratlos und wußte nicht mehr, was sie mit Dolly, die wimmernd den Kopf auf ihre Knie drückte, tun sollte.

Nach diesem und noch einigen weiteren Unfällen beschlossen die Asburys schließlich, Dolly in Sugar Loaf Lodge in Pension zu geben, wo sie einen anderen Delphin namens Sugar zur Gesellschaft bekam. Doch trotz dieses neuen Spielkameraden, noch dazu eines Männchens, setzte die Gefangenschaft Dolly schwer zu und sie begann sichtlich abzumagern.

»Es tut mir ja so leid um Dolly«, meinte Jean. »Vielleicht kann ich sie doch bald zurückholen und wieder in ihren Kanal setzen. Sie verträgt das Eingesperrtsein einfach nicht. Übrigens verstehen wir uns noch genauso gut wie früher, vielleicht sogar noch besser.«

Kein Wunder – schließlich besucht Jean Dolly täglich, füttert sie und redet ein langes und breites mit ihr, und auch Kelly und Tina schwimmen mit ihr, sooft es nur geht.

Mittlerweile scheint Dolly auf dem Weg der Besserung. Sie hat wieder etwas zugenommen, spielt mit dem Schlauchboot, das man, um ihre Genesung zu fördern, häufig ins Becken läßt, und hat ihrem Kameraden Sugar bereits ein paar neue Nummern beigebracht, aber es ist ihr doch trotz allem deutlich anzumerken, wie sehr sie die Gefangenschaft verabscheut.

Daß ich Dollys Geschichte hier so ausführlich erzähle, hat seinen guten Grund, sollte doch unser Team, das mehrere Wochen in Gesellschaft dieses Delphins zubrachte und sein Verhalten so objektiv wie möglich zu beurteilen suchte, das Problem klären, ob es zwischen Mensch und Meeressäuger zu Gefühlsbindungen auf der Grundlage beiderseitiger Zuneigung kommen kann.

Commandant Cousteau und Dolly beim gemeinsamen Bad.

Jeans Tochter Kelly und Dolly sind dicke Freundinnen.

Fachleute wie unsere Freunde Busnel und Albin Dziedzic vom Lautphysiologischen Laboratorium des INRA, die schon an mehreren Kreuzfahrten der *Calypso* teilgenommen haben, verneinen diese Frage schlankweg. Die Gefühlsbindung, so meinen sie, jenes »innere Angerührtsein«, verspüre nur der Mensch, während sich der Delphin an keinen bestimmten Partner binde, sondern ganz allgemein Kontakt zu Menschen suche, eine Ansicht, die auch die meisten amerikanischen Wissenschaftler und die Dresseure der Ozeanarien teilen.

Heißt das, daß der Delphin »kein Herz« hat, daß er weniger anhänglich, weniger treu ist als ein Hund?

»Gewiß«, würde Busnel entgegnen und darauf verweisen, daß wir ganz einfach jenem »gewissen Lächeln« erliegen, das uns den Großen Tümmler so sympathisch macht, weil wir uns der Illusion hingeben, er lache oder lächle uns zu.

Tatsächlich wecken Schwertwal oder Grindwal mit ihrem runden, ausdruckslosen Kopf, der weder Schnabel noch Lachfalte zeigt, beim Betrachter nicht entfernt dieselbe Zuneigung, obwohl sie sich in den Ozeanarien mindestens ebenso geschickt zeigen wie die Großen Tümmler, ja, wie die Dresseure versichern, sogar schneller lernen.

Dolly mit dem Ruder.

Wie viele Stars ist auch der Große Tümmler durchs Fernsehen bekannt geworden, und gegen sein fotogenes, durch die Flipper-Serie populär gewordenes Starlächeln kann kein wissenschaftliches Argument an.
Konrad Lorenz hat jene Merkmale im Erscheinungsbild der Tiere, durch die wir uns angetan oder abgestoßen fühlen und damit nicht selten zu vorschnellen oder sogar ausgesprochen falschen Schlüssen verleiten lassen, eingehend studiert, und natürlich ist auch das »Lächeln« des Delphins eine solche Fehldeutung. Trotzdem aber läßt sich nicht leugnen, daß dieses Tier keine Angriffslust kennt, daß es nicht einmal dann beißt, wenn man ihm regelrecht Qualen zufügt, ihm etwa mit Hammerschlägen Kabelenden ins Hirn treibt wie bei einem in den USA durchgeführten Experiment, das 29 Delphine das Leben kostete, ohne daß auch nur ein einziger zugeschnappt hätte.
Wer erlebt hat, mit welchem Vertrauen sich Delphine von ihrem Versuchsleiter Augenklappen anlegen lassen, die ihnen jegliche Sicht nehmen, wer ihre Anhänglichkeit Kindern oder einem ganz bestimmten Kind gegenüber

beobachtet hat (ein Punkt, auf den wir später noch ausführlicher zu sprechen kommen werden), wird mit der Antwort nicht so schnell bei der Hand sein. Gewiß, Zuneigung läßt sich weder mittels einer Kurve, einer Meßskala oder eines Tonbands registrieren, noch hat das Delphinweibchen der Key-Inseln jemals gesagt oder geschrieben: »Dolly mag Jean.« Und doch hat es den Kopf auf die Knie seiner Adoptivmutter gelegt (und nur auf die ihren), wenn ihm etwas wehtat. Konditioniertes Verhalten? Eingebildete Gefühle? Wie leicht geht die Wissenschaft in ihrem Streben nach beweisbaren, gesicherten Tatsachen und in ihrer Ablehnung des Wunderbaren an der Wahrheit vorbei!

5 Ein Leben in Gesellschaft des Menschen

Opo und die Kinder
Eine Lokalberühmtheit
Das Delphinweibchen von La Coruña
»Rettung«
Eine Nationalheldin
Ein Denkmal für Nina
Delphine in Gefangenschaft
Liebesspiele
Brutpflege
Sexuelle Erziehung
Peter und Margaret

Dolly, das zahme Delphinweibchen der Key-Inseln, stellt mitnichten einen Einzelfall dar: Immer wieder kommt es vor, daß sich ein Delphin durch Annäherung an den Menschen einen mehr oder weniger dauerhaften Ruhm erwirbt.
Einer der bekanntesten war Pelorus Jack, der 1888 in der zwischen der Nord- und Südinsel Neuseelands verlaufenden Cook-Straße zwischen dem French Pass und dem Pelorus Sound (dem er seinen Namen verdankt) sein Wesen trieb.
Dieser Rundkopf- oder Risso-Delphin *(Grampus griseus)*, von dem man bis heute nicht weiß, ob er ein Männchen oder ein Weibchen war, genoß über 24 Jahre lang weltweite Berühmtheit, wurde von zahlreichen Schriftstellern, darunter so bekannten wie Kipling und Mark Twain, erwähnt und machte auf die Zeitgenossen solchen Eindruck, daß der große Journalist Frank T. Bullen eigens nach Neuseeland reiste, um über ihn zu schreiben.
Dabei pflegte Pelorus Jack im Gegensatz zu Dolly und einigen anderen Del-

Dank ihrer kräftigen Fluke können sich Delphine senkrecht auf dem Schwanz aufrichten.

Der Delphin von Oponomi (Neuseeland) läßt Kinder auf seinem Rücken reiten. Foto: Auckland Star.

phinen niemals direkten Kontakt zu den Menschen, sondern hatte es ausschließlich auf die Schiffe abgesehen, die die Cook-Straße passierten. Hatte er eins erspäht, kam er herbeigeschossen und begleitete es, bald am Rumpf entlangstreichend, bald vor dem Bug Luftsprünge vollführend, bald wieder abtauchend, durch die Meerenge.
Und wenn er sich auch nicht ständig an der Einfahrt zur Cook-Straße aufhielt, tummelte er sich hier doch so häufig, daß viele eigens seinetwegen angereist kamen.

Das Delphinweibchen Opo spielt mit den Badenden am Strand. Foto: Auckland Star.

Liefen zwei Passagierdampfer gleichzeitig in die Meeresstraße ein, schloß sich Pelorus Jack stets dem schnelleren an, denn er hatte ein Faible für Geschwindigkeit und betrachtete kleine Fahrzeuge wie Jachten und dergleichen als unter seiner Würde. Nur die *Penguin* mied er, seit sie ihn eines Tages gerammt und schwer verletzt hatte, wobei sich nie feststellen ließ, woran er diesen regelmäßig in der Cook-Straße verkehrenden Passagierdampfer erkannte und von allen anderen Schiffen zu unterscheiden wußte.
1912 verschwand Pelorus Jack dann plötzlich. Wahrscheinlich ist er, wie manche vermuteten, an Altersschwäche gestorben, obwohl böse Zungen behaupteten, ein norwegischer Walfänger habe ihn an der Einfahrt zum Pelorus Sound erlegt.

1955 tauchte dann in der nordneuseeländischen Hokianga-Bucht ein Delphin auf und schloß mit den Menschen Freundschaft. Das Tier, das zunächst den Ausflugsdampfern folgte und für einen Hai gehalten wurde, ein noch sehr junges, bestenfalls einjähriges Weibchen, vermutlich eine Waise, deren Mutter irgendein aufgeblasener, auf seine Großtat sicherlich stolzer Laffe mit dem Gewehr abgeknallt hatte, zeigte sich anfangs noch etwas scheu und hielt auf Distanz, obwohl es sich gern mit einem Ruder oder einem Besen abribbeln ließ.
Doch als dann der Sommer kam, mischte es sich unter die Badenden am Strand von Oponomi. Wer es als erster streichelte, läßt sich heute nicht mehr sagen – vielleicht ein Kind, denn für die jüngsten Badegäste zeigte die Delphindame »Opo« (wie die Kinder sie tauften) besondere Vorliebe.
Opo hielt sich fast ständig in Strandnähe auf. Und war sie einmal nicht zur Stelle, kam sie beim bloßen Geratter eines Außenbordmotors schleunigst herangeschwommen. Natürlich sprach sich die Neuigkeit herum, und binnen kurzem strömten Tausende nach Oponomi, um den Delphin zu sehen und womöglich sogar zu streicheln. Die Gastwirte und Ladenbesitzer des kleinen Erholungsortes machten ein Geschäft wie nie zuvor, Eis und Bier gingen ab wie frische Semmeln. Hocherfreut über den unverhofften Aufschwung gründeten die Einwohner einen Delphinschutzverein und brachten an der Ortseinfahrt große Schilder mit der Aufschrift an: »Willkommen in Oponomi, aber schont unseren munteren Delphin!«
Unermüdlich tummelte sich Opo mit den Kindern, doch ließ sie sich mit sicherem Gespür nur von denen streicheln, die sanft mit ihr umgingen, während sie diejenigen mied, die sie in ihrem Unverstand grob anpackten. Die größte Zuneigung aber faßte sie zu der dreizehnjährigen Jill Baker, einer hervorragenden Schwimmerin.
Jill durfte sie streicheln, soviel sie wollte, und sich sogar an ihre Rückenflosse anhängen, denn seit Opo gemerkt hatte, daß die Kinder ihr nicht wehtun

wollten, hatte sie die letzte Scheu überwunden und ließ alles mit sich geschehen.

»Sowie mich Opo ins Wasser gehen sah«, erzählte Jill, »ließ sie die anderen im Stich und kam zu mir herüber, nahm mich auf den Rücken und trug mich huckepack herum.«

Da es ziemlich unwahrscheinlich ist, daß Jill Baker die ganze Geschichte aus der Luft gegriffen und all die Augenzeugen, Touristen, Journalisten und Fischer, sich die Zuneigung des Delphins zu dem kleinen Mädchen nur eingebildet haben sollten, darf man wohl annehmen, daß Opo Jill unter all den Badenden erkannte.

Füttern allerdings ließ sich Opo trotz aller Zutraulichkeit nicht. Die einheimischen Fischer versuchten es zwar wiederholt, vor allem mit Seebarben, aber sie nahm nie etwas an. Offenbar fischte sie lieber auf eigene Faust.

Als man ihr einmal einen bunten Wasserball zuwarf, erfand sie ein Spiel, das darin bestand, den Ball hoch in die Luft zu schleudern und dann pfeilschnell an die Stelle zu schießen, wo er niederging, um ihn im Herunterfallen wieder aufzufangen.

Auch mit leeren Bierflaschen spielte Opo sehr gewandt, holte sie vom Grund herauf und versetzte ihnen einen kräftigen Stoß mit der Schnauze, so daß sie in hohem Bogen wegflogen. War ihr eine besonders glanzvolle Nummer geglückt, schnellte sie, während ein Schrei der Bewunderung vom Strand aufstieg, in einem Triumphsprung aus dem Wasser, gerade, als hätte sie den Beifall der Menge gehört und geschmeichelt zur Kenntnis genommen. So wurde Opo allmählich zum großen Star.

Hin und wieder freilich kamen so viele Schaulustige, daß es für Opo etwas lästig wurde. Manche konnten es gar nicht erwarten, sie anzufassen, und wateten in voller Montur ins Wasser, und meist gab es auch ein paar Grobiane, die sie roh am Schwanz packten, mit Gewalt auf den Rücken zu drehen oder festzuhalten versuchten, was Opo ganz und gar nicht paßte. Doch sie blieb, so sehr man ihr auch zusetzen mochte, stets sanft, brachte sich höchstens dann und wann einmal ohne sonderliche Hast in Sicherheit, peitschte wohl auch zum Zeichen der Unzufriedenheit mit dem Schwanz das Wasser, ließ sich aber nie zu heftigeren Unmutsäußerungen hinreißen.

Ihren größten Tag erlebte Opo, als die Schulkinder von Oponomi am Strand ein Picknick abhielten und einer beim anschließenden Bad auf die Idee kam, Ringelreihen mit ihr zu spielen. Die Kinder faßten sich bei den Händen, bildeten einen großen Kreis, und als hätte sie begriffen, was man von ihr erwartete, kam Opo in die Mitte des Reigens geschwommen und führte ihre Ballkunststücke vor.

Im März 1956 wurde für die ganze Hokianga-Bucht das Verbot erlassen,

Delphine zu fangen oder zu belästigen, doch kurz darauf blieb Opo aus. Als sie sich wider ihre sonstigen Gewohnheiten einen vollen Tag lang nicht zu den Badenden gesellte, starteten vier Boote, um die Bucht nach ihr abzusuchen – vergebens.
Ein alter Muschelsammler fand sie wenig später tot zwischen Felsblöcke eingekeilt. Da in der Gegend hin und wieder mit Sprengstoff gefischt wird, dürfte sie vermutlich einer Explosion zum Opfer gefallen sein und dabei tödliche Verbrennungen erlitten haben, denn daß sie sich selbst in der Felsenfalle verfangen haben sollte, scheint mehr als unwahrscheinlich.
Die Einheimischen betrübte der Tod ihres Delphins nicht wenig. Sie transportierten ihn zu seinem Lieblingsstrand, begruben ihn dort und schmückten sein Grab mit Blumen.

Wir selbst haben ein Abenteuer mit einem Delphin erlebt, das in vielem an Opos Geschichte erinnert:
Vor ungefähr eineinhalb Jahren erreichte uns in Paris ein Brief aus Spanien mit der Nachricht, in der Nähe von La Coruña lasse sich ein Delphin sehen, der die Fischerboote begleite und die Gesellschaft der Badenden suche, mit einem Wort, sich besonders zutraulich und gesellig zeige.
Jacques Renoir, ohnehin gerade mit der Zusammenstellung unseres Delphinfilms beschäftigt, brach daraufhin sofort nach La Coruña auf, wo man ihn wärmstens empfing und unverzüglich mit dem Auto in die rund zwanzig Kilometer von der Stadt entfernte kleine Bucht von Lorbé kutschierte, denn hier hielt sich der Delphin Nino (so hatte man ihn getauft) gewöhnlich auf.
An Ort und Stelle angelangt, legt Renoir seinen Tauchanzug an, steigt ins Wasser, und tatsächlich steuert schon nach fünf Minuten ein Delphin auf ihn zu, ein schönes Tier, das ihn spielerisch zu umkreisen beginnt, hin und her schwimmt, sich dreht und wendet, ihn zwischendurch flüchtig streift, um dann mit einemmal ohne Scheu ganz dicht heranzukommen und sich langsam mit dem ganzen Körper an ihm zu reiben. Wie Renoir ihn tätschelt, rollt sich der Delphin plötzlich auf den Rücken und kehrt – typische Haltung läufiger Weibchen – den hellen Bauch nach oben. Renoir streichelt das Tier nun etwas gezielter und streckt dann den Arm aus, was die Delphindame sogleich wahrnimmt und sich daran zu reiben beginnt. Die Spanier, die den Vorgang vom Boot aus mitverfolgen, scheinen leicht schockiert, äußern sich aber nicht weiter dazu.
Als Renoir das Spiel nach einiger Zeit abbrechen und wieder ins Boot klettern will, sucht ihn der Delphin daran zu hindern – offenbar bestrebt, die ihm sonst zweifellos versagten Lustempfindungen noch etwas länger zu genießen.
Wieder an Bord, erklärt Renoir seinen spanischen Freunden, daß ihr Nino

in Wirklichkeit eine Nina ist, mit ihren 2,50 Metern Länge und ihren schätzungsweise 180 Kilo ein wahres Prachtexemplar der Gattung *Tursiops truncatus*, voll ausgewachsen und wohl zwischen zehn und zwölf Jahre alt.
Als Renoir tags darauf wieder zur Bucht fuhr, begleitete ihn der einheimische Taucher Luis Salleres mit seinen Freunden. Er war zu dieser Zeit mit dem Kielholen mehrerer Lastkähne beschäftigt und kannte Nina besonders gut, da sie ihn bei der Arbeit am Meeresgrund stets zu umkreisen pflegte.
Einer seiner Bekannten, José Freire Vazquez, der das Abenteuer mit Nina von Anfang an miterlebt hatte, schilderte die Geschichte folgendermaßen:
»Als erster hat Luis Salleres mit Nina Bekanntschaft geschlossen. Wie er eines Tages wieder einmal auf der Muschelbank von Lorbé arbeitete, hat er mit einemmal bemerkt, daß ein Delphin neben ihm auftauchte und ihn beobachtete. Am darauffolgenden Tag hat sich das Tier erneut eingestellt, ist diesmal aber näher gekommen und hat sich von Salleres, als wäre es auf Zärtlichkeiten ganz erpicht, ohne weiteres streicheln lassen.
Als Salleres die Geschichte in La Coruña zum besten gab, glaubte ihm natürlich keiner ein Wort, und auch ich muß gestehen, daß ich, als er mich aufsuchte und mir sein Erlebnis schilderte (denn er kannte meine Leidenschaft für die Meeresbiologie und die Tierbeobachtung), so meine Zweifel hatte.
Trotzdem fuhr ich gleich am nächsten Tag mit nach Lorbé, wo wir mit einem kleinen Boot starteten. Luis, der seine Tauchermontur trug, war noch nicht ganz im Wasser, als auch schon ein Delphin auf unseren Kahn zusteuerte, um an derselben Stelle zu verschwinden, wo Luis kurz zuvor abgetaucht war. Unmittelbar darauf erschienen beide wieder an der Oberfläche und begannen Seite an Seite herumzuschwimmen.
Ich konnte mich vor Staunen kaum halten und kletterte ebenfalls über Bord. Der Delphin schien's zufrieden und spielte auch mit mir, obwohl er mir nicht halb soviel Interesse entgegenbrachte wie seinem Taucherfreund.
Und dann passierte folgendes: Nachdem Luis ein Weilchen mit dem Tier gespielt hatte, schwamm er zum Boot hinüber, um seine Unterwasserkamera zu holen. Kaum hatte er sich entfernt, merkte ich, wie eiskalt das Wasser war und daß sich meine Beine wie abgestorben anfühlten und bekam es mit der Angst zu tun, denn ich bin kein besonders guter Schwimmer . . . Ich versuchte Luis zu winken, doch da sah ich, daß der Delphin, als hätte er meine Situation erfaßt, ganz nah an mich heranschwamm und sich vollkommen stillhielt. Ich faßte ihn um den Leib und hielt mich an ihm fest, und schlagartig kehrte auch meine Zuversicht wieder, und so wartete ich ganz getrost, bis Luis wiederkam.«
Jacques Renoir tauchte eine volle Woche lang mit Nina, wobei er das Boot an einer zehn bis fünfzehn Meter tiefen Stelle zu verankern und im Tauchanzug bis zum Anker abzusteigen pflegte, und binnen fünf Minuten war auch

Nina mit dem spanischen Taucher Luis Salleres.

Nina zur Stelle, glitt in Spiralen längs des Ankertaus, an dem sie sich mit sichtlicher Wonne wetzte, nach unten, steuerte geradewegs auf Renoir zu und rieb ihre Geschlechtsteile an seiner ausgestreckten Hand.
»So spielten wir eine halbe oder dreiviertel Stunde miteinander«, erzählte Renoir. »Und irgendwann kam ein Moment, in dem Nina plötzlich aus dem Wasser schnellte, wie der Blitz hin und her schoß und sich überhaupt wie toll gebärdete. Die Situation war wirklich ungewöhnlich, gerade als ob die Schranken zwischen Mensch und Tier gefallen wären. Eine merkwürdige Sympathie verband uns. Ninas Haut war wundervoll zart, ihre Genitalien schimmerten im Wasser wie Perlmutter. Ich könnte nicht sagen, was zwischen uns eigentlich vorging und welcher Art die Gefühle waren, die wir füreinander hegten, ich weiß nur, daß es irgend etwas hatte. Im übrigen empfand auch der spanische Taucher Luis Salleres für Nina schwer definierbare Gefühle –

Als in der Bucht von Lorbé Delphine auftauchen und ihre Spiele treiben, nimmt Nina keine weitere Notiz von ihnen.

jedenfalls war seine Frau auf die Delphinrivalin nicht wenig eifersüchtig und legte ihm ihretwegen manche Szene hin.«
Als Bernard Delemotte und Yves Omer mit mehreren anderen Tauchern der *Calypso* in La Coruña eintrafen, um bei den Dreharbeiten mitzuwirken, und Jacques Renoir ihnen vorschwärmte: »Ihr werdet es ja selber sehen, wie schön sie ist – richtig begehrenswert«, lachten sie ihn aus. Aber als sie dann zum erstenmal mit ihr getaucht waren, gaben sie, kaum waren sie wieder oben, zu: »Sie ist wirklich wundervoll! Hätten wir nie geglaubt.«
Kein Zweifel – Nina hatte auch ihr Herz geknickt.

Natürlich erregte die Anwesenheit unseres Taucherteams in einer Kleinstadt wie La Coruña gewaltiges Aufsehen. Das Abenteuer mit Nina bildete das Stadtgespräch, die Honoratioren befaßten sich mit der Sache, die Zeitungen handelten sie in seitenlangen Artikeln ab. Nina, bislang nur stadtberühmt, stieg zur Nationalheldin auf, und prompt stellte sich das spanische Fernsehen ein, um in Lorbé auf Film zu bannen, wie sie mit den Badegästen, darunter auch Francos Enkelkindern, spielt. Nina war gleichsam zum Symbol der Liebe des spanischen Volkes zum Meer aufgerückt. Die Touristen strömten zuhauf in die kleine, ehedem abgeschiedene Bucht. Die einzige Kneipe am Ort war ständig zum Bersten voll, die Bodenpreise stiegen, die Leute kamen zu Geld.
Die einst bitter armen Fischer verdienten jetzt mit Besichtigungsfahrten für Touristen an einem einzigen Tag mehr als ehedem in einem ganzen Monat, und an den Wochenenden ging es so turbulent zu, daß sich die Autokolonnen auf der Uferstraße stauten und die Polizei eingreifen mußte.
Nina trug das Ihre zur Unterhaltung der Menge bei, ließ sich streicheln, mischte sich unter die Badegäste, begleitete die Boote bald an Backbord, bald an Steuerbord, was, da immer alle Passagiere gleichzeitig auf die Seite stürmten, auf der sie sich gerade zeigte, das Gefährt oft beinahe zum Kentern brachte. Doch wenn gelegentlich auch einer über Bord ging, riß das Hin und Her der mit johlenden Menschen vollgepfropften Boote doch keinen Moment lang ab.
Obwohl an manchen Sonntagen bestimmt an die zweitausend Menschen im Wasser herumpaddelten, von denen jeder versuchte, Nina anzufassen, auf ihren Rücken zu klettern oder sie am Schwanz zu ziehen (ein Spiel, das besonders den Kindern Spaß machte), zeigte sie eine unerschöpfliche Geduld und ließ alles mit sich geschehen. Und wurde es ihr doch einmal zu bunt, verzog sie sich für eine halbe Stunde, um anschließend wieder aufzutauchen, als wäre ihr der Trubel unentbehrlich, wobei sie sich stets im Umkreis von etwa dreihundert Metern hielt und offenbar keinerlei Drang verspürte, sich nach draußen zurückzuziehen.

Luis Salleres umarmt Nina. Foto: José Freire Vazquez.

Bis auf eine Stunde um die Mittagszeit, während der sie vermutlich auf Nahrungsjagd ging (denn von ihren Freunden nahm sie, wie schon erwähnt, keinen Fisch an), zeigte sich Nina zu jeder Tageszeit zum Spiel aufgelegt, von dem sie nie genug bekommen konnte, besonders, wenn ihr Partner einen Taucheranzug trug.

Ninas Fall lag völlig anders als der Dollys und war im Grunde der weitaus interessantere. Das Delphinweibchen Dolly, das, eingefangen, dressiert und wieder freigelassen, die Gesellschaft der Menschen suchte und von ihnen sein Futter erwartete, legte das Verhalten eines abgerichteten Tiers an den Tag, das nicht mehr in sein früheres freies Dasein zurückfindet, weil es, durch Schulung konditioniert, nur noch die gelernten Nummern vorführen will. Anders Nina, bei der nichts auf eine voraufgegangene Zähmung hindeutete (die auch insofern unwahrscheinlich war, als es in der Umgebung von La Coruña kein Ozeanarium gibt und das Tier wohl kaum den weiten Weg von den Vereinigten Staaten bis Spanien zurückgelegt haben konnte).

Außerdem wirkte Ninas Verhalten nicht so, als wäre sie durch ein spezielles Training in irgendeiner Weise konditioniert worden. Sie wollte keine Nummer zum besten geben, weder an der Oberfläche spielen noch Sprünge vollführen, sondern lediglich bei den Menschen sein und sich von ihnen streicheln lassen, das heißt, sie benahm sich ebenso spontan wie einst Opo, nur daß sie niemanden bevorzugte, sondern sich auf alle gleichermaßen einließ, wodurch sie natürlich besonders gefährdet war.

Da Nina der ganzen Gegend zu einem ungeahnten Aufschwung verhalf, sannen die städtischen Behörden und die Vertreter der spanischen Nationalmarine auf Mittel und Wege, sie wirksam zu schützen. Eine Reihe von Verboten wurde erlassen, so durfte man unter anderem in ihrer Nähe nicht mit Außenbordmotor herumfahren, um sie nicht mit einer Schiffsschraube zu verletzen, und in der Bucht durfte man keine Netze auswerfen, in denen sie sich möglicherweise verfangen und ertrinken konnte, und man durfte sie nicht an ihrem empfindlichen Schwanz ziehen.

Bei einem der Essen, die fast allabendlich im Beisein des Bürgermeisters, des Hafenkommandanten und des Polizeipräsidenten stattfanden, wurde auch Jacques Renoir aufgefordert, das Wort zu ergreifen.

»Ich brauche Ihnen wohl nicht zu sagen«, hob er in etwas stockendem Spanisch an, »was Sie Nina alles verdanken. Die Touristen strömen herbei, die Bodenpreise sind aufs Doppelte gestiegen, das Geschäft blüht. Aber was tun Sie eigentlich für sie?«

»Wir schenken ihr unser Herz.«

»Das genügt nicht«, befand Renoir. »Setzen Sie ihr ein Denkmal, am besten hier am Pier von La Coruña.«

Gesagt, getan. Schon am nächsten Tag stand ein Aufruf in der Zeitung, für das Monument, das einen Taucher mit einem Delphin in den Armen darstellen sollte, zu spenden.

Doch ach, die arme Nina verblich, ehe ihr Denkmal auch nur entworfen war.

»Ende November erzählten Fischer, sie hätten Nina in sichtlich schlechtem Zustand in der Nähe einer Muschelbank beobachtet«, berichtete José Freire Vazquez. »Luis Salleres und ich sind daraufhin sofort nach Lorbé gefahren und haben die ganze Bucht mit dem Boot abgesucht, aber keine Spur von ihr entdecken können. Wäre sie in der Nähe gewesen, hätte sie sich bestimmt gezeigt, wie es so ihre Art war.

Fünf Wochen später wurde bei San Pedro, einem Strand in der Nachbarschaft, ein ziemlich stark verwester Delphinkadaver angespült, in dem Luis und ich Ninas sterbliche Überreste erkannten.«

Was war passiert? Ein Unfall? Vielleicht, so meinte Vazquez, war Nina bei einer Explosion ums Leben gekommen – die Leute fischten ja hin und wieder mit Sprengstoff –, vielleicht aber hatte sie sich auch in einem Netz verfangen und war ertrunken. Denn als mit Wintereinbruch die Touristen ausblieben und das Geschäft mit den Rundfahrten zurückging, hatten die Fischer natürlich wieder ihre Netze ausgeworfen, denn wovon sonst hätten sie schließlich leben sollen?

Während ihres fünfmonatigen Aufenthaltes in der kleinen Bucht hatte Nina unablässig die Gesellschaft der Menschen gesucht, den Kontakt zu ihresgleichen jedoch so weitgehend aufgegeben, daß sie sich, als eines Tages eine *Tur-*

siops-Schule vorbeizog und zwei der Tiere zu ihr herübergeschwommen kamen, wohl eine Viertelstunde lang mit ihnen vergnügte, ihnen aber nicht ins offene Meer hinaus folgte.

Was nun mag einen Delphin dazu veranlassen, sich dergestalt von seinen Artgenossen abzusetzen und sich lieber dem Menschen anzuschließen? Wir vermuteten, daß Nina womöglich (wie andere Delphine, an denen wir ein ähnliches Verhalten beobachteten) von ihrer Gruppe ausgestoßen und verbannt worden war und, aus der Tierwelt ausgeschlossen und zum Leben in der Vereinzelung verdammt, Zugang zur Welt der Menschen gesucht hatte.

Im Anschluß an diese Erlebnisse nun ein Wort zum Paarungsverhalten der Delphine, das bislang kaum im offenen Meer, dafür aber um so ausgiebiger in Delphinarien und Ozeanarien beobachtet worden ist.

Dem Begattungsakt geht ein langes Liebesspiel voraus, bei dem das Männchen seine Auserwählte zärtlich streift und beknabbert, während sie sich ziert und seinen Werbungen entzieht – ein Hin und Her, bei dem die Tiere zuweilen so schnell in ihrem Bassin herumflitzen, daß das Wasser nach allen Seiten spritzt. Vermutlich entfalten Delphine in der Gefangenschaft weitaus stärkere sexuelle Bedürfnisse als im Meer, eine Beobachtung, die man an Zootieren insgesamt machen kann.

In den letzten Jahren ist es unter anderem geglückt, die Liebesidylle eines Delphinmännchens von Anfang an mitzuverfolgen. Nachdem es ein Jahr lang unterschiedslos mit allen Mitgliedern seiner Gruppe gespielt hatte, entfaltete es im Frühling plötzlich ein gesteigertes Interesse für ein bestimmtes Weibchen. Es machte seiner Angebeteten regelrecht »den Hof«, stieß sie sanft mit den Flossen an, knabberte an ihrem Schnabel herum, knuffte sie mit der Schnauze, quiekte und klapperte mit den Kiefern und setzte diese charakteristische Werbung mehrere Tage lang fort, bis sich das Weibchen schließlich willfährig zeigte. Doch kaum war der kurze Paarungsakt erfolgt, verlor das Männchen jegliches Interesse und begann einer anderen Delphindame schönzutun.

Da die Delphine wie alle Wale einen von elastischem Gewebe umkleideten Penis haben, der sich vom gefäßreichen Glied der Fleischfresser und Primaten unterscheidet und eher dem der Paarzeher *(Artiodactyla)* gleicht, verläuft, da die Erektion nicht durch Blutzustrom, sondern durch Aktivierung eines Muskels erfolgt, der Koitus sehr rasch: Der Begattungsakt dauert nur zwischen einer und dreißig Sekunden, kann sich aber, namentlich beim *Delphinus delphis*, in Viertelstundenabständen mehrmals wiederholen.

Die Paarung, die im allgemeinen an der Wasseroberfläche stattfindet, wurde mehrfach im Aquarium beobachtet und beschrieben:

Nicht selten ergreift, vor allem beim Rundfinnen-Delphin *(Lagenorhynchus)*, beim Großen Tümmler *(Tursiops)* und beim Grindwal *(Globicepha-*

Jacques Renoir mit Nina

lus), das Weibchen die Initiative, plaziert sich so, daß die Rückenfinne des Männchens in seine Geschlechtsöffnung eindringt, und gibt durch Einleitung des Liebesspieles seine Paarungswilligkeit zu erkennen, denn da Delphine – wie bereits erwähnt – keinen Geruchssinn besitzen, können sie im Gegensatz zu den Landsäugetieren die typischen Ausdünstungen läufiger Weibchen nicht wahrnehmen.
Delphinweibchen besitzen am Scheideneingang eine Klitoris. Der dreiekkige, abgeflachte Penis des Männchens, der normalerweise in einer Hauttasche im Körperinneren verborgen ist und beim Paarungsakt wie eine Messerklinge herausschnellt, wird willentlich aktiviert. Man kann die Tiere darauf trainieren, ihn im Handumdrehen zur Erektion zu bringen.

Im Verlauf des Liebesspiels kommt es zu geradezu tänzerischen Szenen von ungewöhnlicher Schönheit (einige dieser Szenen beschreibt Antony Alpers in seinem Buch *Dolphins*), bei denen die Delphine einander in spielerisch verschlungenen Bewegungen umkreisen, sich drehen und wenden, bald den Kopf auf den Hals des Partners legen, bald geschmeidig Seite an Seite schwimmen. Manchmal faßt das Männchen das Weibchen mit den Flossen um den Körper, dann wieder beknabbern sie sich zärtlich und stoßen weithin hörbare Pfeif- und Quieklaute aus.
So kann sich das Vorspiel bis zu einer Stunde hinziehen. Was dann folgt, ist weniger sanft: Das Männchen schnellt auf das Weibchen los, als wollte es ihm

Seite 106 und 107: Ein Delphinpaar im offenen Meer.

den Schädel einrennen, weicht aber in allerletzter Sekunde mit einem eleganten Schwanzschlag aus, streift dicht an seiner Partnerin entlang und berührt sie in der Bauchgegend wiederholt mit dem Penis, um sich dann im entscheidenden Moment unter sie gleiten zu lassen und, fast senkrecht zu ihr stehend, Hinterleib und Schwanz über sie zu legen – eine Position, die an die rechtwinkelige Begattungspose mancher Haiarten erinnert, aber verschiedene Varianten zuläßt.

So hat man in den Marine-Studios in Florida beobachtet, daß sich das Männchen beim Paarungsakt, der meist nachts oder frühmorgens stattfand, dem Weibchen entweder von hinten, seitlich, senkrecht oder im spitzen Winkel näherte, woraufhin die Erektion und unmittelbar anschließend die Begattung erfolgte, bei der der Penis entweder nur bis zur Hälfte in die Vagina eindrang (in diesem Fall dauerte der Akt nicht länger als zehn Sekunden), oder aber in Gänze eingeführt wurde, womit sich der häufig von rhythmischen Beckenbewegungen begleitete Vorgang rund dreißig Sekunden hinzog.

Neben diesem für den Großen Tümmler typischen Paarungsverhalten gibt es noch die horizontale Bauch-an-Bauch-Position an der Wasseroberfläche, die man beim Furchenzahndelphin *(Steno rostratus)*, beim Schwertwal *(Orcinus)* und beim Streifendelphin *(Stenella plagiodon)* beobachtet und mehrfach beschrieben hat.

Während der gesamten Dauer der Tragzeit hält sich das *Tursiops*-Weibchen etwas abseits von der Gruppe, schwimmt aber gern in Begleitung eines anderen Weibchens, das ihm auch bei der Geburt des Jungen beisteht. Die werdende Delphinmutter treibt eine regelrechte »Schwangerschaftsgymnastik«, indem sie erst Kopf und Schwanz nach unten krümmt und anschließend den Rücken wieder durchbiegt – Übungen, die manchmal über eine Stunde lang fortgesetzt werden.

In der Regel bringen Delphine nach einer Tragzeit von einem Jahr *(Tursiops)* beziehungsweise elf Monaten *(Delphinus delphis)* ein einziges Junges (gelegentlich allerdings auch Zwillinge) zur Welt, das sie sechzehn Monate lang säugen.

1914 warf im Aquarium von Brighton (England) erstmals ein Delphinweibchen in Gefangenschaft ein Junges – bedauerlicherweise eine Totgeburt, und es sollte noch über dreißig Jahre, nämlich bis 1947, dauern, bis in den Marine-Studios von Florida ein lebender Delphin geboren wurde, das *Tursiops*-Weibchen Spray, dessen Mutter Mona bereits trächtig an der Küste Floridas eingefangen worden war.

Sprays Geburt ermöglichte eine ganze Reihe aufschlußreicher Beobachtungen, unter anderem die, daß junge Delphine nicht mit dem Kopf, sondern mit dem Schwanz voran zur Welt kommen, wobei die Nabelschnur von selber zerreißt. Da die Lungen des Neugeborenen noch nicht mit Luft gefüllt sind und es daher beim Austritt aus dem mütterlichen Körper unterzugehen droht, sucht es die Alte unverzüglich zu stützen und zur Oberfläche emporzutragen, damit es seinen ersten Atemzug tun kann – eine Aktion, bei der sie meist von einem anderen Delphinweibchen, der sogenannten »Tante« oder »Hebamme«, unterstützt wird. Beide bugsieren das Kleine mit der Schnauze nach oben – möglicherweise der Grund, warum die Tiere so geschickt mit ihrem Schnabel umzugehen wissen, wenn sie Bälle oder Ringe schleudern oder Ertrinkenden zu Hilfe kommen.

Manche Autoren freilich bestreiten, daß die Alte ihr Kleines an die Wasseroberfläche bugsiert. Es schwimme, so erklären sie, von selbst hinauf und werde von der Mutter lediglich begleitet.

Da die jungen Delphine genügend Kraft zum Schwimmen aufbringen und sich durch Aufrechterhaltung der Körpertemperatur gegen Kälteeinwirkung von außen schützen müssen, sind sie bei der Geburt bereits ziemlich groß und schwer (ihre Körperlänge beträgt rund ein Drittel, ihr Gewicht etwa 10 bis

Nina ein paar Tage vor ihrem Tod beim Tauchen. Foto: José Freire Vazquez.

15 Prozent von dem der Mutter). Außerdem sind sie – und das erklärt die lange Dauer der Tragzeit – bereits voll entwickelt und mit denselben Organen ausgestattet wie die erwachsenen Tiere.

Wie alle Walkühe entwickeln auch die Delphinweibchen äußerst starke Muttergefühle, beaugapfeln und beaufsichtigen ihr Kleines, das sich beim Schwimmen dicht an sie drückt, unablässig und verteidigen es, namentlich gegen Haie, leidenschaftlich. Um das Junge mit den paarig beidseits der Geschlechtsorgane sitzenden Zitzen zu säugen, läßt sich die Delphinmutter etwas zur Seite gleiten und spritzt, wie bei Walen üblich, den Milchstrahl durch Betätigung eines Muskels direkt in die Schnauze des Kleinen.

Dank der außerordentlich nahrhaften Milch (sie enthält, wie bei den übrigen Walen, 35 bis 40 Prozent Fett) wachsen die jungen Delphine sehr rasch heran, können sich aber erst selbst ernähren, wenn ihr Gebiß entwickelt ist, was nicht vor dem fünften bis siebten Monat eintritt. Und auch nach diesem Zeitpunkt werden sie vielfach noch von der Alten gesäugt, manchmal bis zu zwei Jahren.

Männliche Jungtiere zeigen oft schon wenige Stunden nach der Geburt die ersten Erektionen, die durch den Kontakt mit der Mutter hervorgerufen werden – auch in diesem Punkt sind die Delphine von Anfang an physisch voll entwickelt.

Bereits in den ersten Wochen kommt es dann auch zu Paarungsversuchen mit der Mutter. Vermutlich gehen diese frühen sexuellen Regungen unter anderem darauf zurück, daß bei den Delphinweibchen Geschlechtsorgane und Zitzen unmittelbar nebeneinander liegen, so daß das Junge beim Saugen die Sexualität der Alten weckt. Nicht selten erteilt die Mutter dem Kleinen Anfangsunterricht im Liebesleben, indem sie es zur Erektion reizt, um sich anschließend auf die Seite zu drehen und es zur Kopulation zu ermuntern.

Zeugungsfähig allerdings wird das Delphinmännchen dann erst mit etwa sieben Jahren, und auch beim Weibchen tritt die Geschlechtsreife nicht vor diesem Zeitpunkt ein.

Daß Delphine sexuell äußerst aktiv sind, hat nicht nur Jacques Renoir festgestellt:

Remington Kellogg, ein bekannter Walspezialist, berichtet von der Neigung, die ein männlicher Delphin in einem Ozeanarium für ihn hegte. Das Tier suchte ihn auf jede nur erdenkliche Weise ins Bassin zu stoßen, was ihm zweimal auch gelang, woraufhin es seine Gefühle so unmißverständlich zum Ausdruck brachte, daß Kellogg Mühe und Not hatte, sich aus dieser Situation wieder zu befreien.

Übrigens gibt es auch »homosexuelle« Delphine. So mußte man in einem Ozeanarium eine Delphindame, die man zu zwei Männchen ins Becken gesetzt hatte, schleunigst wieder entfernen, da die beiden wie wild über sie herfielen und sie zweifellos umgebracht hätten.

Das bisher schlagendste Beispiel, zu welch enger Verbindung es zwischen einem Delphin und einem Menschen (genauer, einem Delphinmännchen und einer Frau) kommen kann, erbrachte ein Experiment, das John C. Lilly am Laboratorium von Saint Thomas (Jungfern-Inseln) durchführte. Lilly veranlaßte eine seiner Mitarbeiterinnen, Miß Margaret Howe, einige Zeit mit einem Delphin zusammenzuleben, wobei aus der zunächst vorgesehenen Woche schließlich zweieinhalb Monate wurden.

Da sich Lilly vom ständigen Beisammensein der beiden einiges erhoffte (er glaubte vor allem, der Delphin werde auf diese Weise große Fortschritte in der sprachlichen Verständigung machen), verbrachte Margaret den ganzen Tag mit Peter und schlief nachts auf einer Plattform in der Mitte seines Bassins. Im Laufe der vierten Woche begann Peter zusehends Gefallen an den Spielen zu zweit zu finden und hatte häufig Erektionen. Nach einem Monat schrieb Miß Howe:

»Sein Verlangen stört unsere Beziehungen . . . Dauernd preßt er sich gegen meine Beine und bedrängt mich von allen Seiten . . . War er früher in sexuelle Erregung geraten, brauchte ich nur seinen Penis zu fassen, woraufhin er sich an mich drückte und mit offenem Schnabel und geschlossenen Augen, am ganzen Körper zitternd, eine Art Orgasmus erreichte. Hatte sich der Vorgang zwei-, dreimal wiederholt, pflegte er sich zu beruhigen, aber neuerdings bin ich ihm im Wasser schlicht ausgeliefert.«

Um Peters Liebeswut zu dämpfen, setzte man ihn vorübergehend zu zwei Delphindamen ins Becken, was zumindest für den Moment half – jedenfalls war seine Glut am nächsten Tag merklich abgekühlt.

In den darauffolgenden zwei Wochen zeigte sich Peter dann in seinen sexuellen Annäherungsversuchen äußerst zärtlich und konnte so Margarets letztes Mißtrauen überwinden. Unter dem Vorwand, Ball zu spielen, erfand er ein regelrechtes Liebesspiel, bei dem er Margarets Beine sanft beknabberte oder behutsam mit dem Schnabel faßte und lange festhielt. Die Unsitte, Margaret zu stoßen oder umzuwerfen, hatte er gänzlich aufgegeben.

Nachdem der Versuch zwei Monate lang fortgeführt worden war, hatte sich zwischen den beiden ein ausgesprochenes Vertrauensverhältnis eingestellt. Margaret konnte sicher sein, daß ihr Peter weder Arm noch Bein abbeißen würde, und Peter tat sein Zutrauen dadurch kund, daß Margaret seinen Penis anfassen und streicheln durfte. (J. C. Lilly, *The Mind of the Dolphin.*)

Kameramann Michel Deloire filmt die Delphine beim Wellenreiten vor der *Calypso*.

6 Versuche mit freilebenden Delphinen

Seit langem träumte ich davon, einen Film über Delphine zu drehen – natürlich nicht über die oft beschriebenen und gefilmten Zoodelphine, die, durch die Gefangenschaft und den ständigen Umgang mit dem Menschen in ihrem Wesen verändert und verdorben, in Delphinarien und Ozeanarien ihre Dressurkunststücke vorführen, aber keine rechte Vorstellung von den ursprünglichen Lebensgewohnheiten dieser Meeressäuger mehr vermitteln können. Nein, die Delphine draußen im offenen Meer wollte ich filmen. Sie schienen mir unseres vollen Einsatzes wert, zumal ich die Überzeugung hegte, daß die Tauchermannschaft der *Calypso* dank der vielfältigen technischen Hilfsmittel an Bord hier auf alle Fälle nützliche Arbeit leisten konnte. Schließlich hatten wir im Verlauf unserer Kreuzfahrten mancherlei einschlägige Erfahrungen gesammelt, hatten verschiedentlich versucht, an die Tiere heranzukommen, und sie wiederholt aus nächster Nähe beobachtet, wenn sie rings um die *Calypso* ihre Spiele trieben, waren ihnen im Schlauchboot gefolgt, mit einem Wort, waren mit ihnen vertraut wie wohl nur wenige Taucher. Besonders Falco hatte sich zum Delphinkenner entwickelt, aber auch wir anderen wußten einigermaßen Bescheid, und so schien es mir durchaus möglich, den erträumten Film unter Renoirs Regie auf die Beine zu stellen.

Als Ort der Handlung wählte ich das Gebiet um Gibraltar und vor Malaga, da wir bei unseren früheren Kreuzfahrten in diesem Teil des Mittelmeers immer auf besonders viele Delphine (wie übrigens auch andere Walarten) gestoßen waren. Drehbeginn sollte der Dezember 1970 sein.
Daß es ein hartes Stück Arbeit kosten würde, unser Vorhaben auszuführen, war uns allen von vornherein klar. Manche Hoffnungen hatten wir uns ohnehin längst aus dem Kopf geschlagen – etwa die, die Tiere einholen oder mit ihnen tauchen zu können. Und bis jetzt war es uns auch noch nie, nicht einmal von der *Calypso* aus, gelungen, sie von vorn zu Gesicht zu bekommen, denn wenn sie vor dem Bug ihre Spiele trieben, brachten wir stets nur ihren Schwanz auf den Film, obwohl wir fürs Leben gern ihren Kopf mit dem charakteristischen »Lächeln« und ihren Blick fotografiert hätten.
Um womöglich doch noch ans Ziel unserer Wünsche zu gelangen und dem Publikum zu zeigen, was es bis dahin noch nie gesehen hatte, nämlich Delphine von vorn, im offenen Meer gefilmt, beschlossen wir, am Vordersteven der *Calypso* einen Ausleger mit einer gegen den Bug gedrehten Unterwasserkamera anzubringen.
Unser Unterwasserkameramann Yves Omer machte sich unverzüglich ans Werk, befestigte am Bug eine Stütze, die er, um Schwingungen nach Möglichkeit auszuschalten, gut verankerte, und montierte daran eine Kassette mit Unterwasser- und Fernsehkamera. Die beiden gekoppelten Geräte wurden mittels Fernsteuerung bedient, wobei sich der Aufnahmewinkel durch Schwenken der Kassette um eine Achse beliebig verändern ließ.
Von dem unten in die »falsche Nase« der *Calypso* eingebauten Beobachtungsraum aus wollten wir die heranschwimmenden Delphine beobachten und gleichzeitig das Funktionieren der Kamera überwachen.

17. Januar 1971: Wir kreuzen vor Malaga, stoßen wie erwartet auch bald auf eine Delphinschule, treffen unverzüglich alle Vorkehrungen, um sie zu filmen, müssen aber zu unserer maßlosen Enttäuschung feststellen, daß die Tiere nicht vor den Bug kommen. Und so bleibt es während dieser ganzen Fahrt, die uns an der spanischen Küste entlang bis Gibraltar und darüber hinaus führt: Sooft wir einer Delphinschule begegnen, zeigen uns die Tiere die kalte Schulter. Dabei vollführt unser Kapitän Philippe Sirot die raffiniertesten Manöver, um sie anzulocken, geht, sowie er einer Gruppe ansichtig wird, sachte auf Parallelkurs, aber nichts will nützen. Irgend etwas kann da nicht stimmen. Vielleicht ist ihnen die Apparatur am Vordersteven nicht geheuer? Nachdenklich beuge ich mich über den Bug. Ob es die Kamerahalterungen sind, die die Tiere so mißtrauisch machen? Und da fällt es mir plötzlich wie Schuppen von den Augen: Die am Schiffsrumpf befestigten Träger und die Kamerakassette sind gelb gestrichen, und Gelb wirkt im Was-

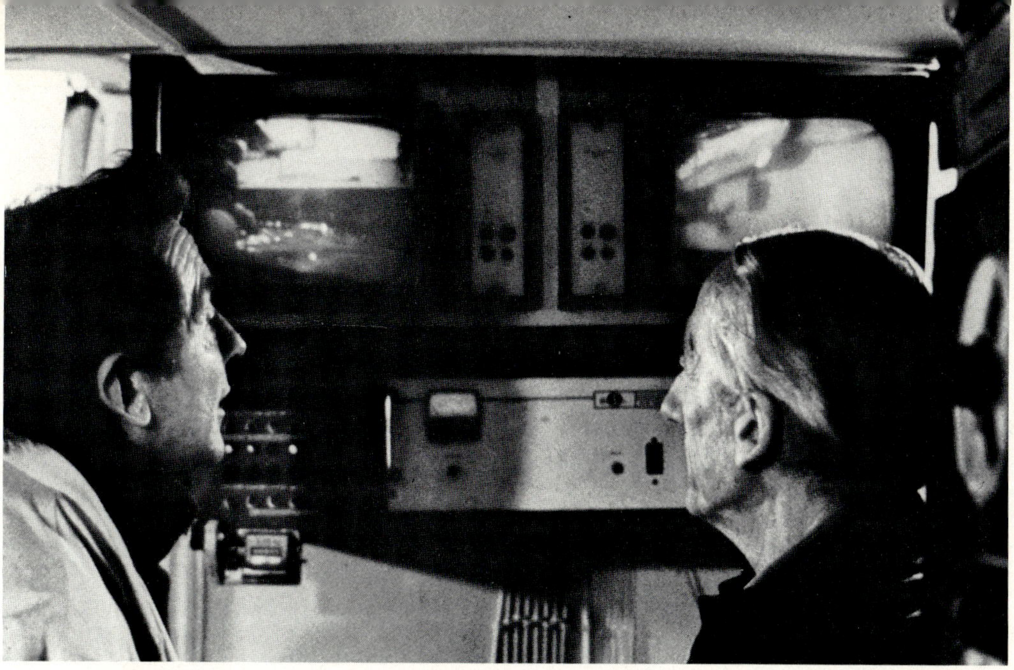
Professor Busnel und Commandant Cousteau verfolgen auf dem Fernsehschirm im Navigationsraum der *Calypso* das Spiel der Delphine.

ser sehr grell. Da hilft nur eins – das Ganze wieder abmontieren und im selben dunkelroten Ton streichen, in dem auch der Schiffsrumpf gehalten ist. Zurück in Malaga, schuften alle wie die Berserker, dann geht's erneut in See, und siehe da! Kaum kreuzen wir eine Delphinschule, umringen uns die Tiere auch schon. Gemeinsam mit Yves Omer verfolge ich die Szene auf den Fernsehschirmen des Navigationsraums. Endlich sehen wir die Delphine von vorn, und dank einer von Yves Omer draußen angebrachten zweiten Fernsehkamera auf einem anderen Bildschirm auch von hinten.

»Es haut hin!« schreie ich, und tatsächlich funktioniert unser System so großartig, daß wir beide begeistert sind. Ein ganzer Delphinschwarm tummelt sich vor unseren Augen, und eins nach dem anderen lassen sich die Tiere von der Bugwelle vorantragen. Während ich sie so geschmeidig heransteuern sehe, fällt mir auf, wie groß die Abstände zwischen den einzelnen Schwanzschlägen sind. Auf der *Elie Monnier* hatte ich einst errechnet, daß sie bei einem Tempo von zehn Knoten 120 Schläge pro Minute, zwei pro Sekunde, ausführen müssen, aber die hier kommen mit viel weniger aus, schätzungsweise eineinviertel bis eineinhalb Schlägen pro Sekunde.
Im übrigen bewegen sie sich nicht in gerader Linie vor dem Bug, sondern halten sich immer etwas seitlich und drehen sich bald nach der einen, bald nach der anderen Seite – offenbar haben sie ständig im Auge, was droben vor sich geht.
»Wie mißtrauisch sie bei aller Verspieltheit doch sind«, meint Yves Omer. »So gern sie vor den Bug kommen, sie bleiben dennoch ständig auf der Hut.«

Immerhin gibt es ein paar Mutige, die zwischen Vordersteven und Unterwasserkamera hindurch von einer Bordseite zur anderen überwechseln, freilich stets auf dem Sprung, um bei Gefahr das Weite zu suchen. Sie schießen geschmeidig hin und her, drehen sich dabei zuweilen auf die Seite, daß der helle Bauch aufschimmert, hängen uns aber, sowie sie des Spiels überdrüssig sind, mühelos ab.

»Ist doch kaum zu glauben«, bemerke ich zu meinen Leuten, »daß sie uns trotz unserer 1200 PS spielend überholen.«

Tatsächlich gibt es kein zweites Tier, das im Verhältnis zu seinem Muskelgewicht eine solche Kraft entfaltet.

Wir befinden uns im Augenblick mitten in einem dichten Gewimmel, einer riesigen Delphinschule von bestimmt tausend Tieren, und bestaunen wieder einmal ihre Schnelligkeit.

Daß der Delphin ein solches Tempo vorlegen kann, obwohl er weder seine Brustflossen noch die Rückenfinne (die vermutlich als Leitflosse dient) zum Schwimmen benutzt, verdankt er seiner hydrodynamisch geradezu idealen Gestalt und seinem ungemein kräftigen Schwanz, der in der Waagrechten auf und ab bewegt wird und überdies auch seitlich ausschlagen kann, und zwar selbst dann, wenn sich das Tier mit Höchstgeschwindigkeit fortbewegt.

In Ozeanarien kann man wiederholt beobachten, wie sich Große Tümmler aufrecht auf ihrem Schwanz stehend an der Wasseroberfläche wie der Blitz vor und zurück bewegen, ein Kunststück, zu dem sie ihre außerordentlich stark entwickelte, über und unter der Wirbelsäule sitzende Schwanzmuskulatur befähigt.

Gérard Petiot filmt die Delphine vom Beobachtungsraum der *Calypso* aus.

Delphine, durch ein Bullauge gesehen.

Ein Delphin schwimmt zwischen der Beobachtungskammer und der am Vordersteven der *Calypso* angebrachten automatischen Kamera durch.

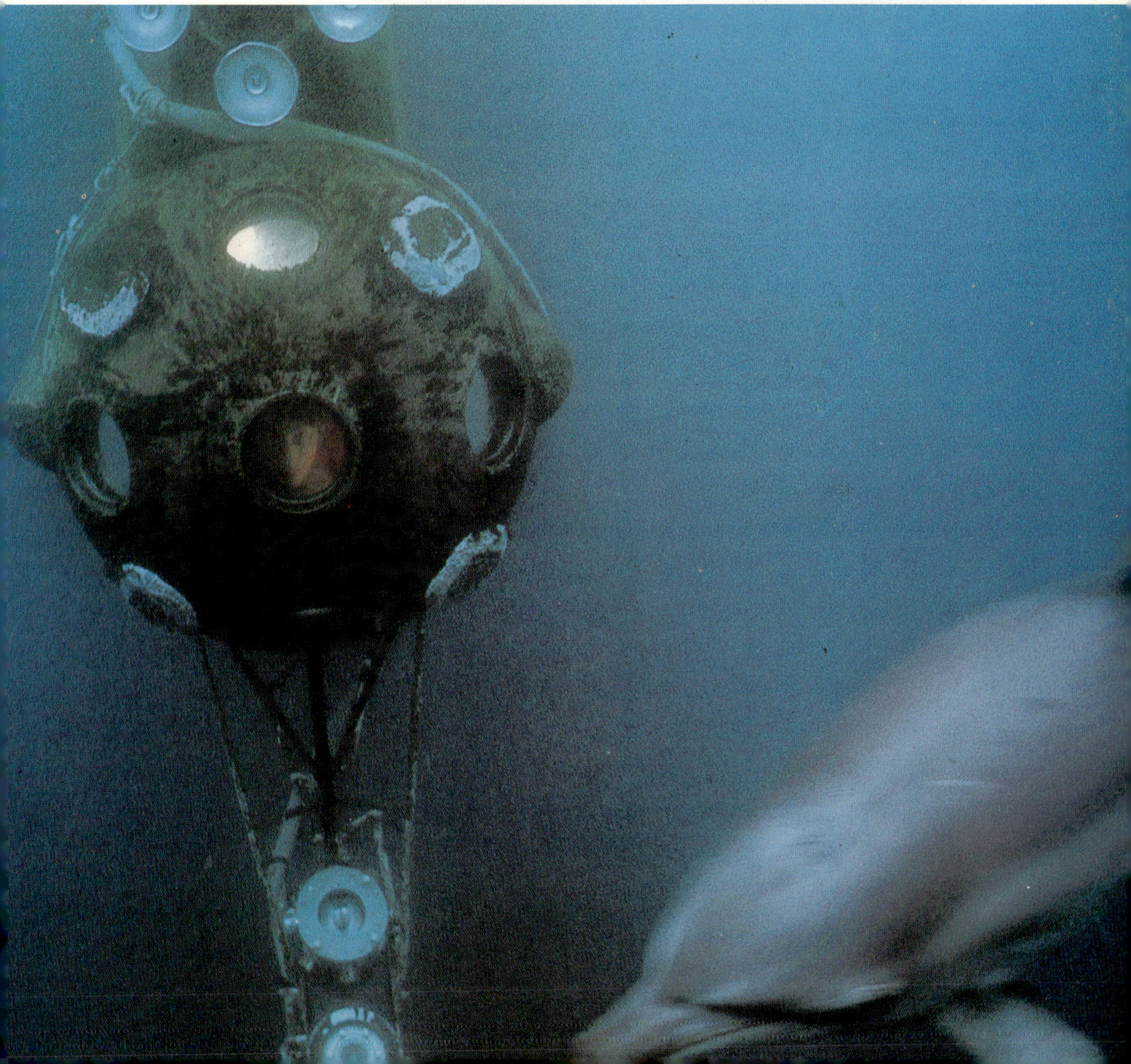

Dabei handelt es sich um einen typischen Landsäuger-Schwanz, nur entsprechend umgebildet und dem Leben im Wasser vollendet angepaßt, wie der Körperbau der Delphine insgesamt noch die Spuren ihres einstigen Landlebens trägt: So zeigt das Skelett der Tiere in der Analgegend rudimentäre Becken- und Hinterlaufknochen, wie auch die Brustflossen sämtliche Hand-, Handgelenk- und Armknochen enthalten.

Auf mein Betreiben hin haben sich unserer »Delphinexpedition« verschiedene Wissenschaftler angeschlossen, nämlich A. Dziedzic, Forschungsingenieur am Laboratorium für tierische Lautphysiologie, Professor Alain Hellion vom physikalisch-chemischen Institut Lyon und Bernard Gautheron, ein Techniker des Instituts für Phonetik. Später stieß dann noch Professor R. G. Busnel zu uns.

Um die geplanten Experimente durchführen zu können, führen wir an Bord ein von Albin Dziedzic entworfenes, am Laboratorium für Lautphysiologie des INRA in Jouy-en-Josas gebautes Schwimmgehege mit, ein dreieckiges Gerät mit sechs Meter langen Seiten, das durch Luftwülste an der Wasseroberfläche gehalten wird. An diesen Schwimmern ist ein vier, fünf Meter tief hinunterreichendes Netz befestigt, das im unteren Teil mit Hilfe fester Elemente ausgespannt wird. In diesem Gehege wollen wir die Tiere jeweils kurz beobachten und anschließend sofort wieder freilassen.

Nachdem wir die neue Vorrichtung im Hafen von Malaga auf ihre Funktionstüchtigkeit geprüft haben, gehen wir am 19. Januar, obwohl im Südwesten ein Unwetter aufzieht, in See.

Wieder, wie schon vor dreizehn Jahren, soll Falco von einer am Vordersteven der *Calypso* angebrachten Plattform aus einen Delphin fangen, diesmal allerdings mit einer neuen, von A. Dziedzic konstruierten Zange, die von Falcos altem Modell in verschiedenen Punkten abweicht. Sie ist zwar gleichfalls U-förmig, läuft aber in einen langen Holzgriff aus. Das Gerät, an dem mit dünnen Seilen ein Netzbeutel befestigt ist, wird nicht mehr mittels einer Harpune geschleudert, sondern dem Delphin so vor die Nase gehalten, daß er, vorwärtsschnellend, die Seile zerreißt, das Netz zur Entfaltung bringt und sich selber darin einschließt. Mit der Metallgabel, die Falco in der Hand behält, kommt das Tier dabei überhaupt nicht in Berührung. Vom Netz läuft ein Nylonseil zum Schlauchboot, das nach Abschluß des Manövers so schnell wie möglich an die Fangstelle steuert.

Die ersten Versuche schlugen fehl, einmal, weil die *Calypso* infolge des schlechten Wetters so schlingerte, daß Falco nicht richtig zielen konnte, dann aber auch, weil sich die Zange von der Plattform aus nicht richtig, das heißt senkrecht, handhaben ließ. So ersetzten wir die Plattform durch einen ehedem zum Absenken des Sondiergeräts verwendeten, fast drei Meter über den

Wasserspiegel vorspringenden Träger, auf dem sich Falco direkt über den um den Bug spielenden Delphinen aufpostierte.
Nebenbei bemerkt lassen sich keineswegs sämtliche Delphinarten von der Bugwelle tragen. Zum Spielen geneigt sind lediglich der Gewöhnliche Delphin *(Delphinus delphis)*, der Kurzschnauzen-Delphin *(Lagenorhynchus)*, gelegentlich auch der Große Tümmler *(Tursiops)* und der Furchenzahn-Delphin *(Steno)* – eine Gattung, von der Busnel erstmals seit 1880 wieder ein Exemplar fing. Grindwale *(Globicephala)* kommen hin und wieder, Schweinswale *(Phocaena)* dagegen niemals vor den Bug.
Anfangs zeigte unsere neue Fangzange noch gewisse Mängel: Das Netz erwies sich als zu grobmaschig und verletzte die Tiere, und bald waren die Halteseile zu schwach, bald wieder zu zäh. Doch nachdem wir einige Verbesserungen vorgenommen hatten, verfügten wir schließlich über ein geradezu ideales Gerät. Unseren Versuchen stand mithin nichts mehr im Wege.

Am 24. Januar ist es dann soweit. Falco, der auf dem Träger Stellung bezogen hat, versucht zunächst, den unmittelbar unter ihm von der Bugwelle getragenen Delphin anzuvisieren, sieht die Aussichtslosigkeit des Unterfangens jedoch bald ein, nimmt einen etwas weiter seitlich schwimmenden aufs Korn und kann diesmal die Zange genau senkrecht plazieren. Das Netz erweist sich insofern als äußerst günstig, als das völlig verdutzte Tier ziemlich schlagartig jeden Widerstand aufgibt. Die *Calypso* stoppt, das Schlauchboot startet, hüpft buchstäblich von Welle zu Welle – ein wahres Kunststück, bei der aufgewühlten See Tempo zu halten, doch Delemotte und Giacoletto, die das Gefährt steuern, schaffen es mit gewohnter Bravour, holen den Delphin ein, packen ihn, verfrachten ihn in den Zodiac und hieven das zitternde Tier schließlich an Bord.
Die ganze Operation hat nicht länger als eine Minute gedauert – eine entscheidende Voraussetzung für das Gelingen, denn wenn nicht alles blitzschnell abläuft, kann der Delphin unter der Einwirkung des Schocks ersticken. Aber Bébert und die zwei im Schlauchboot arbeiten einander so geschickt in die Hände, daß wir während dieser ersten Phase nie einen Delphin verlieren.
An Bord gibt Dziedzic dem Tier sofort eine Cortisonspritze und ein Herzstärkungsmittel.
Leider verschlechtert sich das Wetter dermaßen, daß wir auf alle Experimente verzichten und erneut Malaga anlaufen müssen. Da unser Delphin Wasserentzugserscheinungen zeigt, hängen wir ihn an den Traubenzuckertropfer und polstern, damit er durch den heftigen Seegang nicht allzu unsanft gegen die Wände seines Beckens auf dem Achterdeck geschleudert wird, Boden und Wände des Behälters mit Schaumgummi.

Die verschiedenen Phasen des Delphinfangs: Nachdem Falco dem Tier das Netz über den Kopf gestreift hat, tritt das Schlauchboot in Aktion und führt das Fangmanöver zu Ende.

Sowie wir im Hafen von Malaga am Pier liegen, lassen wir das aufblasbare Schwimmgehege zu Wasser und setzen unseren Delphin hinein. Da wir befürchten, das Tier könnte die Maschen des Netzes nicht sehen, haben wir vorsichtshalber noch orangefarbene Nylonstreifen zur Markierung angebracht. Falco steigt ins Wasser, um unseren Gefangenen einzuweisen, der noch ganz erstarrt scheint und kaum eine Bewegung riskiert. Aber nach einer Viertelstunde schwimmt er dann ganz normal. Trotzdem halten wir es für geraten, ihm kleine Luftkissen unter den Schnabel zu binden, um sein Atemloch über Wasser zu halten.

Doch in der Nacht erreicht der Sturm seinen Höhepunkt und peitscht im Hafen so hohe Wellen auf, daß zwei Trossen der *Calypso* reißen. Das Schwimmgehege gerät völlig aus dem Lot, verheddert sich, und als endlich einer unserer Taucher eindringen kann, findet er den Delphin tot vor. Er hat sich in den Maschen verfangen und ist ertrunken. Uns bricht fast das Herz.

Betrübt beschließen wir, besseres Wetter abzuwarten und dann wieder einmal auf Fang zu gehen.

An einem windstillen Tag versucht Falco erneut sein Glück und erwischt mit bewährter Geschicklichkeit auf Anhieb einen Zweihundertpfünder. Die See liegt spiegelglatt da, und so kann Bébert die Zange knapp über dem Wasserspiegel einsetzen. Er stülpt sie dem zum Atmen auftauchenden Delphin mit einem schnellen Ruck so gewandt über, daß das Tier in die Falle geht, ohne sich im mindesten zu verletzen.

Wie am dunkleren Grau ersichtlich, handelt es sich um keinen Gewöhnlichen Delphin, auch um keinen Großen Tümmler, sondern um einen Stick.

Unverzüglich lassen wir das Schwimmgehege zu Wasser. Diese bei aller Sperrigkeit äußerst zweckmäßige und relativ leichte Vorrichtung liegt ständig aufgepumpt auf dem Vorderdeck bereit und kann im Handumdrehen abgesenkt werden, ein Manöver, in dem unsere Mannschaft mittlerweile die nötige Übung besitzt. Mehr Schwierigkeiten bereitet das Einholen, da das Netz leicht hängenbleibt, doch mit vereinten Kräften läßt sich auch diese Aktion bewältigen. Im Moment also haben wir das Gehege glücklich im Wasser und setzen den Delphin hinein, aber Stick, zu deutsch Stock, macht seinem Namen alle Ehre, hält sich stocksteif in der Mitte und tut zunächst keinen Ruck. Schließlich läßt er sich widerstrebend dazu herbei, auf und ab zu steigen, denkt aber nicht im Schlaf daran, in seiner neuen Behausung herumzukreisen. Da mit ihm offensichtlich nichts anzufangen ist, ordne ich an, ihn auf der Stelle wieder freizulassen, und wie der Blitz sucht er das Weite – er kann also, wenn er will, durchaus Tempo vorlegen.

Tags darauf geht Falco der nächste Delphin ins Garn, der, kaum haben wir ihn ins Gehege gesetzt, auch schon gelehrig herumzukreisen beginnt. Da wir seine Pfiffe und anderen Laute aufnehmen möchten, installieren wir etliche

Hydrophone, aber wir scheinen vom Pech verfolgt, denn diesmal haben wir offenbar ein besonders wortkarges Exemplar erwischt. Er stößt sage und schreibe ganze drei Laute aus, einen beim Fang und zwei in der darauffolgenden Nacht. Danach verfällt er in hartnäckiges Schweigen. Wir lauern den ganzen Tag darauf, daß er »was sagt«, vertun damit aber bloß unsere Zeit und kommen uns schließlich selber albern vor.

Gegen 6 Uhr abends geraten wir in ein Unwetter. Es ist ausgeschlossen, bei dem stürmischen Ostwind das Gehege flott zu halten, und so läßt Falco den verstockten Burschen ohne einen Schimmer von Bedauern frei.

Da sich unser Programm infolge des schlechten Wetters nicht durchführen läßt, beschließen wir, zunächst einige andere Aufgaben zu erledigen und die Delphinoperation auf einen späteren Zeitpunkt aufzuschieben.

5. April: Wir laufen erneut von unserem Stützpunkt Malaga aus, um in der Nähe von Gibraltar nach Delphinen Ausschau zu halten. Die Fernseh- und Filmkameras befinden sich an Ort und Stelle, die Objektive sind auf den Bug gerichtet, und schon bald rollt auf beiden Bildschirmen ein phantastisches Schauspiel ab: Ein riesiger Delphinschwarm spielt »Karussell«. Die Tiere stoßen sich gegenseitig an, streifen einander, und immer, wenn ihr von einem Wirbel perlender Luftblasen gekrönter Kopf mit dem breiten »Lächeln« in Großaufnahme erscheint, brechen wir in schallendes Gelächter aus.

Falco, der wieder einmal auf seinem Ausleger lauert, erwischt auf Anhieb ein Delphinweibchen, das wir unverzüglich ins Gehege setzen. Um 10 Uhr hat sich das Tier bereits soweit eingewöhnt, daß es ohne Scheu in seinem neuen Bereich herumschwimmt. Aber dann und wann boxt es mit dem Kopf gegen die Luftpolster – offensichtlich sucht es nach einem Weg ins Freie.

Von Professor Busnel wissen wir, daß ein siebzig Kilo schwerer Delphin mindestens acht Kilo Fisch pro Tag braucht. Busnel ist zwar der Ansicht, daß wir die Tiere in unseren Bottichen an Bord nie und nimmer zum Fressen bringen werden, aber da sich die See wieder einmal recht stürmisch gebärdet, bleibt uns nichts anderes übrig, als das Delphinweibchen aus dem Schwimmgehege zu nehmen und es in einem dieser beiden großen Behälter auf dem Achterdeck einzuquartieren. Das Manöver rollt nach dem bekannten Schema ab, das heißt, Falco packt das Tier mit beiden Armen, reicht es vorsichtig Bernard Delemotte weiter, der es seinerseits dem auf der *Calypso* in Bottichnähe postierten Yves Omer überantwortet. Das Ganze erinnert an eine Rettungsaktion und ist im Grunde auch etwas Ähnliches, denn da sich Delphine an Land nicht aufrecht halten können und von ihrem eigenen Gewicht erdrückt werden, muß man sie während des Transportes ständig stützen, damit ihre empfindlichen Wirbel keinen Schaden leiden.

Neben Falco hatte auch Bernard Delemotte ein stets wachsames Auge auf

Der Delphin befindet sich an Bord des Schlauchboots.

Mit dem Schiffskran wird der Delphin an Bord der *Calypso* gehievt.

Yves Omer kümmert sich um den in einem Bottich auf dem Achterdeck der *Calypso* gehaltenen frisch gefangenen Delphin.

den Gesundheitszustand unserer Delphine und alarmierte, sowie er die kleinste Schramme entdeckte, stehenden Fußes den Doktor.
»Immer wieder trommelte er mich mitten in der Nacht aus dem Bett«, erzählte Dr. François, »und bestürmte mich, sofort nach dem Delphin zu sehen, der ›irgendwie komisch‹ dreinschaue. Er erinnerte mich an jene Eltern, die bei jedem Wehwehchen ihres Herzblatts gleich in höchste Aufregung geraten und einen gebieterisch herbeizitieren, weil ›dem Kleinen bestimmt was fehlt‹. Zum Glück stellt sich dann ja meist heraus, daß es blinder Alarm war.«
Da wir mittlerweile wußten, wie leicht die Delphine durch das Schlingern und Rollen des Schiffs gegen die Beckenwände geschleudert oder aufs Trockene gesetzt werden, konnten wir nur hoffen, daß der Schaumgummi die übelsten Stöße dämpfen würde.

Gleichfalls große Sorgen machte uns die Anfälligkeit unserer Logiergäste für Hautentzündungen. Man mochte sie beim Transport noch so vorsichtig um den Leib fassen, leichte Abschürfungen ließen sich kaum vermeiden, die sich im Handumdrehen entzündeten.

Doch zurück zur Fütterung: Falco setzte seine Ehre darein, das Delphinweibchen zum Fressen zu bewegen, und stopfte ihm Sardinen in den Schnabel, frische natürlich, die die Fischer vor Morgengrauen mit Scheinwerfern gefangen hatten. Im Auge des Tieres blitzte es auf, doch es wollte nicht schlucken. Aber schließlich hat Falco, der es mit sanftem Nachdruck immer wieder probierte, dann doch obsiegt.

Als wir am 15. April vor Gibraltar auf eine große Delphinschule stoßen, fängt Falco ein neunzig Kilo schweres Männchen, das wir – die See hat sich inzwischen einigermaßen beruhigt – sofort im Schwimmgehege unterbringen. Mit Hilfe der Hydrophone kann Bernard Gautheron vom Zeitpunkt des Fangs an sämtliche Laute registrieren. Sowie das Tier den Verlust seiner Freiheit bemerkt, stößt es, wie wir auch in der Folge immer wieder feststellen konnten, Pfiffe aus, die eine Viertelstunde bis zwanzig Minuten fortgesetzt werden. Danach verstummt es und beginnt im Gehege herumzukreisen. Falls sich Artgenossen in der Nähe aufhalten, antworten sie auf diese Laute, entfernen sich aber, sobald sie merken, daß sie ihrem Kameraden nicht beistehen können, der im übrigen seinerseits bald alle Hilferufe einstellt.

Da die See wieder einmal ziemlich hoch geht, müssen wir unseren zweiten Delphin, den wir Foxtrott getauft haben, gleichfalls in eins der Becken an Bord setzen. Beide Delphine fühlen sich in ihren Behältern, in denen sie trotz der Schaumgummipolsterung durch das Schlingern des Schiffs unsanft herumgeschüttelt werden, sichtlich unbehaglich, ja, sie wirken sogar ausgesprochen angegriffen, und wir wissen auch, was ihnen fehlt: Sie sind seekrank – ein Übel, für das sich Meerestiere (wie wir an Bord der *Calypso* immer wieder feststellen konnten) ebenso anfällig zeigen wie wir. (Deshalb hat Commandant Alinat, als wir kostbare Korallenfische für das Ozeanographische Museum von Monaco an Bord hatten, ein schlingerfreies Aquarium konstruiert.)

Von ihren beiden in vier Meter Abstand auf dem Achterdeck aufgestellten Becken aus scheinen sich die Delphine nahezu pausenlos miteinander zu unterhalten. Dreht der eine den Kopf und pfeift, richtet sich der andere auf und antwortet. So geht das über zwei Stunden lang fast ununterbrochen fort.

»Wahrscheinlich«, mutmaßt Falco, »hat das Weibchen dem Männchen angekündigt, daß es etwas zum Fressen bekommt, und ihm geraten, sich nicht dagegen zu sträuben.«

Die Annahme scheint zu stimmen, denn bei der Fütterung verschlingt der Neuankömmling auf einen Sitz vierzig Sardinen. Ein wahres Glück, daß uns

ein Fischer aus Malaga, der unsere Arbeit mit regem Interesse verfolgt, regelmäßig Frischfisch liefert.
Als wir das Paar schließlich ins Schwimmgehege setzen können, geraten die Tiere in einen regelrechten Freudentaumel und vollführen die reinsten Akrobatenstücke, wobei das ortskundige Weibchen seinen dicht neben ihm herschwimmenden Kameraden führt, damit er sich nicht im Netz verfängt.
Da wir trotzdem befürchten, unsere Delphine könnten sich während der Nacht in den Maschen verheddern und ersticken, holen wir sie am Abend wieder an Bord und setzen sie in ihre Becken – ein Manöver, zu dem wir mittlerweile eine Tragbahre aus Dr. François' Beständen verwenden, ein für unsere Zwecke ideales, mit schmalen Holzlatten durchzogenes und dadurch bei aller Festigkeit biegsames Gerät, das mit dem Kran an Bord gehievt wird. Aber obwohl wir unsere Freunde dabei mit größtmöglicher Schonung behandeln, haben wir doch das Gefühl, daß ihnen das ständige Hin und Her nicht sonderlich behagt.
Solange sie sich gemeinsam im Schwimmgehege tummeln, scheint alles in bester Ordnung – jedenfalls hört man keinen Laut. Doch kaum ist das Weibchen allein, beginnt es zu lamentieren, gebärdet sich wie toll, schießt mit offenem Schnabel nach unten und verfängt sich dabei natürlich in der unteren Netzabsperrung, so daß Yves Omer schleunigst abtauchen muß, um es zu befreien.
Das Männchen wiederum, ein großes, starkes Tier, spielt von Zeit zu Zeit Kreisel, wobei es sich senkrecht aufrichtet und um die eigene Achse dreht.
Doch wir wollen den Tieren keine Nummern beibringen, sondern mit Hilfe der im Gehege angebrachten akustischen Geräte die Laute, die sie ausstoßen, registrieren, und zwar unter Bedingungen, die dem Leben in freier Natur möglichst nahekommen.
So lassen wir beispielsweise einmal das kleine, mittlerweile schon recht zahme Weibchen in seinem Gehege allein und entfernen uns mit der *Calypso*, deren Motoren- und Schraubengeräusche die Unterwasser-Schallaufzeichnungen ohnehin stören.
Wir hegen die Hoffnung, daß unsere Delphindame, in ihrem Behältnis im Meer allein gelassen, Hilferufe von sich geben und so vielleicht eine Schule anlocken wird, was dann auch tatsächlich der Fall ist. Delphine nähern sich, wie unser Toningenieur aus den Pfiffen deutlich entnehmen kann, dem Gehege und machen in etwa dreißig Meter Entfernung halt, zweifellos um sich anzuhören, was ihnen das Weibchen zu erzählen hat. Was mag es ihnen mitteilen? »Helft mir« oder »Bringt euch vor den Menschen in Sicherheit, sie sind gefährlich«? Wie auch immer, jedenfalls zieht die Schule schon nach kürzester Zeit weiter, während das Weibchen, vielleicht aus Enttäuschung, verstummt.

In unserem dreieckigen Schwimmgehege gesellt sich Falco zum Delphin.

Der gefangene Delphin stößt im Schwimmgehege die ersten Laute aus (man beachte die aus seinem Atemloch aufsteigenden Luftperlen).

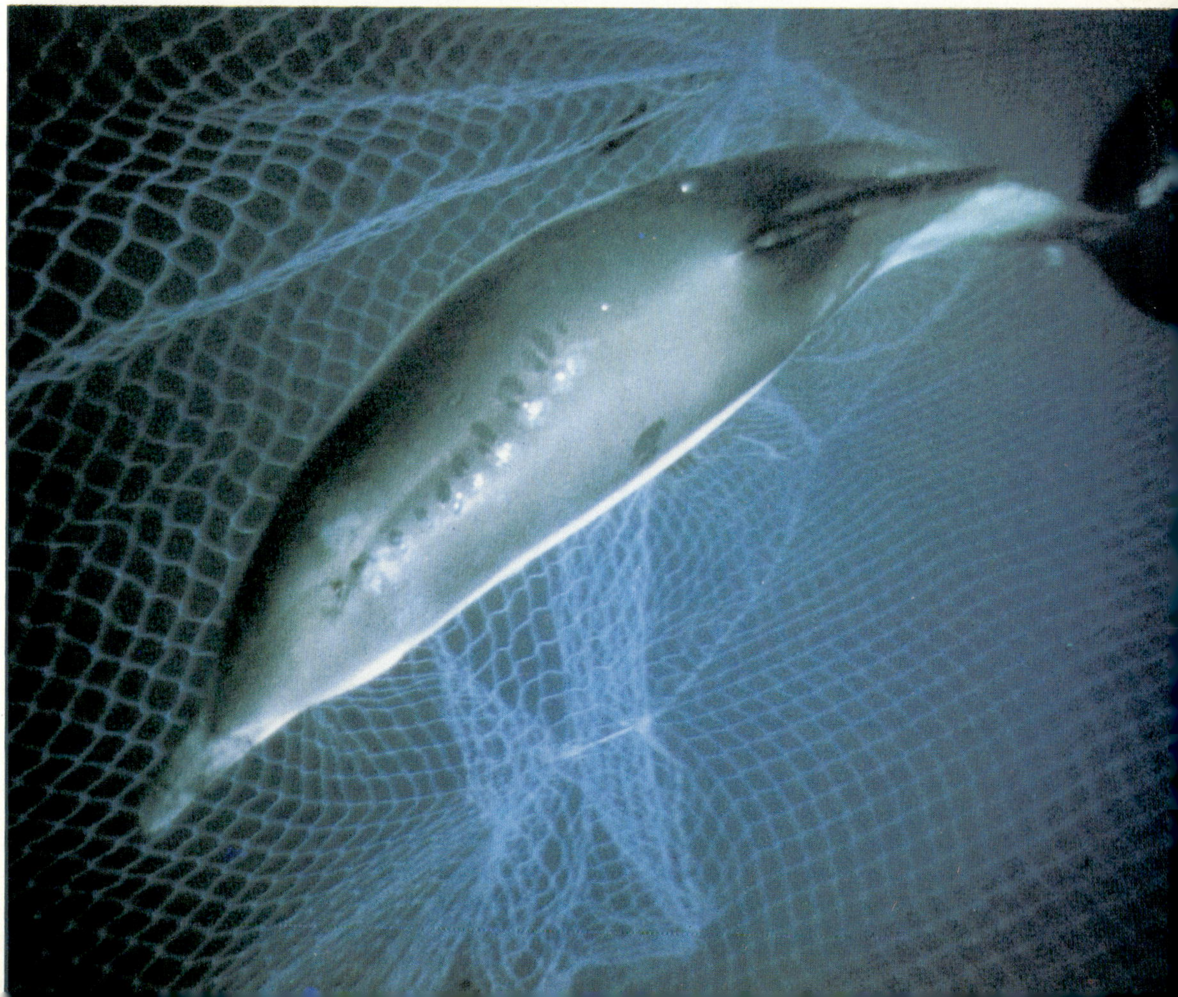

Am meisten erstaunt uns, daß unsere Delphindame, obwohl sie den Rand des Geheges mühelos überspringen könnte, keinerlei Versuch dazu unternimmt. Warum? Vielleicht kann sie im Gegensatz zu den an die Gefangenschaft gewöhnten Delphinen der Ozeanarien, die über die Netze weg von einer Bassinabteilung in die andere springen, noch nicht zwischen überspringbaren und unüberwindlichen Hindernissen unterscheiden und macht, an die unendliche Weite des Meeres gewöhnt, vor allem, was sich vor ihr aufbaut, angsterfüllt halt – ein Verhalten, das wir während unserer Kreuzfahrt immer wieder beobachtet haben: Nie hat ein Delphin versucht, die Schwimmer zu überspringen, obgleich ein ausgewachsenes Tier ohne weiteres drei Meter in die Höhe schnellen kann. Wohl kam es gelegentlich vor, daß unsere Versuchstiere das Netz genau in Augenschein nahmen, aber offenbar hielt sie die Angst, sich darin zu verfangen, davor zurück, die Schnauze über den Rand zu strecken.

Bei unseren Experimenten geht es uns um das Verhalten der nicht durch ein Leben in Gefangenschaft »verbogenen« Tiere. Als erstes beschließen wir, unserem Delphinweibchen die Augen zu verbinden; wir wollen wissen, wie sich ein blinder Delphin verhält.

Geduldig läßt sich das Tier die Scheuklappen anlegen, die aber offensichtlich drücken, denn es beginnt unruhig mit dem Kopf herumzuscheuern und scheint ganz und gar nicht glücklich. Wir nehmen ihm die schmerzende Maske wieder ab und ersetzen sie durch selbsthaftende Augenklappen aus Professor Dziedzics Besitz. Als auch sie nicht passen, verfertigen wir mit vereinten Kräften eine Augenbinde aus dem wesentlich weicheren Neopren und befestigen sie mittels einer Tauchermaske unter dem Hals unseres Delphins, und diesmal scheint die Vorrichtung keine weiteren Beschwerden zu verursachen.

Im Schwimmgehege orientiert sich das Tier allem Anschein nach ohne Mühe, obwohl Falco, der mit ihm taucht, keinen einzigen Laut hört – offenbar ist die Schallfrequenz für das menschliche Ohr nicht mehr wahrnehmbar. Jedenfalls streift der Delphin weder die luftgefüllten Schwimmer noch das Netz, eine Leistung, die Falco allerdings eher seinem ausgezeichneten Ortssinn zuschreibt.

Als wir daraufhin im Gehege ein Eisengitter mit fünfzig Zentimeter weit auseinanderstehenden Stäben anbringen und das Netz wegnehmen, schwimmt das Delphinweibchen zwischen den Stangen, die es ja nicht sehen kann, durch, ohne sie auch nur zu berühren. Aber obgleich es sich nun im offenen Meer befindet und durch nichts mehr zurückgehalten wird, wagt es, durch die scheinbare Blindheit wie gelähmt, nicht wegzuschwimmen und läßt sich von Falco ohne weiteres wieder in die Mitte des Geheges zurückdirigie-

Um Schallortungsversuche durchzuführen, werden dem Delphin Augenklappen angelegt.

ren. Dieser Versuch wird mehrmals wiederholt und von Jacques Renoir in allen Einzelheiten gefilmt.
Tags darauf legen wir dem Männchen die Scheuklappen an und setzen es zusammen mit dem Weibchen ins Gehege. Die beiden Tiere schwimmen Seite an Seite, ohne sich auch nur einen Augenblick zu trennen, ja, das Männchen drückt sich förmlich an seine Gefährtin und Führerin und ahmt all ihre Bewegungen genau nach.
Als wir das Weibchen einfangen und in sein Becken an Bord verfrachten, kommt das Männchen trotz verbundener Augen auch allein zurecht, zumindest anfangs. Dann freilich ermüdet es zusehends und wird von der im Gehege herrschenden Strömung gegen die Netzabsperrung gedrückt, in der es sich auch prompt verheddert. Als es das erstemal passiert, gerät das Tier in sichtliche Aufregung, doch beim zweitenmal rührt es sich schon nicht mehr: Es hat begriffen, daß es befreit wird, und wartet nun geduldig auf einen der Taucher.
Unser Akustik-Freund Albin Dziedzic zeigte sich mit den Ergebnissen, die er mit Hilfe des im aufblasbaren Gehege installierten Sender- und Hydrophonsystems erzielte, sehr zufrieden:
»Großartige Aufzeichnungen«, meinte er rückblickend. »Haben mich fast ein Jahr lang beschäftigt. Dank der durch die Hydrophone ermöglichten Triangulation der von den Tieren ausgesandten Ultraschallsignale konnte ich ihre Bewegungen im Gehege genau verfolgen.«
Obgleich sich manche Delphine bei den Versuchen als besonders gelehrig erwiesen, behielten wir auch sie nie länger als zwei, drei Tage an Bord und ließen sie beim geringsten Anzeichen von Erschöpfung auf der Stelle frei.

Ein mit einer Unterwasserkamera bestückter Delphin wird freigelassen, um seine Artgenossen zu filmen – ein Experiment, das indessen fehlschlug.

Auch mit verbundenen Augen kann sich der Delphin mittels Sonar im Bassin orientieren.

Die Entscheidung darüber lag bei Falco, der, wie Dr. François anerkennend konstatierte, »erstaunlich treffsichere Diagnosen« stellte. Er brauchte die Tiere nur anzuschauen, um zu wissen, wie es stand. Als hervorragender Delphinkenner erfaßte er intuitiv, ob sie sich wohlfühlten oder nicht. Vermutlich merkte er es an ihrem Verhalten, ähnlich wie Hundekenner allein schon am Gang und einer gewissen Krümmung des Rückgrats erkennen, daß ein Hund krank ist.
Einmal ließen wir zwei morgens gefangene Delphine sogar noch am selben Abend wieder frei, da wir keinen Grund sahen, die Tiere, die wir für ein akustisches Experiment benötigt hatten, noch länger festzuhalten, und ein andermal setzten wir einen Delphin schon eine Stunde nach dem Fang wieder aus, weil die *Calypso* derart schlingerte, daß wir befürchteten, er könnte sich in seinem Bottich verletzen.

Ein Experiment indessen, auf das ich große Hoffnungen gesetzt hatte, erwies sich als undurchführbar – nämlich, auf dem Rücken eines Delphins eine Kamera zu befestigen, um auf diese Weise das Treiben innerhalb der Schule zu filmen und so interessante Szenen aus dem Gruppenleben der Tiere festzuhalten. Die einzige Voraussetzung schien mir, daß sich diese »Kameraleute« erneut ihrer Schule anschlossen und daß es uns gelang, sie nach einiger Zeit wieder einzufangen, um ihnen die Kamera abzunehmen.
Um unseren Plan zu verwirklichen, brauchten wir einen besonders großen und starken Delphin und erwischten schließlich auch ein geeignetes Exemplar, obwohl sich das Tier mit Bärenkräften wehrte. Wir legten ihm ein Geschirr an und befestigten daran die Kamera, was natürlich einige Zeit beanspruchte, so daß sich seine Schule, als wir ihn schließlich wieder losließen, schon ein, zwei Meilen weit entfernt hatte. Er nahm zwar sofort Kurs auf seine Kameraden, konnte sie aber nicht mehr einholen und geriet sichtlich außer Atem, sei es, weil ihn das Fangmanöver geschwächt hatte, sei es, weil ihn die Kamera behinderte. Ein paar Delphine steuerten wohl auf ihn zu, hielten sich dann aber in einem gewissen Abstand und zogen, nachdem sie ihn beäugt hatten, weiter; denn sowie sich ein Tier in Aussehen oder Verhalten von den anderen unterscheidet, schöpfen die Artgenossen Verdacht und setzen sich ab.
Am 18. April unternahmen wir mit einem 130 Kilo schweren Männchen einen weiteren Versuch. Diesmal setzten wir den Delphin mit der Kamera auf dem Rücken mitten in einer Schule aus, doch obwohl er insgesamt normal schwamm, fiel er binnen kurzem erschreckend zurück, wurde von seinen Artgenossen, die nicht auf ihn warteten, auch prompt überholt, und so endete das zweite Experiment wie schon das erste: Das Rudel machte sich aus dem Staub und ließ den »Kameramann« allein auf weiter See zurück. Uns blieb

nichts anderes übrig, als ihn wieder einzufangen, ihm Geschirr und Kamera abzunehmen und die Freiheit zu schenken.
Wir wiederholten das Experiment mit immer neuen Versuchstieren noch mehrmals, doch kein einzigesmal legte ein Delphin dabei sein volles Tempo vor. Durch Geschirr, Halterung und die sperrige Kamera selbst behindert, gelang es keinem, seine Gruppe einzuholen oder mit seinen Artgenossen Schritt zu halten, kurzum, der Spionageplan fiel ins Wasser, da die Kamera nur belanglose Bilder lieferte.
Das negative Ergebnis unserer Versuche legt die Vermutung nahe, daß sich auch die Amerikaner mit ihrem Plan, Delphine zum Transport von Sprengkörpern einzusetzen, etwas verkalkuliert haben dürften, auch wenn die von ihnen abgerichteten Großen Tümmler mit ihren gut zwei Metern Länge und ihren zweihundert Kilo Lebendgewicht über andere Kräfte verfügen als unsere Mittelmeerdelphine.
Da wir aber zu gern in Erfahrung gebracht hätten, was sich zwischen den frei im Meer lebenden Delphinen tut, griffen wir noch zu einer anderen Kriegslist und versahen einen Delphin mit einem Radiosender, ein Verfahren, das von William E. Evans am *Naval Undersea Research and Development Center* entwickelt worden ist. (Näheres darüber in Kapitel 9 – Schulung der Delphine.)
Doch wir mußten feststellen, daß die Tiere mit umgeschnalltem Sender im Tempo noch drastischer zurückfallen als mit der Kamera, denn zur Behinderung durch Geschirr und Apparat kommt in diesem Fall noch die Bremswirkung der Antenne.
Nachdem wir die Aussichtslosigkeit unseres Unterfangens eingesehen und unseren Delphin, der sich, außerstande, seine Artgenossen einzuholen, in der Nähe herumtrieb, von der Apparatur wieder befreit hatten, starteten wir einen letzten, völlig andersartigen Versuch: Ein Taucher befestigte an einem Delphin einen Beutel mit Fluoreszeïn, einem Farbstoff, von dem schon kleine Mengen lange grünliche Streifen im Wasser erzeugen. Wir hofften, das Tier werde, wieder freigelassen, eine deutliche Kielspur hinter sich herziehen und uns so ermöglichen, ihm zu folgen und sein Treiben zu beobachten. Mehrere Taucher hielten sich bereit, um einander bei der Verfolgung der Fährte abzulösen, doch mit einemmal war der Delphin verschwunden, und zurück blieben unsere Leute – von dichten Fluoreszeïnschwaden umnebelt und außerstande, auch nur die Hand vor den Augen zu sehen.
Wir begannen allmählich zu bezweifeln, ob wir den freilebenden Delphinen je auf die Schliche kommen würden.

7 Universum der Töne

Geheimnisvolles Klicken
Ulysse
Kommunikationssignale
Unbekannte Schallquelle
»Vokabular«
Ein verfehltes Experiment
Dialog
Hilferufe bei Nacht
Keine Sprache im eigentlichen Sinn
Stand der Forschung
Unterjocht
Vorzüge des Schwimmgeheges

Während wir bei strahlendem Wetter auf der Höhe von Almeria vor der spanischen Küste kreuzen, beschäftigen wir uns wieder einmal eingehend mit den Lautäußerungen unserer Meeressäuger: Das Schwimmgehege ist abgesenkt und wie schon bei früheren Versuchen in jeder der drei Ecken mit einem mit Antenne verbundenen Hydrophon bestückt, und außerdem haben wir noch zwei Unterwasser-Fernsehkameras installiert, die uns helfen sollen, zwischen den von den Delphinen abgegebenen Schallsignalen und ihrem Verhalten eine Verbindung herzustellen.
Unsere drei am Vorabend gefangenen Versuchstiere haben sich offenbar bereits an ihren neuen Bereich gewöhnt – jedenfalls wirken sie, wie sie so im Gehege herumkreisen und etwa alle zwanzig Sekunden zum Atmen auftauchen, völlig ruhig und scheinen in bester Verfassung.
Das Wetter ist für unsere Zwecke wie geschaffen, denn bei der spiegelglatten See können wir sämtliche Laute der Tiere auffangen, sie an Bord mit Hilfe eines Oszilloskops analysieren und zu den Fernsehbildern in Beziehung set-

Um seiner Spur folgen zu können, markiert ein Taucher einen Delphin mit Fluoreszeïn.

zen, kurzum, uns mittels einer audiovisuellen Aufzeichnung Einblick in die akustisch orientierte Welt der Delphine verschaffen.

Diese Welt unterscheidet sich grundlegend von der unseren, einmal, weil sie unter Wasser liegt, dann aber auch, weil die von den Delphinen ausgestoßenen und aufgefangenen Laute zum Teil in Frequenzbereiche fallen, die das aufs Hören unter Wasser ohnehin nicht eingestellte menschliche Ohr nicht mehr wahrzunehmen vermag.

Die aus unseren Kopfhörern dringenden Geräusche sind schwach und kommen nur vereinzelt, im Grunde eine Art »Klicken« oder, wie Professor Busnel es nennt, ein »Wachsamkeitsschnalzen«, das heißt, in regelmäßigen, ziemlich langen Zeitabständen abgegebene Signale, mit denen das Tier seine Umgebung unter Kontrolle hält. Will es seine Umwelt genauer erkunden, werden die Signale verstärkt und in kürzeren Abständen wiederholt, wobei etwaige Hindernisse und deren Form aus dem Echo erschlossen werden, denn der Delphin arbeitet mit Schallortung.

Entgegen einer weitverbreiteten Meinung macht er indessen keineswegs ständig von seinem Sonar Gebrauch. In einem ihm vertrauten Becken mit klarem Wasser etwa kann er ohne weiteres darauf verzichten und sich ganz auf seinen hervorragenden Gesichtssinn verlassen. Im allgemeinen verschafft sich das Tier mit einigen wenigen Klicklauten Klarheit über die Ausmaße des Bassins, und nur wenn es nachts in ein ihm unbekanntes Aquarium gesetzt wird, sendet es lebhaftere Schallsignale aus.

Näherten sich unsere Delphine der Absperrung ihres Schwimmgeheges, verstärkte sich der Rhythmus der Signale gleichfalls. Da die Tiere das weitmaschige Netz nicht ohne weiteres zu orten vermochten, gerieten sie in merkliche Aufregung und stießen beschleunigte Schallsignale aus, gewissermaßen ein »Aufmerksamkeitsschnalzen«.

Warfen wir ihnen einen Fisch zu, verstärkte sich das Klicken gleichfalls spürbar – sie setzten ihr Sonar also auch zum Orten der Beute ein.

Da die Delphine ganz verschiedenartige Laute von sich gaben, war die Beobachtung nicht immer ganz einfach: Manchmal konnten sich die Signale (bei denen wohlgemerkt niemals Luftblasen über dem Kopf der Tiere aufstiegen) zu jenen sonderbar knirschenden, klappernden, quiekenden Lauten verdichten, die den Beobachter immer wieder aufs neue erstaunen, dann wieder entzogen sie sich unserer Wahrnehmung gänzlich, da sie in einen für uns nicht mehr hörbaren Frequenzbereich fielen.

Versuche haben ergeben, daß ein Delphin mit verbundenen Augen allein mit Hilfe seines Radars auf fünf, sechs Meter Entfernung unter zwei Fischen den von ihm bevorzugten erkennt – Beweis dafür, wie fein die Wahrnehmung durch Schallortung bei diesen Meeressäugern entwickelt ist.

Dabei sind zur Identifizierung und Klassifizierung eines Objektes wesentlich komplexere geistige Vorgänge erforderlich als nur ein schlichtes Orten: So setzt etwa die systematische Wahl zwischen zwei Fischen ein ganzes Bündel im Gedächtnis gespeicherter und abrufbarer Informationen oder, anders gesagt, die Fähigkeit voraus, sich Formen zu merken und anhand von »Klangsilhouetten« wiederzuerkennen – Verhaltensvorgänge, die wir im Augenblick weder zu beurteilen noch zu analysieren vermögen.

»Was in diesem Zusammenhang letztlich am bemerkenswertesten erscheint, ist die Fähigkeit des Delphins, sein Sonar auf die unterschiedlichsten Situationen einzustellen.« (*Les systèmes sonars animaux*, Kongreß von Frascati Bd. I, S. 444.)

Mit welchem Organ aber sendet der Delphin diese Klickgeräusche aus oder, allgemeiner gefragt, wie kann er ohne Stimmbänder überhaupt Töne hervorbringen? Obwohl rund dreißig Forschungsstätten seit über fünfundzwanzig Jahren Delphine halten und an die hundert Fachleute sich eingehend mit ihnen beschäftigen, ist dieser Punkt bis heute nicht geklärt und wird noch immer lebhaft diskutiert.

Festzustehen scheint lediglich, daß die Ultraschallsignale im Gegensatz zu den Kommunikationssignalen, auf die wir später noch zu sprechen kommen werden, nicht durchs Atemloch abgegeben werden (weshalb sie auch keine Luftperlen erzeugen), sondern durch den Schnabel, mit dessen Hilfe der Delphin »Detailinformationen« über ein in nächster Nähe befindliches Beutetier oder Hindernis sammeln kann, das heißt, der Schnabel spielt bei der Annäherung ans Ziel dieselbe Rolle wie bei den industriell hergestellten Radar- und Sonarsystemen der Peilstrahl, wobei in beiden Fällen die Richtung entscheidende Bedeutung besitzt.

Auch die Fernpeilung erfolgt zweifellos durch Aussendung von Schallwellen, wobei nach Ansicht der Fachleute der sogenannten Melone die Hauptfunktion zukommt, einer bei Delphinen und anderen Zahnwalen in der Stirnpartie gelegenen Region, in der sich, in eine sehr fette, wachsähnliche Masse eingebettet, eine Linse befinden soll. Die Rolle dieser Linse nun, deren Gewebe den Schall angeblich wesentlich schneller weiterleitet als das Nachbargewebe, bestünde darin, die in einem bestimmten Winkel auftreffenden Schallwellen durch sukzessive Reflexion zu bündeln – ein technischer Vorgang, wie er auch bei verschiedenen handelsüblichen Richtantennen zur Anwendung gelangt.

Doch woher stammen die Klickgeräusche, mit deren Hilfe das Tier seine Schallortung durchführt?

»Von einem Muskel«, meinen manche, »der ähnlich wie unser Kehlkopf knackende Geräusche erzeugen kann.«

Die Zunge jedenfalls scheint an der Lautbildung nicht beteiligt. Andererseits aber können Delphine bis zu 800, 1000, ja sogar 1200 Klicklaute pro

des Wortes »sieht«, kann er sich selbst im trübsten Wasser orientieren und seine Beute mühelos verfolgen. Man hat festgestellt, daß er noch Töne mit 15 000 Schwingungen pro Sekunde wahrnimmt – wie er das freilich anstellt, das heißt, welchen Organen er dieses hervorragende Gehör verdankt, ist ein Rätsel. Seinen Ohren, die ehedem denen der anderen Landsäuger geglichen haben dürften, sich aber im Laufe der Entwicklungsgeschichte aus hydrodynamischen Gründen zu winzigen, gleich hinter den Augen in ein Grübchen eingebetteten Öffnungen rückgebildet haben, wohl kaum, und so vertreten die meisten Wissenschaftler die Ansicht, er nehme das Echo seiner Ultraschallsignale mit dem Unterkiefer wahr, dessen zahlreiche Nervenendigungen über verbindende Gewebeteile mit dem hochentwickelten und komplex gebauten inneren Ohr in Verbindung stehen.

Daß der Unterkiefer tatsächlich eine wichtige Rolle spielt, konnte durch ein Experiment nachgewiesen werden: Als man einem Delphin, der darauf dressiert war, in seinem Bassin eine Schallquelle zu orten, die Augen verband, legte das Tier den Unterkiefer auf den Sender, obwohl es sich dazu auf die Seite beziehungsweise auf den Rücken drehen mußte. Damit war der Beweis erbracht, daß akustische Eindrücke in erster Linie mit dem Unterkiefer aufgenommen und über ein fast flüssiges, als Schallverstärker wirkendes Fettgewebe zum inneren Ohr geleitet werden, dessen Schnecke etwa dieselbe Größe aufweist wie beim Menschen, während der aus starken, festen Fasern zusammengesetzte Gehörnerv unvergleichlich dicker ist.

Alles in allem ist der Delphin also mit einem besonders feinen Gehör ausgestattet und wird in seinen Sinnesempfindungen in erster Linie von seinem Ultraschallsystem gesteuert.

Im übrigen benutzen auch noch viele andere Lebewesen Ultraschall zur Ortung, so vor allem die Fledermäuse, deren Sonarsystem eingehend untersucht worden ist. (Der italienische Gelehrte Lazzaro Spallanzani hatte diese Eigenart bereits vor 160 Jahren konstatiert, doch war seine Entdeckung zeitweilig wieder in Vergessenheit geraten. Vgl. *Les systèmes sonars animaux*, hrsg. v. R. G. Busnel.) Während ein Schweinswal *(Phocaena)* nach der Beobachtung von Busnel und Dziedzic mit verbundenen Augen Metalldrähte bis zu einem Durchmesser von 0,2 Millimeter wahrnimmt und umschwimmt, vermögen Fledermäuse der Gattung *Myotis lucifugues* im Blindflug noch 0,07–0,12 Millimeter starke Drähte zu orten.

Und Marie Poland Fish vom Narraganseth Laboratory stellte bei vierhundert Fisch-, fünfundzwanzig Wal- und zehn Robbenarten Unterwasser-Schallsignale fest.

Wie man sieht, bildet die Ultraschallortung in der Natur also keineswegs eine Ausnahme, und man darf wohl annehmen, daß sich die Liste der Tiere, die sich ihrer bedienen, mit fortschreitender zoologischer Beobachtung stetig verlängern wird. Sie umfaßt heute neben Insekten und Pinguinen auch Riesensäuger wie das Flußpferd, das laut Dr. W. M. Longhurst seine Beute beziehungsweise Hindernisse im Wasser mit Ultraschallwellen selbst dann noch orten kann, wenn die Sicht keine dreißig Zentimeter beträgt.

Aber auch im Bereich des menschlichen Lebens spielt der Schall eine erhebliche Rolle. So vermögen sich manche Blinde am Echo ihres Zungenschnalzens, das große Ähnlichkeit mit den Klickgeräuschen der Zahnwale aufweist, zu orientieren (vgl. *Les systèmes sonars animaux,* Kongreß von Frascati, 1966), und Professor Leslie Kay aus Birmingham hat in Anlehnung an die Ultraschallortung der Delphine ein Sonarsystem für Blinde entwickelt, nämlich eine Brille, die Ultraschallwellen aussendet. Aus dem Echo kann der Blinde entnehmen, was sich in sechs, sieben Meter Entfernung vor ihm befindet, das heißt, er kann sich »Klangbilder« von seiner Umgebung machen und so mit einiger Übung erschließen, ob er eine Mauer, einen Passanten oder eine Straßenlampe vor sich hat. Auf diese Weise lebt er in einem ähnlichen Schalluniversum wie die Delphine und vermag sich sicherer und mit mehr Selbstvertrauen zurechtzufinden.

Bei allem Interesse für das Schallortungssystem der Delphine beschäftigen uns doch jene Laute noch mehr, mit denen sich die Tiere untereinander verständigen, denn daß sie sich miteinander unterhalten, einander zu Hilfe rufen oder warnen, haben wir selber zur Genüge feststellen können.

Wie oft haben wir auf den Fernsehschirmen der *Calypso* die Luftbläschen beobachtet, die bei dieser Gelegenheit aus dem Atemloch der Delphine entweichen: Manchmal zogen sie (wie auf einigen Abbildungen dieses Bandes deutlich zu erkennen) ganze Perlenketten hinter sich her, dann wieder trat nur eine einzige Riesenblase aus, ein Phänomen, das man in Aquarien wiederholt studiert und als Drohung, Ablenkungsmanöver oder Warnung gedeutet hat.

Daneben verständigen sich die Delphine auch mit Pfeiflauten, wobei sich all diese Kommunikationssignale unserer Beobachtung nach grundlegend von den Ultraschallemissionen unterscheiden, mit deren Hilfe die Tiere Gegenstände und Hindernisse orten. Pfiffe als Kommunikationsmittel sind übrigens auch bei anderen Arten üblich, so zum Beispiel bei den Ratten.

Auf welch sonderbare Art und Weise die Verständigung im Tierreich zum Teil erfolgt, hat der Zoologe Karl von Frisch am Beispiel der Bienen aufgezeigt, die über eine regelrechte »Sprache« verfügen: Hat eins der Tiere eine besonders lohnende Pollenquelle entdeckt, erklärt es den anderen durch einen Tanz, in welcher Richtung und Entfernung sie liegt und wie ergiebig sie ist.

Seite 144 und 145: Delphinschule vor Malaga.

Seit langem schon sind wir daran gewöhnt, auf die Stimmen, die in der Meeresstille erklingen, zu horchen. So haben wir im hohen Norden die sonderbaren Laute der Weddellrobben, die zu den lärmendsten Meeressäugern zählen, vernommen, jene unter dem Packeis widerhallenden Schreie, die gleichzeitig pathetisch und fast schmerzlich klingen, und so haben mein Sohn Philippe und unser Toningenieur Eugène Lagorio bei den Bermudas ganze Nächte damit zugebracht, das merkwürdige Konzert der Buckelwale, der »singenden Wale«, wie wir sie getauft haben, aufzunehmen, von denen an manchen Abenden gut und gern hundert brüllten, miauten und muhten, kurzum, jene mit keinem anderen Tierruf vergleichbaren, teils trillernden, teils quiekenden, dann wieder an Kettengerassel oder eine knarrende Tür erinnernden Laute von sich gaben. Man muß sich die Szene vorstellen – die nächtliche Stille, das Schlauchboot mit den Tonbändern und Eugène Lagorio übers schwarze Meer gebeugt und auf jene Stimmen im Meer lauschend, als verfolgte er an den Pforten einer anderen Welt das Zwiegespräch gigantischer und fremdartiger, im Abgrund verborgener Wesen.
Aristoteles wußte, daß die Delphine miteinander reden, aber dann vergaß unsere landgebundene westliche Kultur die Stimmen wieder, die das Meer allerorts erfüllen, denn nicht nur die Delphine, alle Meeressäuger »sprechen« ja – ein höchst wunderliches Phänomen, auf das wir allmählich wieder zu horchen beginnen, auch wenn wir den Sinn dieser Äußerungen nicht zu deuten vermögen.

Wie aber kann der Delphin, der doch keine Stimmbänder besitzt, überhaupt Töne von sich geben?
Allem Anschein nach werden diese Laute bei den meisten Delphinarten nur im Wasser spontan erzeugt – an der Luft lernen die Tiere erst nach längerem Aufenthalt in einem Ozeanarium oder Laboratorium und durch entsprechende Schulung durch einen Dresseur »reden« und »singen«.
Auf welche Weise freilich diese Pfeif- und Quieklaute zustande kommen, ist bis jetzt noch weitgehend ungeklärt. Wahrscheinlich spielt sich der Vorgang auf zwei oder drei Stufen in Rachenraum und Nasengang ab, wobei vermutlich der aus zwei Klappen bestehende, von einem besonders kräftigen Schließmuskel umgebene Kehldeckel maßgeblich an der Klangbildung beteiligt ist. Auch in den Nasengängen befinden sich kleine, durch einen starken Muskel betätigte Klappen, die den Nasentrakt verschließen können und möglicherweise als Schallquelle dienen, indem sie durch Zusammenziehung oder entsprechende Verengung einen dünneren, in Schwingung geratenden Luftstrom durchlassen.
Das Geheimnis der Stimmbildung scheint demnach bei den Delphinen zwischen Rachenhöhle und Atemloch zu liegen.

Fest steht jedenfalls, daß die Tiere zumindest über zwei Schallbildungsmöglichkeiten verfügen, da sie *gleichzeitig* Klickgeräusche und Töne durchs Atemloch von sich geben können.
Was aber bedeuten diese Töne beziehungsweise diese »Kommunikations- oder Kontaktsignale«, wie sie auch bezeichnet werden? »Reden« die Delphine miteinander, besitzen sie eine Sprache? – Fragen, die von den Fachleuten recht unterschiedlich beantwortet werden.

Um die Frage nach der Bedeutung dieser Signale klären zu können, müßte erst einmal ihre Zahl und jeweilige Eigenart festgestellt werden – eine Bestandsaufnahme, die in freier Natur bis jetzt noch nicht geglückt ist. Dafür hat man in Ozeanarien und Forschungslaboratorien, wo die Geräusche der Delphine seit Jahren aufgezeichnet werden, einen ziemlich breiten Fächer von Schallsignalen zu entdecken vermeint. So haben Forscher bei dem Versuch, diese Töne mit dem Computer zu analysieren, zweitausend verschiedene Pfeiflaute ermittelt, mit anderen Worten, das Vokabular der Delphine setzte sich demnach aus zweitausend Zeichen, Signalen oder, wenn man so will, auch »Wörtern« zusammen, stünde also an Umfang nicht hinter dem zurück, mit dem Racine seine Tragödien bestritten haben soll, und wäre auf jeden Fall unvergleichlich größer als das des Durchschnittsbauern.
Dummerweise jedoch gebraucht nicht einmal dieselbe Delphinart immer dieselben Signale. Abgesehen davon, daß Signale mit präziser Bedeutung rar scheinen und viele offenbar überhaupt nichts besagen, bewirken gleiche Situationen mitnichten immer gleiche Lautäußerungen. Außerdem ist das Vokabular der in den Bassins der Ozeanarien gefangengehaltenen Tiere wesentlich dürftiger als anfangs vermutet, denn die »Schreie und Quietschlaute«, die sie nach entsprechender Dressur an der Luft von sich geben, haben für sie selbst vermutlich keinerlei Sinn.
Die Caldwells gehen sogar so weit zu behaupten, jedes Einzeltier besitze sein eigenes Signal, seinen persönlichen Ruf, der zwar wohl wahrgenommen und unter Umständen auch verstanden werde, aber weder übersetzbar noch übertragbar sei.
Und selbst das berühmte Notsignal, das John C. Lilly mit einem auf dem Kopf stehenden und Professor Busnel mit einem normalen V umschreibt, kann variieren und läßt sich daher nicht mit Sicherheit identifizieren.
Dagegen ließe sich freilich einwenden, die Notsignale differierten vielleicht nur deshalb, weil sie eine unterschiedliche Botschaft übermitteln sollten. So könnte ein harpunierter Delphin ebensogut »Hilfe« wie »bringt euch in Sicherheit«, »ich leide« oder »wartet auf mich« rufen, vorausgesetzt, man hält derartige Übertragungen in unsere menschliche Sprache überhaupt für eine adäquate Umschreibung tierischen Verhaltens.

Vorsichtig wird an der Rückenfinne des Delphins ein Funksender befestigt . . .

. . . und das Tier anschließend wieder ins Meer gesetzt.

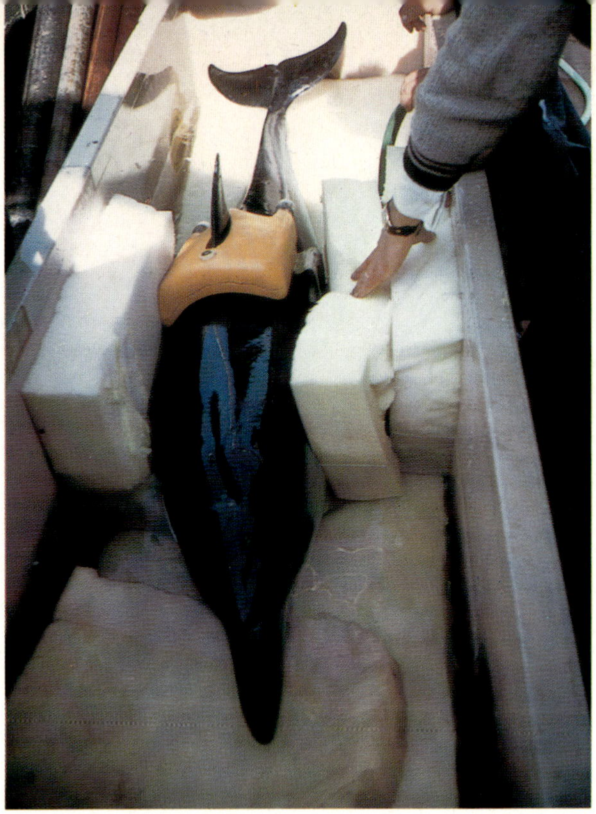

Jedenfalls wäre es durchaus vorstellbar, daß die Delphine in freier Natur vielerlei zum Ausdruck bringen können, was sich unserem Verständnis entzieht, denn wie Busnel sagt: »Bei unserem derzeitigen Wissensstand müssen wir unverhohlen zugeben, daß wir von der Semantik dieser Lautäußerungen keinen Schimmer haben.«
Sicher scheint, daß die Tiere über Kommunikationssignale verfügen und darüber hinaus komplizierte Situationen wiedergeben und ihren Artgenossen bestimmte Eindrücke schildern können.
So versichern glaubwürdige Zeugen, daß Delphinverbände in Küstennähe ein Tier als Kundschafter auszuschicken pflegen, um das »Fahrwasser« zu sondieren und etwaige Gefahren aufzuspüren. Je nachdem, wie die Ermittlungen ausfallen, schwimmt die Schule dann die Küste an oder dreht ab – ein Verhalten, das auf eine Kommunikation schließen läßt, die der »Bienensprache« an Präzision wohl kaum nachstehen dürfte.

Um zu beweisen, daß Delphine untereinander tatsächlich Informationen komplexerer Art austauschen können, hat Professor J. Bastian (Kalifornien) folgenden Versuch durchgeführt:
Er setzte ein seit langem miteinander bekanntes Pärchen getrennt in ein durch ein Netz abgeteiltes Bassin. Hüben wie drüben war ein Hebelpaar angebracht, das die Tiere beim Aufleuchten eines Signals betätigen mußten, und zwar bei kontinuierlichem Licht das rechte, bei Blinklicht hingegen das linke Pedal. Als das Experiment mit 97prozentiger Sicherheit klappte, stellte

Bastian das Lichtsignal auf der Seite des Männchens ein. Da das Tier die Aufgabe jedoch auch weiterhin fehlerfrei ausführte, mußte ihm wohl das Weibchen die nötigen Hinweise gegeben haben.
Doch auf welche Art? Mittels der inzwischen ausgetauschten akustischen Signale, die die Versuchsleiter mit ihren Hydrophonen auffingen und auf Tonband aufnahmen?
Um sicherzugehen, daß das Weibchen seinen Kameraden tatsächlich mit Hilfe dieser Signale informierte, trennte Professor Bastian die beiden Delphine durch schalldichte Neoprenplatten, worauf die Reaktionen prompt nur noch in 54 Prozent der Fälle richtig waren. Als man daraufhin jedoch ein Loch in diese Trennwand schnitt, durch das sich die Schallsignale im Wasser fortpflanzen konnten, stieg die Zahl der Treffer wieder auf 86 Prozent.
Damit schien der Beweis erbracht, daß sich Delphine miteinander verständigen und einander Verhaltenstips geben können.
Doch leider ist die Delphinforschung ein Glücksspiel: Bei der Wiederholung schlug Bastians Experiment fehl, und so glaubt heute nicht einmal mehr er selber an sein damaliges Ergebnis, sondern nimmt an, daß das Männchen aus irgendeinem äußeren Signal, einem »Anreiz« (der Bastian selbst entging), erschließen konnte, was es zu tun hatte. Damit aber sind alle Versuchsdaten hinfällig.
Trotz dieses negativen Ergebnisses steht jedoch außer Zweifel, daß ein bereits an die Gefangenschaft gewöhnter Delphin einem Neuankömmling alle für das Leben im Bassin erforderlichen Verhaltensregeln erteilt und ihn in-

struiert, was er von den Menschen zu erwarten beziehungsweise hinzunehmen hat – eine Tatsache, die wir selbst während unserer zahlreichen Versuche im Schwimmgehege immer wieder beobachtet haben.
Ein »Gedankenaustausch« freilich braucht deshalb zwischen den Tieren noch lange nicht stattzufinden. Viel eher dürfte die Nachahmung (wie man sie auch bei anderen Arten, so vor allem den Schimpansen, beobachtet) die Gewöhnung an eine neue und unvorhergesehene Situation erleichtern. Indem das Delphinweibchen langsam im Bassin herumkreist, veranschaulicht es seinem neuen, ihm getreulich folgenden Kameraden die Beckenbegrenzung – eine Verhaltensweise, die sich aus dem Gruppensinn dieser Meeressäuger erklären läßt.

Daß es zwischen einem gefangenen Einzeltier und seinen freien Artgenossen jedoch durchaus auch zur Unterhaltung kommen kann, zeigt ein vom bekannten Walspezialisten T. C. Poulter bezeugter Vorfall mit einer Gruppe von Schwertwalen, die über ein mindestens ebenso hochentwickeltes akustisches System verfügen wie die Delphine:
1966 hatte der Direktor des Aquariums von Seattle, Edward I. Griffin, von zwei kanadischen Fischern um achttausend Dollar einen sieben Meter langen und schätzungsweise vier Tonnen schweren Schwertwal gekauft. (Vgl. Jacques-Yves Cousteau und Philippe Diolé, *Wale – Gefährdete Riesen der See*, Droemer Knaur, S. 239.)
Um das Tier von der Mündung des Bella Coola, wo es sich auf der Höhe des Dorfes Namu befand, ins Aquarium von Seattle schaffen zu können, mußte Griffin ein riesiges Netz anfertigen lassen, das, von 41 leeren Benzinkanistern an der Oberfläche gehalten, von einem Schlepper gezogen wurde. Der Transport dauerte volle zwei Wochen, und während dieser ganzen Zeit begleitete ein Schwertwalverband den seltsamen Konvoi, wobei der Gefangene vor allem mit einem Männchen und zwei Weibchen, vermutlich seinen Familienangehörigen, Pfiffe und Schreie austauschte. Die Tiere führten einen regelrechten Dialog, und wenn sich auch nicht ausmachen ließ, ob es sich nun im einzelnen um Hilferufe, Klagen, unbestimmte Gefühle oder Ermutigungen und Ratschläge handelte, so schien doch der gefangene Schwertwal für die Unterhaltung sehr empfänglich und unternahm keinen einzigen Auflehnungs- oder Ausbruchsversuch – lediglich an seiner bebenden Rückenfinne war zu erkennen, wie erregt und nervös er in Wirklichkeit war.

Natürlich möchten wir nur allzu gern wissen, ob sich ein gefangener Delphin mit seiner Schule unterhält, und so setzen wir eines Tages ein frisch eingefangenes Delphinweibchen ins Schwimmgehege und lassen es allein darin zurück.

Wir selbst entfernen uns mit der *Calypso* sechseinhalb Kilometer, unterhalten aber zum Schwimmgehege ständigen Radar- und Funkkontakt und fangen tatsächlich mitten in der Nacht Laute auf, die das Jungtier mit erstaunlicher Ausdauer von sich gibt.
Dr. Albin Dziedzic und die Fachleute für tierische Akustik loben den guten Empfang, und da es sich diesmal nicht um Ultraschall handelt, können auch wir anderen alles deutlich mitverfolgen.
Zunächst vermeinen wir aus dieser »Stimme« einen erregten Klageruf herauszuhören. Dann werden die Laute dringlicher, erinnern eher an die eines verletzten Tieres. Ob es sich wohl um Notsignale handelt? Es erweist sich als gar nicht so einfach, für die vielen verschiedenartigen Töne, die das Delphinweibchen in seiner Gefühlsaufwallung von sich gibt, eine einigermaßen plausible Auslegung zu finden, doch scheint alles darauf hinzudeuten, daß es den Verband, von dem es getrennt wurde, herbeizitieren möchte. Und tatsächlich verhallen seine Rufe nicht ungehört in der Nacht: Die Schule taucht auf, kommt, wie man aus den nun durchs Meer schallenden Lauten entnehmen kann, näher, verstummt aber schon nach kurzer Zeit wieder und entfernt sich. Wie ist dieses Verhalten, das wir auch schon bei anderer Gelegenheit beobachteten, zu erklären? Sollten die Tiere die Aussichtslosigkeit eines Befreiungsversuches eingesehen haben?

Wie auch immer, jedenfalls läßt sich nicht bestreiten, daß sich die Schule nach ihrer Artgenossin umgeschaut, daß also zwischen unserem ins Schwimmgehege gesperrten Delphinweibchen und seinen frei im Meer umherziehenden Kameraden zu einem bestimmten Zeitpunkt ein Informationsaustausch stattgefunden hat. Nur: Kann man dabei von »Sprache« im Sinne der Linguisten reden?
Professor Busnel beantwortet diese Frage mit einem strikten Nein. Seiner Ansicht nach handelt es sich lediglich um akustische Kontaktsignale, deren Existenz für die Wissenschaft mittlerweile zwar außer Zweifel steht, die aber nicht das geringste mit Sprache zu tun haben. Sprache setzt sich aus bestimmten festen Grundelementen zusammen, die, nach bestimmten Regeln kombiniert, Wörter und des weiteren Sätze ergeben, das heißt, sie besteht nicht einfach aus einer Vielzahl von Signalen, sondern beruht auf der Fähigkeit, diese Signale nach einem gewissen System, »Syntax« genannt, aneinanderzureihen und damit nahezu unbegrenzte Kombinationsmöglichkeiten zu erzielen. »Sprechen« hingegen zwei Delphine miteinander, so beschränkt sich ihre »Unterhaltung« entweder auf ein Einzelsignal oder eine Abfolge untereinander nicht weiter verknüpfter Signale, kurzum, sie besitzen lediglich eine »Pseudo-« oder »Protosprache«, wie die Fachleute es nennen, eine »Sprache ohne jegliche Syntax«. Und wenn auch offenbleibt, ob sie nicht eines Tages

Zwei gefangene Delphine Seite an Seite im Schwimmgehege.

Das Kamerateam der *Calypso* filmt die im Schwimmgehege durchgeführten Experimente.

über ihren jetzigen Stand hinausgelangen und es zu einer Sprache bringen könnten, gibt es doch jedenfalls im Moment keinerlei Anhaltspunkte dafür, daß sie sprechen oder zum Sprechen imstande sind.

Charakteristisch für die menschliche Sprache sind ferner Abstraktionen wie die Zeitbegriffe Vergangenheit, Gegenwart und Zukunft sowie die Möglichkeit, den Wortschatz unbegrenzt auszuweiten. Kein Experiment hat bis jetzt bewiesen, daß sich Delphine einen Wortschatz zulegen und ihre Ausdrucksmöglichkeiten erweitern könnten.

Da Sprache letztlich aber auch zu einem nicht geringen Teil von den jeweiligen kulturellen Gegebenheiten, Lebensgewohnheiten und Umweltbedingungen abhängt, mag man sich fragen, ob die Delphine nicht durch den Umgang mit dem Menschen eine Art Sprache erlernen könnten. Schließlich ist Sprache ja erlernbar, auch wenn der Vorgang einige Zeit dauert und von gewissen Voraussetzungen abhängt: Kinder beginnen bekanntlich in der Regel erst mit zwei bis zweieinhalb Jahren zu sprechen, und auch das nur dank der engen Gemeinschaft mit der Mutter, die ihnen zärtliche Monologe vorsagt (ganz ähnlich wie Jean Asbury mit Dolly verfuhr). Wachsen sie hingegen sich selbst überlassen und isoliert auf, bleiben sie stumm und lernen auch später nicht mehr sprechen.

Als der Amerikaner J. C. Lilly mit der Behauptung an die Öffentlichkeit trat, Delphinen Englisch beibringen zu können, stieß er in Fachkreisen auf außerordentlich heftigen Widerspruch und zog sich insbesondere die Kritik des sowjetischen Experten L. G. Woronin zu.

Lilly versicherte, Große Tümmler könnten die menschliche Stimme nachah-

men und die Bezeichnungen für bestimmte Gegenstände erlernen. Zahlreiche an amerikanischen Forschungsstätten durchgeführte Versuche haben inzwischen ergeben, daß Delphine tatsächlich imstande sind, die menschliche Stimme »in einem anderen akustischen Register« nachzuahmen. Lilly hatte sich demnach nicht getäuscht, als er auf einem Tonband mit Delphinlauten das Lachen seiner Sekretärin wiederzuerkennen glaubte.
Allerdings gleichen, da Delphine keine Stimmbänder besitzen, die von ihnen ausgestoßenen Laute eher einem Pfeifen als artikulierten Wörtern, und es bedarf schon einiger Übung und Bereitwilligkeit, um in den ihrem Atemloch entquellenden Geräuschen Vokabeln wie »ball« oder »hat« zu erkennen.
Daß zahme Delphine den in ihrem Bassin schwimmenden Hut, Ball oder Ring auf das betreffende Wort hin richtig apportieren, ist weniger erstaunlich. Wie jeder von der Hundedressur her weiß, kann man ein Tier durchaus so abrichten, daß es »aufs Wort« pariert, das heißt, sich die Lautsignale einprägt, die erst für einen bestimmten Gegenstand und dann für eine bestimmte Handlung stehen.
Erfolge dieser Art sind mithin kein Beweis dafür, daß zwischen Mensch und Tier ein »Dialog« stattfinden könnte. Während Sprache ihrem Wesen nach eine nicht festgelegte Operation darstellt, bei der der Sprechende nach Belieben mit den ihm zur Verfügung stehenden Signalen schaltet und waltet (was die Linguisten als »Kombinatorik« bezeichnen), sind die Kommunikationsmöglichkeiten zwischen Delphinen oder zwischen Mensch und Delphin im Augenblick noch strikt programmiert und damit sehr begrenzt.
Es fragt sich allerdings auch, ob der Delphin, wie beispielsweise der Schimpanse, zu solchem Kombinieren überhaupt imstande wäre: Ein junger, in einer Familie aufgezogener Schimpanse kann abstrakte Begriffe wie Vergangenheit und nächste Zukunft ausdrücken, Zeichen erfinden und durch logische Assoziation von Lauten eine zwar einfache, aber eigenständige Idee mitteilen. Durch die Kombination bestimmter Signale vermag er so nicht nur Gelerntes, sondern darüber hinaus auch komplexere Zusammenhänge auszudrücken, das heißt, er betätigt sich eigentlich sprachschöpferisch.
Die Primaten sind also den Delphinen auf dem Weg der Entwicklung, der schließlich zur psychischen Aktivität des Menschen geführt hat, ein gutes Stück voraus, womit freilich nicht gesagt ist, daß die Delphine das nicht aufholen könnten. Schließlich muß man auch berücksichtigen, wieviel länger und – dank neuer Erkenntnisse über den Gehirnbau der Primaten – raffinierter der Mensch mit den Affen experimentiert als mit den Meeressäugern.
Statt Delphinen Englisch beizubringen träumt ein anderer Wissenschaftler, Professor Dreher aus Kalifornien, davon, seinerseits »Delphinisch« zu lernen, indem er bestimmte Pfeifsignale, die offenbar einen festumrissenen Sinn haben, herausgreift und im Aquarium nachahmt. Da das Experiment

jedoch noch nicht abgeschlossen ist, wäre es verfrüht, bereits jetzt Schlüsse ziehen zu wollen.

Das Pfeifen der Delphine geht auf Frequenzmodulationen gleicher Art zurück, wie sie auch bestimmte Pfeifsprachen aufweisen, Sprachen, die laut Professor Busnel, der sich eingehend mit diesem Thema befaßt hat, in verschiedenen Teilen der Welt noch heute im Schwange sind, so im türkischen Küskoy, im französischen Ossau-Tal, in Ass, und vor allem auf der kanarischen Insel Gomera. Diese Art der Verständigung ist in Gegenden üblich, wo sich die menschliche Stimme im Wind verlieren würde oder wegen bestimmter topographischer Hindernisse nicht ans Ohr des Gesprächspartners gelangen könnte. Auf Gomera beispielsweise ersparen sich die Einwohner durch ihre Pfeifsprache den weiten und mühseligen Weg über die steilen Klippen. Sie können sich dabei über Entfernungen von zehn Kilometern weg »unterhalten« und verständigen, ja, der Rekord soll sogar bei vierzehn Kilometer liegen.

Zwischen den »Phonogrammen« – der graphischen Aufzeichnung von Klängen dank besonderer Registrierapparate – der Pfeifsprachen und denen der Pfiffe, die die Delphine im Wasser von sich geben, besteht, wie gesagt, eine erstaunliche Ähnlichkeit: Beide weisen im Prinzip dieselben Modulationen auf, auch wenn die Tonskala der Delphine wesentlich kleiner ist und in einen etwas höheren Frequenzbereich fällt.

Vielleicht stellen die Pfiffe der Delphine also doch eine Sprache dar, eine nach Art der auf Gomera benutzten – eine interessante, technisch durchaus mögliche Hypothese, aber eben doch nur eine Hypothese, da wir bisher nicht wissen, ob die bei den Tieren beobachteten Modulationen Variationen zulassen. Aber selbst falls dem so wäre, das heißt, falls ihre Pfiffe der im Tierreich allenthalben üblichen Kommunikation dienten, vermöchten wir diese Sprache doch nicht zu entschlüsseln, denn wie Professor Busnel sagt: »Der Stein von Rosette, mit dem sich die Pfiffe der Delphine entziffern ließen, ist bis jetzt noch nicht gefunden.«

Beim Menschen jedenfalls kann die Verständigung durch Pfeifen durchaus als Sprachersatz dienen. So kann z.B. auf Gomera ein »silbador« (wie die Pfeifkünstler genannt werden) Botschaften wie folgende übermitteln: »Vergiß nicht, heute abend auf dem Heimweg Brot zu kaufen« oder »Treib die Schafe auf die obere Weide«.

Vielleicht könnte die Pfeifunterhaltung zwischen Mensch und Delphin, heute noch ein phantastischer und absurder Traum, eines Tages also doch den Anfang einer Verständigung zwischen Lebewesen ganz unterschiedlicher Art bilden.

Denn obwohl die Pfeifsprachen nur ein »Sprachskelett« verkörpern, läßt sich

mit ihnen doch alles mitteilen. Sie wären demnach durchaus geeignet, Träger unserer Kommunikation mit den Delphinen zu sein, vorausgesetzt – und hier liegt der springende Punkt – die Delphine haben etwas zu sagen.
Doch wie dem auch sein mag, es wäre einen Versuch wert, unsere gesprochene Vokalsprache in eine Pfeifsprache zu übertragen und sie den Delphinen beizubringen, was unter anderem den großen Vorteil hätte, daß die Signale, die man den Tieren beibrächte, keine Stimmbänder voraussetzten und damit ihren akustischen Möglichkeiten auch wirklich gemäß wären.
Einen ersten Schritt in diese Richtung unternahm der amerikanische Akustiker W. Batteau. Er baute mit Professor Busnels Unterstützung eine elektronische Apparatur, mit deren Hilfe er die menschliche Stimme in Pfeiflaute umsetzte, erprobte das Gerät auf Hawaii an zwei Delphinen und konnte nach mehrmonatiger Arbeit tatsächlich erste Erfolge verzeichnen: Die Delphine hatten sich die gepfiffene Sprache ohne sonderliche Mühe angeeignet und dabei nachweislich 26 verschiedene Botschaften erlernt, die sie sich merken und ins Gedächtnis zurückrufen konnten.
Doch just als es spannend zu werden versprach, bereitete ein Unglücksfall dem ganzen Abenteuer ein Ende: W. Batteau ertrank bei Hawaii, und sein Experiment blieb unvollendet.

Damit wären wir beim heutigen Stand der Forschung angelangt. Hatte man ursprünglich große Hoffnungen darauf gesetzt, den Dialog mit den Delphinen aufzunehmen, so bricht sich nun mehr und mehr die Erkenntnis Bahn, daß dieser Dialog bis jetzt gescheitert ist oder doch zumindest mehr auf Illusion als auf Wirklichkeit beruht. Damit sind auch die einschlägigen Forschungen vorläufig zum Stillstand gekommen, ist man sich doch mittlerweile darin einig, daß man, ehe man mit den Delphinen »reden« kann, sie erst einmal besser und vor allem objektiver kennenlernen sollte – ein Vorhaben, das ohne allen Zweifel die Aufgabe der kommenden Jahre sein wird.
Dabei sollten wir uns allerdings bereits jetzt die Frage stellen, ob wir überhaupt auf dem richtigen Weg sind und Aussicht haben, die Wahrheit zu entdecken – eine Frage, die um so berechtigter erscheint, als die Untersuchungen über die Lautsignale der Delphine und ihre »Intelligenz« bislang durch die gegebenen Versuchssituationen unweigerlich verfälscht werden:
Erstens muß der Große Tümmler, mit dem am häufigsten gearbeitet wird, weil er sich in der Gefangenschaft robuster und gelehriger zeigt als die anderen Arten, nicht notwendig auch der intelligenteste Delphin sein. Man sollte die Lernfähigkeit des *Tursiops*, die Leichtigkeit, mit der er etwas nachahmt, die Willigkeit, mit der er gehorcht, nicht mit Intelligenz verwechseln und sich vor allem vor Augen halten, daß diese Eigenschaften die Forschungsarbeiten eher erschweren als erleichtern.

Jacques Renoir filmt Einheimische von der Insel Gomera, die sich mittels Pfeifsprache verständigen.

Zweitens stellt der Fang als dramatischer Einschnitt ein wirkliches Handicap dar:
Die sensiblen und meist schon erwachsenen Tiere geraten durch den Schock, den sie dabei erleiden, völlig aus dem Lot und sind auch auf die nachfolgende Behandlung – Antibiotikaspritzen, Verabreichung von Vitaminen und Laktosepräparaten – in keiner Weise vorbereitet.

Dazu kommt schließlich noch als problematischster Punkt die Beschränkung der Bewegungsfreiheit und die Freiheitsberaubung überhaupt. Wir können uns nicht ausmalen, welche Tortur es für die Tiere bedeuten muß, auch nur vorübergehend in einen Bottich gepfercht zu werden, in dem sie gerade zur Not Platz finden.
Und wenn ihnen anschließend auch ein größeres Bassin zur Verfügung steht, müssen sie sich doch damit zurechtfinden, daß jeder Ton von den Wänden widerhallt und das Wasser ständig von fremdartigen, ihnen unbegreiflichen Echolauten erfüllt ist – für Tiere, in deren Dasein akustische Phänomene eine so beherrschende Rolle spielen, zweifellos eine besonders schwierige Situation, die ihr inneres Gleichgewicht empfindlich stören muß.
Zwar finden die Delphine in Ozeanarien Kameraden, die die Gefangenschaft mit ihnen teilen, führen Nummern vor, bestreiten Shows, haben ein Publi-

kum, aber das Verhalten, das sie sich unter diesen Umständen zulegen, hat nicht mehr viel mit dem ihrer freien Artgenossen gemein. Es ist, als würde den Tieren durch die Gefangenschaft eine stereotype Wesensart aufgezwungen, und diese wird untersucht und studiert, ohne daß man sich vor Augen hält, wie verfälscht und verbogen sie in Wirklichkeit ist.

Dagegen läßt sich natürlich einwenden, daß wir die Delphine bislang notgedrungen in der Gefangenschaft studieren mußten, da uns die Mittel und Möglichkeiten fehlten, sie frei im Meer zu beobachten. Genau dieses Manko suchten wir durch unsere Untersuchungen zu beheben, und wenn wir auch bald erkennen mußten, daß man als Taucher nicht ohne weiteres an eine Delphinschule herankommt, absolut unmöglich ist es dennoch nicht. Immerhin ist es uns zweimal geglückt, und so darf man wohl annehmen, daß sich das Experiment mit der nötigen Zeit und den erforderlichen Mitteln erfolgreich durchführen ließe – ein Experiment, das zweifellos manch überraschenden Einblick in das soziale Leben der Delphine und in ihr Verhalten gestatten würde.

Tiere, die sich wie Dolly, Nina oder Opo ihrerseits den Menschen anschließen, sind in diesem Zusammenhang allerdings ohne Interesse, denn als Überläufer oder vielleicht auch Ausgestoßene können sie nicht als typisch gelten.

Was schließlich noch die Beobachtungsmethode angeht, so stellt die bei unserer Mittelmeerkreuzfahrt angewandte zwar sicher nicht die ideale Lösung, aber doch immerhin einen recht brauchbaren Kompromiß dar.

Nach dem ebenso schnell wie schonend durchgeführten Fangmanöver wurden die Tiere nicht wie üblich in einem Betonbassin, sondern in einem Schwimmgehege untergebracht, wodurch ihnen der gefährliche »Streß« weitgehend erspart blieb. Das von drei Luftwülsten getragene, zwölf Meter hinabreichende Netz war so geräumig, daß sich die Delphine praktisch frei bewegen konnten, und zwar in ihrem gewohnten Milieu, da sie durch die weiten Maschen die Vorgänge im Meer ringsum beobachten und vor allem ihre Artgenossen sehen und hören konnten, also nicht in einer ihnen fremden Umwelt isoliert waren.

Wenn sie trotz allem gewisse Verhaltensstörungen zeigten, konnte es doch allein schon deshalb nicht zur Konditionierung oder Wesensverfälschung kommen, weil wir die Tiere nie länger als höchstens zwei, drei Tage festhielten und gleich nach Abschluß des Experiments, das heißt vielfach noch am Fangtag selbst oder in der Nacht darauf, wieder freiließen.

Besonders eins aber hat uns diese Kreuzfahrt vor Malaga und bei Gibraltar anschaulich vor Augen geführt – nämlich, welch ausgeprägten Gruppensinn diese Tiere besitzen und wie sehr sie aneinander hängen. So ist es für einen gefangenen Delphin ein ungeheurer Trost, einen Kameraden zu bekommen: Wir haben wiederholt beobachtet, wie sich das Verhalten der Tiere in diesem Fall schlagartig änderte, wie sie Seite an Seite schwammen und aneinander entlangstreiften, ohne daß dabei sexuelle Motive eine Rolle zu spielen schienen. Offenbar erwuchsen all diese Sympathiebekundungen aus einem starken Zärtlichkeitsbedürfnis – bei Tieren mit einem so fein differenzierten Gefühlsleben im Grunde kein Wunder.

Vielleicht sollte man einmal versuchen, zwei Delphine derselben Schule einzufangen, Tiere, die bereits im Meer und nicht erst durch das Zusammenleben im Bassin freundschaftliche Beziehungen angeknüpft haben, wobei ich nicht notwendig an ein Pärchen denke, scheinen doch die Bindungen zwischen Tieren gleichen Geschlechts stärker und dauerhafter. Jedenfalls haben wir im offenen Meer wiederholt beobachtet, daß sich die Männchen nur während der Paarungszeit zu den Weibchen hingezogen fühlen, nach der Kopulation jedoch jegliches Interesse an ihrer Partnerin verlieren.

Ob die Delphine demnach wohl mehr für die Freundschaft als für die Liebe geschaffen sind?

Da Delphine keinen Geruchssinn und daher auch keine »Witterung« haben, erkennen sie sich, wie das hier abgebildete Männchen und Weibchen, durch Körperberührung.

8 Meeressäuger mit Denkvermögen?

Langjährige Erfahrung
Intelligenz der Delphine – eine falsche Fragestellung
Ein Gehirn von 1700 Gramm
Die vier Voraussetzungen der Zivilisation
Sehschärfe
Gehör
Eine ungewöhnliche Haut
Atmung und Tauchvermögen
Schlaf
Gegenseitige Hilfe
Spiel

Während die *Calypso* im gleißenden Morgenlicht die ölig glatte See durchpflügt, geht jeder an Bord seiner Arbeit nach: Im grünen Segeltuchunterstand auf dem Achterdeck zerlegen die Mechaniker einen Außenbordmotor, die Filmleute basteln an der Unterwasserkamera herum, und droben auf der Kommandobrücke stellen Jean-Paul Bassaget und Chauvin, mit dem Rücken zum Funker, der auf der Suche nach irgendwelchen mysteriösen Einstellungen an seinen quietschenden Apparaten dreht, über die Karte gebeugt komplizierte Berechnungen an.
Plötzlich schreit Dorado, der auf dem Vorderdeck das Schlauchboot repariert: »Die Delphine!«
Die Delphine – allein schon der direkte Artikel zeigt, daß die Begegnung mit den Tieren für die Crew etwas Alltägliches ist, aber auch eine Chance, die es rasch zu nutzen galt. Tatsächlich setzt an Bord sogleich ein geschäftiges Treiben ein: Wie der Blitz sind Louis Prézelin, Bonnici und Delemotte zum Bug gestürmt und beugen sich über die Reling, während Delcoutère den Lukendeckel zur »falschen Nase« aufgerissen hat und schon halb im Schacht verschwunden ist, um das Treiben der Tiere vom Beobachtungsraum aus zu verfolgen; und Bassaget und Chauvin beobachten die Lage von der Kom-

mandobrücke aus durchs Fernglas. Da die Schule riesig scheint und die Begegnung einiges verspricht, läßt Bassaget die Schiffsmotoren stoppen, und sachte, geräuschlos, gleitet die *Calypso* mitten unter die Delphine, die den seidigen Meeresspiegel mit ihren Rückenfinnen spalten. Wie der erste in hohem Bogen aus dem blauen Wasser schnellt, daß der sanftgraue Leib einen Moment lang aufschimmert, werden die Schreie und Zwischenrufe auf der *Calypso* lebhafter – man hört den Männern die freudige Erregung förmlich an. Mittlerweile hat Kameramann Michel Deloire mit gewohnter Ruhe seinen Tauchanzug angelegt und seinen Assistenten Carco mobilisiert, und schon springen etliche Taucher in ihrer schwarzen Montur in das von Falco zu Wasser gelassene Schlauchboot. Alles klappt wie am Schnürchen – ohne Befehle und ohne Pfiffe, denn die Crew ist wie ein großer Organismus, dessen Glieder harmonisch und gewandt zusammenwirken. Ein einziger Ruf wie Dorados »Die Delphine!« genügt, um sämtliche Manöver in Gang zu bringen.

Und nun gleiten die Männer, schwarze Schattengestalten, mitten unter die Delphine, die wie Akrobaten im glänzend grauen Trikot ihre Luftsprünge vollführen. Ein sonderbares Schauspiel fürwahr: Soweit das Auge reicht, Wasser, und in dieser blauen Unendlichkeit die *Calypso*, gleichsam Mittelpunkt eines Zauberkreises, in dem sich Menschen und Delphine begegnen.

Wie oft schon habe ich mich gefragt, warum gerade diese Begegnungen immer einem Fest glichen, das alle an Bord wie im Wasser fröhlich stimmte, ja begeisterte. Schließlich haben wir im Laufe unserer fünfundzwanzigjährigen Tauchpraxis doch vielerlei Meerestiere kennengelernt und manche sogar gestreichelt – Zackenbarsche im Roten Meer, Kraken in Seattle, Buckelwale bei den Bermudas . . .

»Aber das ist doch etwas ganz anderes«, würden unsere Taucher sagen, »Zackenbarsche sind häßlich, Kraken komisch und Wale einfach zu groß. Delphine dagegen – eine wahre Pracht! Und dann diese Wendigkeit. Dabei sind sie kaum größer als wir.«

Aber ich glaube, es spielen noch andere, kaum definierbare Gefühle mit herein. Vermutlich sehen unsere Taucher, die einen so ausgefallenen Beruf ausüben und sich stolz als Kenner des Meeres bezeichnen dürfen, in den Delphinen so etwas wie Verwandte, wie ebenbürtige Wesen, die mit ihnen die Geheimnisse der Tiefe teilen. Sie sind für sie gewissermaßen Bürgen eines ungewöhnlichen Lebensstils und als solche unvergleichlich mehr als nur ein Symbol: der lebendige Beweis.

Im Schwimmgehege, wo wir sie immer nur sehr kurz gefangenhielten, ließen die Delphine die Taucher schon bald an sich heran.

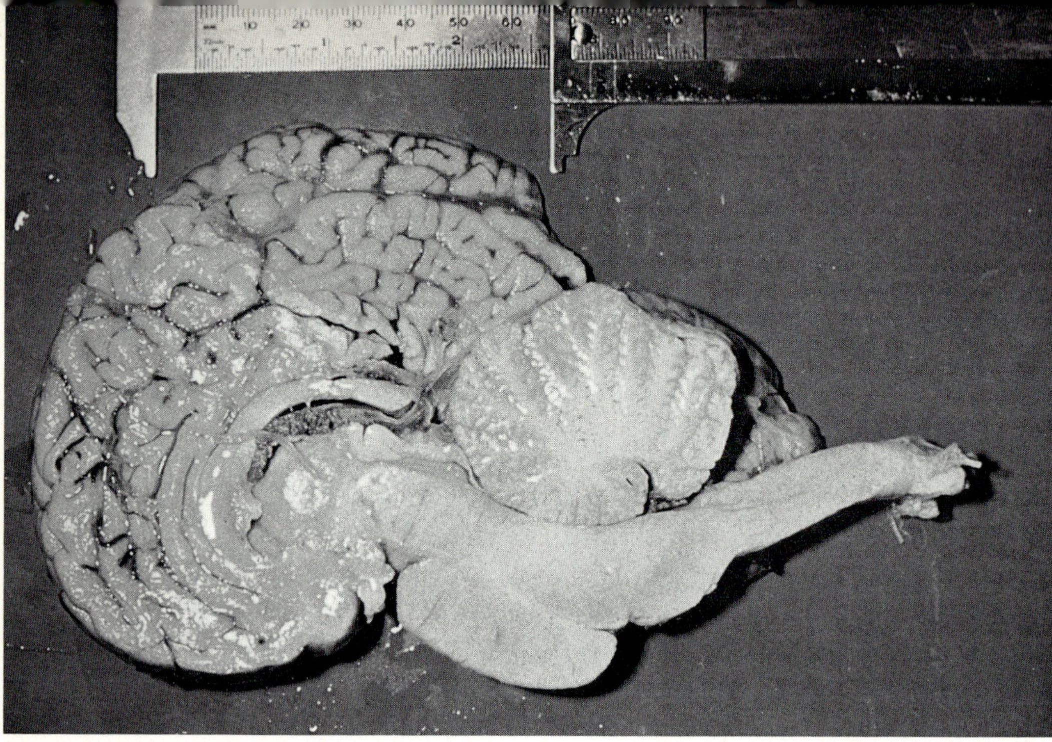

Delphingehirn. Foto: Naval Undersea Center.

Im übrigen dürfen wir uns wohl ohne falsche Eitelkeit als dasjenige Taucherteam bezeichnen, das über das Verhalten freilebender Delphine am besten Bescheid weiß, denn während andere sie in Ozeanarien und Laboratorien, also in Gefangenschaft, studiert haben, kennen wir sie seit einem Vierteljahrhundert von zahllosen Begegnungen im offenen Meer her. Aber wenn wir auch mehr Erfahrung mit Delphinen besitzen und sie eingehender beobachtet haben als irgend jemand sonst, sind wir uns doch gleichzeitig auch bewußt, daß fünfundzwanzig Jahre bei weitem nicht ausreichen, um alle Geheimnisse dieser Meeressäuger zu entschleiern. Sie werden die Forscher noch viele Jahrzehnte beschäftigen, wobei der unmittelbaren Beobachtung in der freien Natur unserer Meinung nach auch weiterhin unvergleichlich größere Bedeutung zukommen wird als allen Experimenten und Untersuchungen an gefangenen Exemplaren.

Und noch etwas ist uns im Verlauf unserer fünfundzwanzigjährigen Praxis klar geworden, nämlich, daß die widerstreitenden Meinungen über die Delphine – die eingefleischte Skepsis der nach Beweisen verlangenden Wissenschaftler auf der einen Seite und die schrankenlose Begeisterung des breiten Publikums, das diese Tiere in einer Mischung aus Märchen und Science fiction zu menschenähnlichen Wesen erhebt, auf der anderen – von falschen Fragestellungen herrühren.

Oder anders gesagt, wir hegen mittlerweile die Überzeugung, daß alle bisherigen Versuche, das Verhalten der Delphine zu verstehen und zu beurteilen, alle Bemühungen, ihre »Intelligenz« zu messen, am eigentlichen Problem schon deshalb vorbeizielen, weil man es unterläßt, den Begriff »Intelligenz« entsprechend aufzuhellen.

Insoweit die Intelligenz einer Art von ihrer physiologischen Ausstattung, genauer, von der Anatomie des Gehirns und dem Sinnesapparat, abhängt, nimmt der Delphin in der Hierarchie der Lebewesen die nächste Stufe nach uns Menschen ein, ja, rein gewichtsmäßig übertrifft sein Gehirn mit etwa 1700 Gramm das unsere sogar um rund ein halbes Pfund (ausgenommen das Gehirn Cuviers, das 1800 Gramm wog), wobei das Verhältnis zum Körpergewicht etwas niedriger ist als bei uns.

Und auch was das Gehirnwachstum angeht, überrundet uns der Delphin: Während der Gehirnumfang des Großen Tümmlers bei der Geburt in etwa dem eines Neugeborenen entspricht, wächst es in der Folgezeit wesentlich rascher als das menschliche.

Dafür zeigen Delphin- und Menschengehirn im Bau ungewöhnlich große Ähnlichkeiten: Beide weisen ein kräftig entwickeltes Kleinhirn und eine stark ausgebildete Großhirnrinde, zwei Gehirnhalbkugeln von erheblichem Umfang sowie eine große Zelldichte auf. Vergleicht man das in seiner Struktur außerordentlich differenzierte Gehirn des Delphins mit dem anderer Tiergattungen, gelangt man zu dem Schluß, daß er dem Schimpansen eigentlich nicht nachstehen dürfte.

Groß- und Kleinhirn, das heißt die Instanz für das Zusammenspiel der Bewegungen und für die intellektuellen Leistungen, sind beim Delphin etwas umfangreicher als beim Menschen; außerdem besitzt er eine größere Anzahl komplexer Nervenzellen und eine Großhirnrinde, die, relativ gesehen, dünner ist als in den entsprechenden Partien des menschlichen Gehirns (insofern interessant, als die menschliche Intelligenz vor allem von der Großhirnrinde abhängt). Die akustische Zone wiederum ist wesentlich größer, die Sehzone dagegen kleiner ausgebildet als bei uns, der Riechkolben überhaupt verkümmert.

Doch so unvollständig der Sinnesapparat der Delphine im Vergleich zum unsrigen in manchem auch ist, er liefert den Tieren doch, wie wir noch sehen werden, ausführliche, präzise und in mancher Hinsicht sogar wesentlich bessere Informationen.

Eins freilich müssen wir uns in diesem Zusammenhang klar vor Augen halten – nämlich, daß die »Intelligenzstufe« eines Lebewesens nicht automatisch und zwingend von seinen physiologischen Voraussetzungen abhängt, oder anders gesagt, daß Intelligenz in keiner direkten Beziehung zur Größe und Struktur des Gehirns steht.

Denn Intelligenz, wie wir sie definieren, ist nicht nur eine Komponente unserer physiologischen Möglichkeiten, sondern zu einem nicht geringen Teil auch das Ergebnis sozialer und kultureller Einflüsse, oder anders gesagt:

nächst entwickelten Möglichkeiten beim Überwechseln in ein anderes Milieu beeinträchtigt wurden, das heißt, daß dieses Säugetier seine guten Ausgangschancen durch das allzu einfache und konkurrenzlose Leben im Wasser vertat.

Da die einzelnen Sinne bei den Delphinen anders ausgebildet sind als bei uns, spielt sich auch ihr Leben in anderen Relationen ab, denn wie manche Sinne eindeutig ausgeprägter entwickelt sind als beim Menschen, so ist uns der Delphin in anderem eindeutig unterlegen.

So besitzen die Zahnwale im Gegensatz zu uns, den meisten anderen Säugetieren und vor allem auch den Fischen anscheinend so gut wie keinen Geruchssinn, sehen dafür aber besser als wir und die Fische, obwohl ihr Auge keine nennenswerten Unterschiede zu dem der anderen Säuger aufweist, nur daß sie, da sich das Gesichtsfeld beider Augen frontal wie auch nach unten weitgehend überschneidet und die außerordentlich beweglichen Augen ebensogut nach oben, vorn und unten, ja sogar längs der Flanken nach hinten gedreht werden können, ihre Umwelt dreidimensional wahrnehmen.

Noch erstaunlicher aber ist, daß die Tiere an der Luft ebensogut sehen wie im Wasser. So holen sich dressierte Delphine mit einem Fünf-, Sechsmetersprung ohne weiteres einen Fisch aus dem Mund ihres Dresseurs, eine Leistung, die nur gelingen kann, wenn sich das Auge blitzschnell von den Sichtverhältnissen unter Wasser auf die an Land umzustellen vermag. Und auch all die anderen Dressurkunststücke im und über dem Wasser, wie Bälle und Ringe auffangen oder Fische schnappen, zeugen von einer ungewöhnlichen Sehschärfe. Wir Menschen können schon deshalb nicht mithalten, weil unser Auge auf Sehen im Wasser nicht eingestellt ist.

Grind- und Schwertwale verfügen übrigens über ein ebenso hervorragendes Sehvermögen und können daher dieselben Leistungen vollbringen.

Daneben gibt es allerdings auch blinde Delphine, nämlich die Süßwasser- oder Flußdelphine, deren Augen infolge des Aufenthaltes in ausgesprochen trüben Gewässern verkümmert sind, für die Tiere kein weiteres Handikap, da sie ihre Beute mittels Ultraschallortung mühelos aufspüren und fassen.

Auch das Gehör ist bei den Delphinen, wie bereits angedeutet, außerordentlich fein entwickelt. Sie erkunden ihre Umwelt fortlaufend akustisch, horchen auf alle Geräusche im Wasser und verdanken diesem wohl ausgeprägtesten Sinn ihr Daseinsgleichgewicht. Der Gehörnerv, der achte und stärkste Gehirnnerv, ist entsprechend ausgebildet, das Hörzentrum der Großhirnrinde ungewöhnlich ausgedehnt, das Ohr ganz auf die Wahrnehmung im Wasser umgestellt.

Die großen Sinneszellen, mit deren Hilfe der Delphin noch höchste Töne wahrnimmt, werden (im Gegensatz zum Menschen, bei dem mehrere Zellen

mit einem Nerv gekoppelt sind) jeweils von einem eigenen Nerv versorgt. Eine ähnliche Ausbildung der Gehörnerven zeigen übrigens auch andere stark vom Gehör abhängige Tiere wie Katzen, Mäuse und Fledermäuse.
Laut Dr. Winthrop Kellogg, der an der Universität Florida experimentelle Psychologie lehrt, hat »das akustische System des Delphins im Laufe der Erdgeschichte eine bemerkenswerte Anpassung erfahren und sich zu einem hochempfindlichen Organ entwickelt, das insbesondere alle Voraussetzungen für die Wahrnehmung von Schwingungen im Wasser besitzt«.
Während die Hörschwelle beim Menschen bei 14 bis 16 Kilohertz liegt, was einem schrillen Pfiff entspricht (Affen: 33, Katzen: 50, Mäuse: 90 Kilohertz), haben Experimente ergeben, daß Delphine Frequenzen bis zu 150 Kilohertz (150 000 Schwingungen/sec) wahrnehmen, eine Leistung, die nur noch von den Fledermäusen mit 175 Kilohertz überboten wird.
Zweifellos spielt das Gehör bei Nahrungssuche, Richtungsorientierung, Tiefenlotung und Kommunikation mit den Artgenossen eine noch wichtigere Rolle als das Auge: Selbst mit Augenklappen vermag ein Delphin allein mit Hilfe seiner Ultraschallortung eine drei, vier Meter über dem Wasserspiegel gespannte Schnur zu überspringen.
Im Gegensatz zum Geruchssinn ist der Geschmackssinn der Delphine nicht verkümmert. Ähnlich wie Mensch und Pflanzenfresser besitzen die Tiere an der Zungenwurzel zahlreiche Papillen mit Geschmacksknospen. Welche Rolle dem Geschmack im Rahmen der Sinnesempfindungen zukommt, ist noch nicht näher erforscht, doch könnte es sein, daß die Delphine mit Hilfe der Schmeckzellen, die einen Teil von Zunge und Gaumen bedecken, Artgenossen erkennen und Fische aufspüren. Wie Falco in unserem Schwimmgehege feststellte, öffnen die Tiere häufig das Maul – vielleicht, um gewisse Geschmackseindrücke aufzunehmen.

In diesem Zusammenhang hier auch noch ein Wort über die Haut der Delphine, deren seidige Glätte und weiche Geschmeidigkeit jedem, der sie einmal berührt hat, unvergeßlich bleibt und die das Verhalten der Tiere wesentlich mitbestimmt; sei es, daß sie Angst haben, sie zu verletzen, sei es, daß sie sich, zutraulich geworden, mit sichtlicher Wonne streicheln lassen. (Tierpfleger und Dresseure wissen, wie entscheidend die Berührung mit der Hand, wenn sie einmal geduldet wird, zur Zähmung beiträgt.)
Der unmittelbare körperliche Kontakt kennzeichnet Liebesspiel wie Gruppenverhalten der Delphine: Wieder und wieder streifen die Tiere aneinander

Seite 170 und 171: Das Schlauchboot kann sich dicht neben dem pfeilschnell dahinschießenden Delphin halten.

entlang und berühren sich zärtlich mit den Flossen, wie sie sich auch an einer im Bassin angebrachten Bürste oder einem Schildkrötenpanzer mit Hingabe wetzen, wobei manche Körperpartien wie etwa die reich innervierte »Melone« besonders empfindsam zu sein scheinen.

Zweifellos trägt die Haut auch entscheidend zur Wendigkeit und Schnelligkeit der Delphine bei.

Selbst bei hoher Geschwindigkeit erzeugt der absolut glatte Körper der Tiere mit seinem vollendet hydrodynamischen Profil (er weist weder äußere Ohren noch Scrotum auf) keine Gegenströmungen und Wirbel (wodurch die Schiffe in ihrer Fahrt so spürbar gebremst werden), wodurch der Wasserwiderstand auf ein Minimum reduziert wird. Forscher in den Vereinigten Staaten und der UdSSR, bestrebt, diesen geheimnisvollen Vorgängen auf die Spur zu kommen, haben festgestellt, daß Oberhaut und Fettgewebe, aber mehr noch Längsrillen, durch die das Wasser in dünnen Strahlen abgeleitet und die Wirbelbildung vermieden wird, dabei eine ganz besonders wichtige Rolle spielen.

»Diese wundervollen Schwimmaschinen«, so Professor Dudker, »die sich wie mit Zauberkraft fortbewegen, können im Verhältnis zu ihrem Muskelgewicht zehnmal mehr Kraft und Stärke vorlegen als alle anderen Säugetiere.«

Tatsächlich haben Experimente mit einem Großen Tümmler ergeben, daß sich die beim Schwimmen aufgewandte Kraft lediglich in der Größenordnung von zwei PS bewegte.

Bereits 1936 hatte ein Cambridger Professor, Sir James Gray, auf das für Delphine spezifische ungleiche Verhältnis von Kraftaufwand und Geschwindigkeit hingewiesen, eine Erscheinung, die seither als »Graysches Paradox« bezeichnet wird. »Die Natur«, schreibt Gray, »hat dem Delphin eine unvergleichlich zweckmäßigere Form verliehen als der Mensch irgendeinem seiner U-Boote oder Torpedos.«

Die Forscher suchen das Geheimnis der Leistungsfähigkeit der Delphine in einer Besonderheit des Körperbaus, und 1955 glaubte der in die USA emigrierte deutsche Ingenieur Max O. Kramer des Rätsels Lösung gefunden zu haben: Er entdeckte nämlich unter der keineswegs dichten, sondern wasserdurchlässigen Oberhaut ein relativ festes, nicht ganz zwei Millimeter starkes Fettgewebe, dessen Oberfläche von einer Vielzahl kleiner vertikaler, mit einer schwammigen Masse gefüllter und daher wasseraufnahmefähiger Kanäle durchsetzt ist.

Diese Schicht nun, die durch Wasserabgabe auf ein Fünftel ihres ursprünglichen Gewichtes reduziert werden kann, soll angeblich auf Druck reagieren und so ständig die Schwankungen ausgleichen, die die durch den Wasserwiderstand hervorgerufenen Wellen oder Wirbel erzeugen.

Beobachtungen, die allerdings fast ausschließlich im Laboratorium angestellt wurden, haben ergeben, daß der Atemrhythmus der Delphine und der anderen Zahnwale je nach Umständen ziemlich große Abweichungen zeigt: Fühlt sich das Tier ungestört, beziehungsweise schwimmt es normal, das heißt knapp unter dem Wasserspiegel, so atmet es ein- bis zweimal pro Minute, wird es dagegen aufgeschreckt, beunruhigt oder erregt, beschleunigt sich der Atemrhythmus auf fünf bis sechs Züge pro Minute.

Ehe sie in die Tiefe abtauchen, wo sie sich an die sieben Minuten oder länger aufhalten können, reichern sie ihr Blut durch eine Reihe schneller Atemzüge (durch »Überatmen« oder »Hyperventilation«, wie die Fachleute es nennen) mit Sauerstoff an und bauen mehr Kohlendioxid ab als gewöhnlich.

Aber auch unter normalen Bedingungen erneuern sie im Gegensatz zum Menschen bei jedem Atemzug fast den gesamten Lungeninhalt.

Die Tauchtiefe weist sowohl bei den verschiedenen Delphingattungen als auch bei den Einzeltieren je nach Übung und Training ziemlich große Schwankungen auf. So brachte es der berühmte Große Tümmler Tuffy, der bei den amerikanischen Sealab-Versuchen als Bote eingesetzt wurde, auf volle dreihundert Meter, während seine Artgenossen in der Regel nur dreißig Meter tief tauchen.

Die Gelehrigkeit der Delphine nutzend, hat man allerlei Experimente durchgeführt, die genaueren Einblick in die Physiologie des Tauchens gestatteten. So wurde beispielsweise ein Delphin darauf dressiert, jeweils vor der Rückkehr an die Oberfläche die noch in seiner Lunge befindliche Luft durch einen Trichter in einen Senkkasten zu blasen, wodurch man die durch das Tiefentauchen veränderte Zusammensetzung der Atemluft analysieren konnte.

Der Schlaf der Delphine beschränkt sich auf einen Halbschlaf, bei dem sich die Tiere offenbar sanft absacken lassen und dann wieder aufsteigen, ohne je gänzlich das Bewußtsein zu verlieren, denn da die Atmung nicht unbewußt und automatisch wie bei uns erfolgt, müssen sie, um nicht zu ersticken, alle fünf bis sechs Minuten zum Luftholen an die Oberfläche zurückkehren. Da sie aber im Gegensatz zu uns nicht der Schwerkraft unterliegen, brauchen sie vermutlich auch weniger Schlaf als wir.

Verliert ein Tier infolge einer Krankheit oder Verletzung das Bewußtsein oder die Kraft, zum Atmen aufzusteigen, wäre es ohne den Beistand seiner Artgenossen verloren, die sich seiner jedoch einzeln oder zu zweit annehmen und es stunden-, unter Umständen auch tagelang an der Oberfläche halten und so vor dem Erstickungstod bewahren.

Will eine ganze Delphinschule im offenen Meer ein Nickerchen halten, pflegen, wie bei manchen Landsäugern, ein oder zwei Tiere Wache zu schieben.

Barkasse und Schlauchboot der *Calypso* nähern sich einer Delphinschule.

So habe ich selbst vor der afrikanischen Küste miterlebt, wie ein weithin verstreut dösender Schwarm von einer solchen Wache gewarnt wurde: Das Tier stieß beim Auftauchen der *Calypso* einen Schrei aus, und im Nu geriet die ganze Schule in Bewegung, daß das Meer ringsum nur so aufbrodelte.

Da die Delphine ganz offensichtlich Gemeinsinn entfalten und ein in so vieler Hinsicht bemerkenswertes Verhalten an den Tag legen, ist man zu der Ansicht gelangt, sie leisteten einander wohl aus einem angeborenen Bedürfnis heraus Beistand, ja, diese Hilfestellung zähle möglicherweise sogar zu den Gesetzen des Clans.
Die Solidarität der Meeressäuger haben wir übrigens selbst oft genug erfahren. So haben wir auf offener See von der *Calypso* aus mehrmals beobachtet, wie zwei oder drei Delphine einer Schule zu einem verletzten Artgenossen schwammen, um ihn zu stützen und ihm beizustehen. Die Gruppe hielt sich unterdessen gleichsam in Erwartung der Dinge, die da kommen sollten, in

Zwei freilebende Delphine beim Tauchen.

mäßigem Abstand. Vermochte das verletzte Tier trotz Hilfestellung durch seine »Verwandten« oder »Freunde« innerhalb eines gewissen Zeitraums nicht weiterzuschwimmen, zog die gesamte Schule ab, und auch den Helfern blieb nichts anderes übrig, als sich anzuschließen – für den Verwundeten das sichere Todesurteil, denn ein vereinzelter, von seinen Artgenossen im Stich gelassener Delphin hat im Meer keinerlei Überlebenschance.

Daß die Verpflichtung zur gegenseitigen Hilfeleistung indessen kein absolut gültiges Gesetz darstellt, sondern durchaus auch Ausnahmen zuläßt, zeigen folgende Beispiele:

1962 versuchten wir im Verlauf einer unserer Expeditionen Grindwale zu fangen, an die man wegen ihres stets wachen Mißtrauens nur schwer herankommt. Wir verfolgten sie mit der *Calypso*, trafen auch einen mit einer leichten Harpune, doch infolge des allzu eiligen Starts verfing sich das Schlauchboot in dem an der Harpune befestigten Nylonseil. Als der Grindwal daraufhin aus Leibeskräften zu schreien begann, tauchten blitzartig zwei seiner Artgenossen auf, suchten ihn beidseits zu stützen und mit sich fortzuziehen, bis es ihm schließlich mit ihrer Hilfe gelang, sich loszureißen und zu fliehen.

Ein völlig anderes Erlebnis dagegen hatte unser Freund Albin Dziedzic, als er, 1965 mit einem anderen Schiff auf Grindwaljagd, vor Alicante eine Schule von mehreren tausend Tieren sichtete und ein junges Männchen harpunierte, das zwar sofort tauchte, aber, da das Seil solide befestigt war, nicht entkommen konnte und in seiner Not noch lautere Hilferufe ausstieß als das seinerzeit von uns harpunierte Exemplar. Doch obwohl es ringsum von Grindwalen wimmelte, machte diesmal keiner Anstalten, dem Bedrängten zu Hilfe zu kommen. Zwar tauchten nach mehreren wie eine Ewigkeit erscheinenden Minuten zwei oder drei ab, zogen aber, nachdem sie wieder aufgetaucht waren, seelenruhig und ohne sich auch nur im mindesten um den Gefangenen zu scheren weiter.

Offensichtlich lassen sich also keine Verallgemeinerungen aufstellen. Möglicherweise wird das Verhalten der Gruppe von der sozialen Hierarchie bestimmt, das heißt, womöglich stehen die Tiere eher einem in Gefahr geratenen Leittier oder auch einem Weibchen als einem jungen, noch nicht geschlechtsreifen Artgenossen bei. Aber das ist nur eine Hypothese, denn wir wissen so gut wie nichts über die Sozialstrukturen und ihre Auswirkungen auf das Leben der Einzeltiere, lediglich daß solche Strukturen existieren und vermutlich eine große Rolle spielen. (Manche geselligen Tiere wie zum Beispiel die Ratten kennen keine Gruppenhierarchie.)

Besonders eine Eigenschaft erstaunt an den Delphinen immer wieder – ihre Verspieltheit. Natürlich sind nicht nur Delphine, sondern auch andere Tiere aufs Spiel versessen – man denke nur an die Katzen. Aber die Spiele der Delphine sind so klug und so erfindungsreich, daß sie uns oft an unsere eigenen erinnern, vor allem wohl auch deshalb, weil sie nicht selten einen humorvollen Zug aufweisen.

So vergnügte sich im Meereszoo von Florida ein Delphin damit, Pelikane hinterrücks zu überrumpeln und ihnen Federn aus dem Schwanz zu rupfen, ohne sie je zu beißen oder zu verängstigen, und ein Delphinweibchen erkor sich eine Seeschildkröte zum Opfer und schubste sie mit dem Schnabel rings um das ganze Bassin.

Dressierte Delphine scheinen durchweg Spaß an ihren Nummern zu haben, spielen aber auch für sich allein und werfen sich oft stundenlang einen Fisch, ein Stoffetzchen oder einen Ring zu.

Ein Delphin zum Beispiel erfand eines Tages ein Fangspiel mit einer Feder: Nachdem er entdeckt hatte, daß sie, wenn er sie zum Beckenzufluß trug und dort freigab, vom einströmenden Wasser mitgerissen, erst rasch dahintanzte

und dann zur Ruhe kam, wiederholte er das Spiel immer wieder, indem er die Feder vorsichtig auf den Schnabel nahm und zur Ausgangsstellung zurückbugsierte – eine Unterhaltung, an der sich später auch noch ein zweiter Delphin beteiligte.
Daß solche Verhaltensweisen weder auf Langeweile infolge der Gefangenschaft noch auf irgendeine Dressur zurückgehen, beweist der nicht minder rege Spieltrieb freier Delphine, die mit Vergnügen schwimmende Gegenstände, Holzstückchen oder wie Opo leere Flaschen vor sich herstoßen.
Auch Wellenreiten gehört zu den gängigen Spielen, wobei sich die Tiere wie Sportler hochtragen lassen und sich gelegentlich auch, wie ein Beispiel aus Florida beweist, unter die Badenden mischen. (Caldwell, *The World of the Bottlenosed Dolphin.*)
Dieses spontane, aus Freude am Spiel erwachsende Verhalten, das von einer hochentwickelten Erfindungsgabe zeugt, kann als Hinweis auf eine bemerkenswerte »Intelligenz« gelten, womit wir wieder bei unserer »falschen Problemstellung« angelangt wären.

Alles, was bisher über das Thema Delphine gesagt und geschrieben wurde, erweckt den Eindruck, als handle es sich um ganz besondere, dem Tierreich nicht mehr verhaftete, aber auch noch nicht auf der Entwicklungsstufe des Menschen angelangte, uns trotzdem bereits recht ähnliche Wesen.
Aus dieser Sonderstellung sollen sich einschneidende Konsequenzen für unser Verhalten ergeben. Angeblich haben wir so intelligenten und uns so nahestehenden Lebewesen gegenüber eine besondere Verpflichtung und schulden ihnen als gleichgestellten Brüdern Achtung. Kurzum, zum physiologischen und psychologischen Problem käme somit noch ein gewichtiger moralischer Anspruch.
Diese Argumentation ist jedoch insofern Spiegelfechterei, als der Mensch von heute nicht nur den Delphinen, sondern allen Tieren gegenüber eine Verantwortung hat beziehungsweise bereit ist, im Hinblick auf das Tier moralische Normen aufzustellen und einzuhalten, gleichviel, ob es sich nun um Pferde, Hunde, Katzen oder Delphine handelt.
Doch mögen auch Physiologen, Akustiker, Biologen und Walspezialisten (mit Ausnahme von Lilly) keine grundsätzlichen Wesensunterschiede zwischen Delphinen und anderen Säugetieren wie Affen oder Hunden gelten lassen, der Leser wird sich gegen dieses strikte Urteil allein schon deshalb sträuben, weil wir automatisch dazu neigen, einem Tier, das ein schwereres Gehirn besitzt als wir, besondere Überlegenheit zuzuschreiben. Und außerdem scheinen uns die sozialen Gepflogenheiten der Delphine, die denen der Affen ebenso ähnlich sind wie den unseren, von einer Verwandtschaft zu zeugen, die uns eine Zuneigung und Neugier einflößt, wie wir sie für kein

wir noch sehen werden, möglicherweise die minoische Kultur, 2500–1300 v. Chr.)
Erst heute beginnen wir uns ja dank unserer neuerwachten Neugier für das Leben in den Meeren für ihn zu interessieren und werden gewahr, daß er sich offenbar schon weitaus länger für uns interessiert – nicht von ungefähr mischt er sich ja unter die Badenden, läßt Kinder auf seinem Rücken reiten, rettet Ertrinkende . . .
Und wie vor zehn- oder zwölftausend Jahren, in der Steinzeit, die Hunde um die ersten Wohnstätten strichen, die Nähe des Menschen suchend, ihm wachsam das Herannahen wilder Tiere meldend und eifrig bestrebt, ihm bei der Jagd zu helfen, so verteidigt auch der Delphin Schwimmende gegen Haie und hilft Fischern beim Meeräschenfang. Warum also sollte er nicht in acht- oder zehntausend Jahren große Fortschritte machen?

9 Schulung der Delphine

Fang
Gefangenschaft
Zuneigung
Guter Wille
Sind sie unglücklich?
Verbildung
Gesundheit
Dressur durch die Navy
Beeindruckbare Wesen
Delphine im Dienst der Forschung
Tauchen in dreihundert Meter Tiefe
Tuffy – ein Delphin als Bote
Zuverlässigkeit
Haiabwehr

Die ungewöhnliche Gelehrigkeit der Delphine und ihre Friedfertigkeit (bis jetzt ist kein Fall bekannt geworden, in dem ein Delphin einen Menschen gebissen hätte) haben immer wieder Anstoß zu dem Versuch gegeben, Tümmler und andere, vielleicht sogar geeignetere Gattungen wie Grindwal *(Globicephala)*, Schwertwal *(Orcinus)* und Entenwal *(Hyperoodon)*, zu domestizieren und wie Pferd und Hund an Land an unseren Abenteuern im Meer zu beteiligen.
Aus diesem Grunde hat man Zahnwale schon seit nahezu zwanzig Jahren in mehreren Forschungsinstituten und mehr als fünfundzwanzig Meereszoos allen möglichen Experimenten unterzogen und bereits 1964 die ersten Delphine zu verschiedenen Missionen im offenen Meer eingesetzt, bis heute aber noch nicht bündig klären können, welche Gattung sich nun am besten zur Zusammenarbeit mit dem Menschen eignet, noch was man von den Tieren letztlich genau erwarten kann.
Im großen und ganzen beschränken sich die Versuche vorläufig noch weitgehend auf Große Tümmler *(Tursiops truncatus)*, die an den Küsten Floridas und im Mündungsgebiet des Mississippi gefangen und für Schaustellungen in Ozeanarien und Seeaquarien dressiert werden. Sie stehen nach wie vor im

Ruf ganz besonderer Gelehrigkeit, obgleich sich auch andere Arten wie der Trugdelphin *(Stenella)* oder der namentlich in den Ozeanarien der amerikanischen Westküste gehaltene Schwertwal als nicht minder gelehrig erweisen. So berichtet etwa Caldwell von einem »Falschen Killer« (Kleiner Mörderwal, *Pseudorca*), der ohne Dressur aus eigenem Antrieb die Nummern nachmachte, die er in der Delphinshow gesehen hatte.
Kurzum, die Frage, welcher Meeressäuger sich wohl am besten als Gehilfe des Menschen eignen würde, wird sich erst beantworten lassen, wenn wir die verschiedenen Arten (allein schon innerhalb der Delphinfamilie zweihundert) gründlich kennengelernt und erprobt haben. Und was die Domestikation dieser Tiere betrifft, so sollten wir uns erst recht hüten, uns verfrühten Hoffnungen hinzugeben: Bekanntlich hat es eines rund zehntausendjährigen Selektionsprozesses und zahlloser Kreuzungen durch die Züchter in vorgeschichtlicher und geschichtlicher Zeit bedurft, um unsere Haustiere zu dem zu machen, was sie heute sind. Und die Zähmung der Meerestiere steckt noch in den allerersten Anfängen . . .
In Amerika, einem in der Delphinforschung besonders aktiven Land, bildete der Fang, die Dressur und der Verkauf von Delphinen an die Meereszoos bis vor kurzem ein einträgliches Geschäft. Ein Dresseur aus Key Largo (Florida) soll im Verlaufe von acht Monaten fünfzig dressierte Delphine verkauft haben, der Preis für ein völlig ungeschultes Tier soll vor drei Jahren vierhundert Dollar betragen, bei abgerichteten Tieren sich nach den erlernten Nummern gerichtet haben. Und von dem mittlerweile verstorbenen A. V. Santini wird berichtet, er habe die Tiere mit dem Motorboot verfolgt, ihnen ein Netz übergeworfen und sei dann selber ins Wasser gesprungen, um sie zu bändigen und durch Handauflegen zu beruhigen – ein insofern nicht gänzlich unglaubwürdiger Bericht, als verschiedene Meeressäuger, sobald sie merken, daß keine Fluchtchancen mehr bestehen, den Widerstand aufgeben.
Im Normalfall jedoch geht es bei der Delphinjagd ausgesprochen mörderisch zu. Immer wieder werden Tiere verletzt, und von den vier oder fünf eingefangenen Exemplaren sind kaum ein bis zwei brauchbar, das heißt freßwillig und noch jung genug zum Dressieren. Alle anderen werden in mehr oder weniger guter Verfassung ins Meer zurückgeworfen. Und auch bei den zur Dressur vorgesehenen Tieren steht der Erfolg zunächst dahin, kann man doch nie im voraus sagen, ob sich ein Delphin an die Gefangenschaft gewöhnen wird. So berichtet Professor Busnel von einer Ostsee-Expedition, bei der ihm eben gefangene Delphine schon nach zehn Minuten aus der Hand fraßen, während andere jede Nahrung verweigerten.

Die »Delphinshow« im Meereszoo von Palos Verdes.

In Anbetracht dieser Umstände scheint es doch recht begrüßenswert, daß dem kommerzialisierten Delphinfang in den Vereinigten Staaten mittlerweile durch ein sehr streng gehandhabtes Gesetz ein Riegel vorgeschoben worden ist und auch in Frankreich am 4. November 1970 »in Anbetracht der Rolle der Delphine für das ökologische Gleichgewicht der Meere und ihrer Bedeutung für die wissenschaftliche und technische Forschung« verboten wurde, »Meeressäuger der Familie *Delphinidae* (Delphine und Tümmler) zu töten oder auf irgendeine Weise zu verfolgen oder zu fangen, ausgenommen für rein wissenschaftliche Zwecke«.

Das scheinbar so unberechenbare Verhalten der Delphine in Gefangenschaft ist vermutlich in Wirklichkeit gar nicht so unberechenbar, sondern geht wohl eher auf eine Reihe von Umständen zurück, die sich unserem Verständnis bis jetzt entziehen. So läßt sich beim Fang weder das Alter eines Tieres bestimmen noch sagen, welchen Rang es in der sozialen Hierarchie einnimmt, ob es sich beispielsweise um ein untergeordnetes junges Männchen oder um ein Leittier handelt. Wie stark aber solche Faktoren hereinwirken, wissen wir von den Primaten, von denen sich die einen gleichfalls in die Gefangenschaft fügen, während sich die anderen nicht damit abfinden können.
Ein besonderes Problem, mit dem alle amerikanischen Meereszoos zu kämpfen haben und das seinerzeit auch Falco Kopfzerbrechen bereitete, bildet die Fütterung der frisch gefangenen Delphine. Sie wollen und wollen nicht fressen. Bei einem besonders störrischen Neuling wußte sich ein Pfleger am Marineland von Florida eines Tages keinen anderen Rat mehr, als das Tier mit Fischen zu bombardieren, ja, regelrecht auf es einzudreschen. Mißvergnügt riß der Delphin das Maul auf, verschluckte aus Versehen einen Fisch und fraß von Stund an freiwillig.
Da man mittlerweile nicht nur fertiges Hunde- und Katzenfutter, sondern auch ein Spezialfutter für Meeressäuger auf der Basis von Protein- und Laktosepräparaten kaufen kann, gewöhnen sich die Delphine in der Gefangenschaft allmählich ab, Jagd auf lebende Fische zu machen, ja, entwickeln sogar eine ausgesprochene Abneigung dagegen: So berichtet Caldwell von einem Delphin, der, nachdem er eine lebende Meeräsche geschnappt hatte und den Fisch im Schlund zappeln fühlte, in solche Panik geriet, daß er die Beute fahren ließ, ans andere Ende des Bassins flüchtete und vierundzwanzig Stunden lang jegliche Nahrung verweigerte.
Und von Professor Busnel aufgezogene Schweinswale *(Phocaena)* gewöhnten sich so an die Fütterung durch den Menschen, daß sie von den in ihrem Becken herumschwimmenden Fischen keine Notiz mehr nahmen.
Ein Tier aber, das die Jagd aufgibt und sein Futter vom Menschen erwartet, ist von der Domestikation nicht mehr weit entfernt.

Im großen und ganzen gewöhnen sich Delphine im Verlauf von ein, zwei Wochen, also ziemlich rasch, an die Gefangenschaft, versuchen nur in Ausnahmefällen auszubrechen und zeigen sich schon nach wenigen Tagen so zutraulich, daß sie sich streicheln lassen, ja, den Kontakt zum Menschen offenbar sogar von sich aus suchen.

Welcher Art die Bindung zwischen Delphin und Dresseur genau sein mag, ist schwer zu sagen, weiß man doch nicht einmal, wieweit sich das Tier an seinen Herrn anschließt beziehungsweise ob es überhaupt einen Herrn kennt wie etwa der Hund.

Die Dresseure versichern zwar durch die Bank, sie kennten ihre Delphine und umgekehrt, und man kann in der Tat bezweifeln, ob eine Dressur ohne eine gewisse Gefühlsbindung (zumindest von seiten des Menschen) überhaupt möglich wäre. Aber wie alle Lehrer haben auch sie ihre Lieblingsschüler, wissen aus Erfahrung, welches Tier am begabtesten ist, am schnellsten auffaßt und am ehesten jene Intuition und Phantasie entfaltet, über die diese Meeressäuger manchmal in verblüffendem Ausmaß verfügen.

Professor Busnel hingegen hält die Ansicht, Delphine hingen an ihrem Dresseur, für ein Märchen und für Einbildung und beruft sich dabei auf eine Reihe von Experimenten, bei denen er unter anderem nachweisen konnte, daß ein dressierter Delphin auch seinem Dresseur in Frauenkleidern oder einer Frau oder einer Pappfigur gehorchte, vorausgesetzt, er erhielt das gewohnte Signal.

Ein dressierter Weißwal (eine Beluga) gab seinem Trainer selbst dann den gewohnten Kuß, wenn dieser eine Gasmaske trug, woraus Professor Busnel schloß, daß sich das Tier einer Ersatzperson gegenüber ziemlich ähnlich verhalten dürfte wie gegenüber seinem Dresseur.

Ähnliches stellt man übrigens auch bei anderen dressierten Tieren fest: So üben beispielsweise manche Dresseure eine Löwennummer ein, die jeder gute Durchschnittsdompteur vorführen kann. Das heißt natürlich nicht, daß der einzelne Löwe nicht eine besondere Vorliebe für oder Abneigung gegen den ersten Dresseur oder Dompteur entwickeln könnte, doch wird er, richtig konditioniert, seine Nummer auf das gewohnte Signal hin prompt ausführen.

Mich selbst können Busnels Experimente freilich nicht unbedingt davon überzeugen, daß Delphine unfähig sind, ihren Pfleger zu erkennen und eine besondere Anhänglichkeit ihm gegenüber zu entwickeln.

Und auch Caldwell bestätigt, daß manche Delphine mit ihrem ersten Trainer besonders gut arbeiteten und gelegentlich sogar einen Nachfolger ablehnten, was nahelegt, daß sie ihren Bändiger nicht nur kannten, sondern ihm auch ausgesprochen zugetan waren.

führen, sei es, weil er Angst hat oder sich nicht wohlfühlt, helfen alle Bemühungen nichts.

Natürlich hat jeder Meereszoo seinen Star, der eine besonders glanzvolle Nummer beherrscht – einen gewagten Dreisprung, einen Salto über einen Stab in sieben Meter Höhe (so der 250 Kilo schwere Delphin Pedro), eine Ballnummer oder auch Kunststücke zu zweit, etwa ein Hürdenspringen über eine Reihe von Stäben, bei dem die Tiere ihre Bewegungen wie zwei Akrobaten aufeinander abstimmen, was eine vollendete Körperbeherrschung im Wasser wie an der Luft voraussetzt.

Das Erstaunlichste aber ist wohl, daß Delphine auf ein Signal ihres Dresseurs hin das Wasser verlassen und sich auf den Beckenrand legen – für sie ein geradezu widernatürliches Verhalten, das sie nur dem Menschen zuliebe auf sich nehmen.

Fragt sich nur, ob diese gefangenen oder öffentlich zur Schau gestellten Tiere nicht trotzdem unglücklich sind.

Nicht unbedingt, denn Nummern einzuüben und vorzuführen erfordert Aktivität, ist insofern also dem Müßiggang, zu dem so viele Zootiere verdammt sind, klar vorzuziehen.

Man kann immer wieder beobachten, daß die Tiere, die die uneingeschränkte Bewegungsfreiheit im offenen Meer gewohnt sind, die Beengungen eines Schwimmgeheges erst nach und nach erkennen und akzeptieren. Ständige Bewegung ist für sie ein angeborenes Bedürfnis.

Außerdem scheint ihnen der Beifall des Publikums, die Atmosphäre der Bewunderung, in der sie ständig leben, zu behagen. So schießen die Delphine des Seeaquariums in Miami ein paar Minuten vor Beginn ihrer Show nervös wie Schauspieler vor dem Auftritt am Grund ihres Bassins herum, und manchmal wiederholen die Tiere auch ohne Befehl aus reinem Spieltrieb für sich allein ihre Nummer.

Nun dürfen wir uns durch diese spontanen Aktivitäten natürlich nicht darüber hinwegtäuschen lassen, daß die Gefangenschaft für ein Tier immer eine schreckliche Belastung darstellt, andererseits aber zeigten die in Meereszoos und Forschungsinstituten trainierten Delphine, Grind- und Schwertwale (wie übrigens auch die meisten Landtiere, wenn sie sich einmal an die Gefangenschaft gewöhnt haben), keinerlei Fluchtabsichten.

In diesem Zusammenhang möchte ich eine kleine Geschichte zum besten geben, auch wenn ich sie persönlich eher rührend als überzeugend finde: Als die von Santini geleitete »Porpoise School« in Florida durch den Wirbelsturm »Betty« fast völlig zerstört wurde und das Meer Bassins, Deiche und Netze wegriß, suchten auch die zwölf Delphine, über die das Etablissement zu dieser Zeit verfügte, das Weite. Doch sie kamen allesamt wieder, manche schon nach einem Tag, andere erst nach einer Woche oder einem Monat, verfolgten die Wiederaufbauarbeiten und bedrängten und besprengten die Männer, die die neuen Bassins anlegten, als könnten sie es gar nicht erwarten, ihr altes Reich wieder in Besitz zu nehmen.

Da sich die Delphine in der Gefangenschaft so zutraulich zeigen, gelten sie allgemein als besonders leicht beobachtbare und insofern geradezu ideale Versuchstiere für die Verhaltensforschung, und tatsächlich hat man mit ihnen schon alle möglichen Experimente angestellt. Außerdem nehmen sie durch ihr Zusammenleben im Bassin und den Kontakt mit den Zuschauern diese und jene Gewohnheiten an, erfinden bestimmte Verhaltensweisen oder ahmen sie ihrem Dresseur zuliebe nach. So entwickelt jeder Meereszoo seine eigene, mehr oder weniger unverkennbare, von den jeweiligen Besonderheiten, dem Programm, den Lebensgewohnheiten abhängige »Kultur«, denn eine Gruppe gefangener Delphine gleicht in gewisser Hinsicht der menschlichen Gesellschaft und läßt aufschlußreiche und interessante Versuche zu – nur darf man nicht vergessen, daß es sich um konditionierte, verbildete Tiere handelt, die mit ihren freilebenden Artgenossen nicht mehr viel gemein haben.

Diese Einschränkung ist bei Lebewesen mit so komplexem und differenziertem Seelenleben besonders wichtig, würde doch auch das Studium der menschlichen Psyche, sofern man sich dabei auf Gefängnisinsassen beschränkte, zu allerlei Ungereimtheiten und falschen Verallgemeinerungen führen.

Heute wächst bereits die dritte Delphingeneration in der Gefangenschaft heran. Diese Enkel einst freier Tiere haben das Meer nie zu Gesicht bekommen, und auch von ihren Großeltern hat es wohl der eine oder andere schon fast vergessen – verständlich, leben die »Alten« doch nun schon seit fünfzehn Jahren in Gefangenschaft, eine Zeit, in der das ursprüngliche Verhalten notwendig tiefgreifende Veränderungen erfährt.

Delphine sind sehr anfällig; neuerdings jedoch besteht einige Aussicht, sie von den meist durch die Besucher eingeschleppten Ansteckungskrankheiten wie Grippe oder Leberentzündung zu heilen. Sind die Tiere krank, bekommen sie Fieber, verlieren die Lust zu fressen und zu spielen und brauchen Spritzen und gelegentlich sogar Bestrahlungen.

Da die Atmung bei ihnen nicht unwillkürlich erfolgt, waren Narkosen bis vor kurzem lebensgefährlich; in letzter Zeit jedoch hat man auf diesem Gebiet große Fortschritte erzielt und neue Geräte entwickelt, dank denen chirurgische Eingriffe möglich sind und auch in wachsender Zahl vorgenommen werden.

Das Training beginnt damit, daß der Delphin in ein mit verschiedenen Schwimmgehegen verbundenes Bassin gesetzt wird, wo er zunächst ein Klingelzeichen auslösen, dann auf ein Signal hin eine bestimmte Stelle passieren und schließlich einem Schwimmer oder Taucher einen Gegenstand (Ball oder Ring) zutragen lernt. Das wichtigste dabei ist, daß das Tier die Notwendigkeit zu lernen begreift, oder um mit den Trainern zu reden, »lernen lernt«.
Ist dieses Stadium erreicht, werden die Delphine von Point Mugu in ein mehrteiliges Schwimmgehege umquartiert, und dieser Rahmenwechsel erfordert eine neuerliche Schulung, da die Tiere alles Gelernte wieder vergessen zu haben scheinen.
Es folgt die Dressur auf Kommando, das heißt, die Delphine werden schrittweise daran gewöhnt, auf einen bestimmten Befehl hin aufzutauchen – eine Leistung, die die Grundvoraussetzung für ein zuverlässiges Verhalten bildet und sich auch relativ leicht erzielen läßt, wenn man die Abneigung der Tiere, von einem Gehege ins andere beziehungsweise ins offene Meer überzuwechseln, einmal überwunden hat. Merkwürdigerweise scheinen sie nämlich keinerlei Fluchttrieb zu entwickeln und tauchen manchmal schon auf, ehe man ihnen das Signal dazu gegeben hat.
Um Verwirrungen zu vermeiden, müssen sich die einzelnen Signale möglichst deutlich voneinander unterscheiden und jeweils einer präzisen Weisung entsprechen.
Als nächstes folgen Spring- und gestaffelte Tauchübungen vom Schiff aus, das zunächst stilliegt und dann mit steigendem Tempo dahinfährt. Dieses Training wird in der Bucht, an der das Forschungszentrum von Point Mugu liegt, mindestens zwei Wochen lang fortgesetzt und anschließend gleichfalls mehrere Wochen lang im offenen Meer, zweihundert Meter von der Küste entfernt, wiederholt.

In Wirklichkeit geht die Konditionierung der Delphine allerdings nicht ganz so einfach vonstatten, spielen doch immer auch viele Zufälle herein, und natürlich hängt der Erfolg nicht zuletzt vom Charakter sowie von der physischen und psychischen Verfassung des einzelnen Tieres ab. Es ist mit Meeressäugern ähnlich wie mit Rekruten, das heißt, es gibt unter ihnen mehr Querköpfe, Spinner und Zerstreute als pflichtbewußte Subjekte, was freilich nicht notwendig besagt, daß erstere die weniger sympathischen wären.
Außerdem gilt es immer auch zu berücksichtigen, wie beeindruckbar diese Tiere sind, wie leicht sie erschrecken und aus der Fassung geraten. Jede neue Situation, jeder unbekannte Gegenstand kann Verhaltensstörungen auslösen, und so muß das Training schrittweise erfolgen und durch kaum merkliche Veränderungen den Übergang von einer Etappe zur anderen erleichtern.

Doch trotz aller Bemühungen seitens eines erfahrenen Personals bleibt der Erfolg stets dahingestellt. Mag die Schulung auch schon so gut wie abgeschlossen sein, kann doch irgendein Zwischenfall wieder alles in Frage stellen. Aus dem Lot gebracht, weigern sich die Tiere, zu arbeiten oder auch nur in ihre Gehege zurückzukehren, und müssen von neuem dem bekannten Training nach dem Schema Freilassen–Zurückkommandieren unterzogen werden. Oder es kann vorkommen, daß sich die Delphine bei den Übungen im offenen Meer von den herumschwimmenden Fischen ablenken lassen, was zwar verständlich, aber für den Unterricht doch etwas störend ist. Dagegen bricht nur äußerst selten ein Tier aus. In Point Mugu zum Beispiel haben sich im Laufe von fünf Versuchsjahren, in denen 1600 Arbeitsübungen mit Delphinen und 600 mit Seelöwen durchgeführt wurden, nur ein einziger Delphin und ein Seelöwe abgesetzt. Alle anderen Ausreißer ließen sich wieder einfangen oder kehrten freiwillig zurück, manchmal sogar noch nach zwei

Damit das Junge mühelos an den beidseits der Geschlechtsöffnung sitzenden Zitzen saugen kann, rollt sich die Delphinmutter zur Seite. Foto: Marineland of Florida.

Die Delphine treiben mit den im selben Becken hausenden Seeschildkröten allerlei Schabernack. Foto: Marineland of Florida.

Wochen. (Diese Informationen stammen von Blair Irvine vom *Naval Undersea Research and Development Center*, dem ich an dieser Stelle verbindlich danken möchte.)
Letztlich verfolgen sämtliche Forschungszentren das Ziel, die Delphine auf verschiedene Aufgaben zu trainieren, um sie anschließend in Freiheit als Helfer des Menschen einzusetzen – ein Ziel, das in manchen Fällen bereits erreicht worden ist: So gibt es in nächster Nachbarschaft des Forschungsinstituts von San Diego im offenen Meer neben mehreren halbfreien Seelöwen und einem Schwertwal auch einige Delphine, die auf ein Signal ihrer Pfleger hin erscheinen – ein Resultat, das außer gutem Willen und Lernfähigkeit seitens der Delphine eine gründliche Kenntnis der Daseinsbedingungen freilebender Meeressäuger seitens der Dresseure voraussetzt. Immer muß die

Schulung mehr durch gutes Zureden und Liebe als unter Anwendung von Zwang erfolgen. Eine Dressur, bei der Belohnung und Strafe abwechseln, wäre bei Delphinen gänzlich verfehlt, denn meist gehorchen die Tiere, wie bereits angedeutet, aus freien Stücken und tun aus Neugierde oder Spieltrieb bereitwillig, was man von ihnen erwartet, während sie auf Nötigung oder grobe Behandlung mit Starre oder Krankheit reagieren.

Um das Leben freier Delphine zu erforschen, werden heute die verschiedenartigsten Geräte eingesetzt. So benutzt der Biologe und Akustiker Evans vom *Naval Undersea Research and Development Center* ein am Forschungszentrum entwickeltes Spezialfahrzeug, einen Katamaran mit einer zwischen den beiden Rümpfen angebrachten Unterwasser-Beobachtungskabine aus Kunststoff, von der aus zwei mit Kameras ausgerüstete Beobachter das Treiben der im Herbst in Küstennähe besonders zahlreich vertretenen Haie und Delphine verfolgen, die Laute der letztgenannten in ihrer natürlichen Umwelt aufnehmen und ökologische Studien über das Sozialverhalten der Tiere, ihre Sexualität im offenen Meer, die Zusammensetzung der Schulen und die bei ihnen geltende Rangordnung anstellen können.
Daneben wendet W. E. Evans aber auch noch andere Untersuchungsmethoden an. Wie wir im Mittelmeer ist auch er auf die Idee verfallen, die Delphine selbst für die Delphinforschung einzuspannen, nur daß er sie statt mit einer Kamera mit einem Radiosender bestückt. Dieses an der Rückenfinne befestigte Gerät, das immer dann in Aktion tritt, wenn das Tier zum Atmen auftaucht, strahlt alle möglichen Informationen über Tauchdauer und Tauchtiefe, den zurückgelegten Weg, etwaige »Reviere«, über das Verhältnis zwischen der Tauchtiefe des Delphins und dem Planktonstand usw. aus, die von einem Empfänger mit automatischem Goniometer aufgefangen werden.
Um Motoren- und Schraubengeräusche zu vermeiden, nimmt W. E. Evans oft auch ein Segelboot, die *Saluda*. Philippe Cousteau und Jacques Renoir, die Gelegenheit hatten, den amerikanischen Spezialisten auf diesem Schiff eine Woche lang zu begleiten, lernten so manches dazu, bietet doch gerade diese Form der Forschung besseren Einblick in das Verhalten freilebender Delphine, und sie fanden erneut bestätigt, daß man Meerestieren durchaus Registriergeräte anvertrauen, ja, sie unter Umständen sogar auf diese Rolle dressieren kann, vorausgesetzt, die Apparate sind nicht zu schwer. Denn wie einst unsere Delphine mit Unterwasserkamera waren auch die von Evans mit Sender bestückten in ihren Bewegungen merklich verlangsamt, nicht zuletzt, weil sie die Antenne beim Tauchen behinderte. Dennoch gelang es, eins der Tiere, das trotz seines veränderten Aussehens von seiner Gruppe ohne weiteres akzeptiert wurde, 72 Stunden lang zu beobachten.

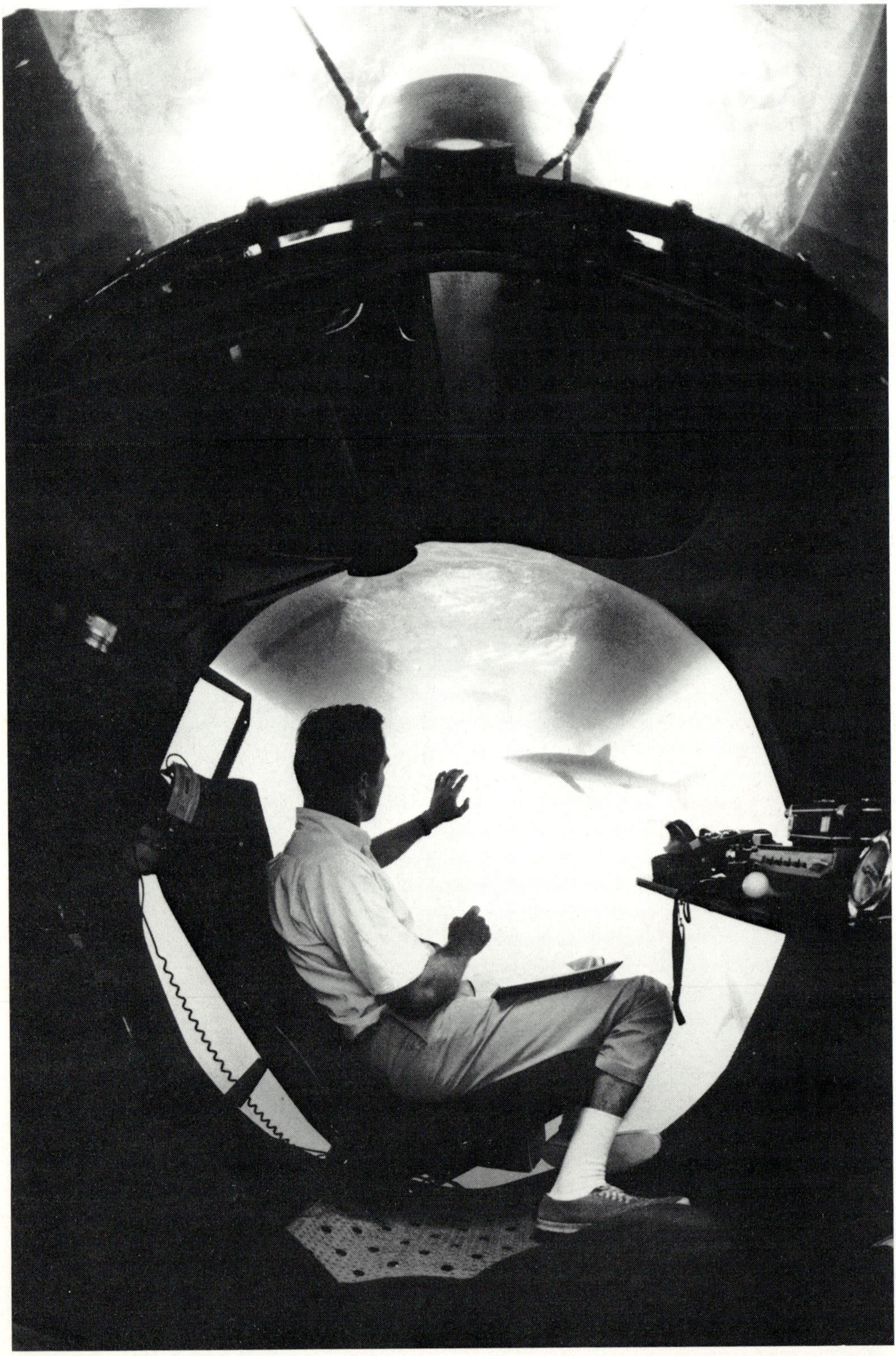

Haie umkreisen die Kugel von Bill Evans. Foto: Marineland of Florida.

Von seiner Unterwasser-Beobachtungskugel aus verfolgt Bill Evans das Verhalten der Delphine und Haie. Foto: Marineland of Florida.

konnten, sondern jeweils langwierige Dekompressionspausen einlegen beziehungsweise sich in einer Druckkammer ausschleusen lassen mußten, war es für sie lebenswichtig, wieder zu ihrer Behausung zurückzufinden – jeder Taucher verfügte deshalb über eine elektrische Klingel, mit der er Tuffy herbeirufen konnte. Ertönte das Signal, das Tuffy über mehr als fünfhundert Meter Entfernung hin hörte, faßte er das am Eingang zum *Sealab* aufgespulte Rettungsseil aus Nylon und brachte es dem Taucher.
Unter anderem haben die auf den praktischen Einsatz der Delphine zugeschnittenen Experimente am Schulungszentrum von Point Mugu auch ergeben, daß die Tiere das Dreifache ihres eigenen Gewichts schleppen können – das heißt, ein zweihundert Kilo schwerer Delphin zieht mühelos Lasten von einer halben Tonne.

Die Frage, wann ein Delphin hinreichend konditioniert ist, daß man sich auf ihn verlassen kann, stellt eins der schwierigsten Probleme bei der Abrichtung der Tiere für bestimmte Aufgaben dar. Wann kann man sie »loslassen«? Und was bleibt von der Schulung, der man sie unterzogen hat, haften, wenn sie wieder sich selbst, das heißt den instinktiven Trieben, die das Verhalten ihrer Art seit Jahrmillionen bestimmen, überlassen sind? Von Erfolg jedenfalls kann erst dann die Rede sein, wenn sie nach Ausführung ihres Auftrags trotz der wiedergewonnenen Freiheit zu ihrem Stützpunkt zurückkehren.
Kurzum, die Schulung der Delphine ist ein Versuch, für den es keine Vorbilder gibt, und so müssen sich diejenigen, die ihn unternehmen, ganz auf ihre Intuition verlassen und ihre Dressurmethoden mit viel Fingerspitzengefühl improvisieren.

Daß Delphine von sich aus in Seenot geratene Menschen retten, steht außer Zweifel und ist seit Plinius in zahlreichen Geschichten bezeugt.
So hat ein Delphin während des letzten Weltkriegs ein im Stillen Ozean treibendes Schlauchboot mit sechs von den Japanern abgeschossenen amerikanischen Fliegern bis zu einem Inselchen bugsiert (George Llano erzählt dieses Abenteuer in seinem Buch *Airmen against the Sea*), ein Vorfall, der den Generalstab der US-Luftstreitkräfte zu der Überlegung veranlaßte, ob man nicht die Flieger mit einem kleinen Sender ausstatten sollte, der den Notruf von Delphinen wiedergibt, um die Tiere dadurch womöglich herbeizulocken und zu einer Rettungsaktion zu veranlassen. Doch, wie schon erwähnt, können diese Notrufe sehr unterschiedlich ausfallen, wie überhaupt

Im Meereszoo von Palos Verdes führt ein Grindwal zusammen mit den Delphinen seine Nummer vor.

die Schallsignale der Tiere zu den umstrittensten Themen der Delphinforschung zählen.

Andererseits ist zur Genüge bekannt, wie sehr Delphine Haie hassen, die sie erbittert und fast immer siegreich bekämpfen. Ihre Überlegenheit beruht darauf, daß sie den einzelgängerischen Hai in der Gruppe angreifen und eine echte Taktik entfalten, indem sie mit voller Wucht auf ihn losschießen und ihm den harten Schnabel in den besonders empfindlichen Unterleib rammen – für den Hai, der kein Knochen-, sondern nur ein Knorpelskelett besitzt und dessen Eingeweide durch keinen Brustkorb geschützt sind, vor allem dann lebensgefährlich, wenn ihm seine Gegner den klassischen Stoß in die Lebergegend versetzen. Von ihrem Gebiß hingegen scheinen die Delphine im Gegensatz zum Hai bei diesen Kämpfen keinen Gebrauch zu machen.

Nun darf man sich allerdings nicht vorstellen, Delphine fielen wahllos über jeden Hai her. In Gefangenschaft leben beide Arten, wie Beobachtungen am Meeresaquarium von Miami gezeigt haben, vielfach sogar in recht gutem Einvernehmen, es sei denn, ein Hai griffe einen noch jungen oder kranken Delphin an. In diesem Fall hat er die ganze Schule gegen sich, was deutlich beweist, wie wenig sich beide Arten gewogen sind.

Neuerdings nun sucht man den Kampfgeist der Delphine zu nutzen und sie zum Schutze der Badenden einzusetzen. So hat beispielsweise Professor Taylor aus Südafrika zwei Delphine, Dimple und Haig, auf die Haijagd dressiert, und Dr. Perry Gilbert vom *Mote Marine Laboratory* in Sarasota (Florida) untersucht systematisch das gegenseitige Verhalten von Delphinen und Haien, indem er Tiere verschiedener Gattung und Größe in dasselbe Becken setzt, ihre Reaktionen studiert, die Begegnungen filmt und außerdem die von den Delphinen ausgestoßenen Laute registriert, um zu ermitteln, ob die Delphine die Haie durch akustische Signale abschrecken und sich vom Leib halten können.

Die progressiv vorangetriebene Schulung nun besteht darin, daß man dem Delphin zunächst einen reglosen toten Hai, dann einen geschleppten toten Hai präsentiert und ihn schließlich mit lebenden Haien verschiedener Größe konfrontiert.

Von den vier dieser Dressur unterzogenen Delphinen wurde der wackerste Haiabwehrkämpfer inzwischen im offenen Meer freigelassen und hält seither vor einem Badestrand Floridas Wache.

10 Freunde der Fischer

…n aus Kilikien, der im 2. Jahrhundert …endes Lehrgedicht über den Fischfang …en den Fischern die Beute ins Netz – …hriftsteller Plinius, der um das Jahr 70 …»Steuereinnehmer«, würden wir heute … Gallia Narbonensis lebte, wiederholt …elegt. Dieser wißbegierige Mann, der …e *Naturalis historia*, seine gewaltige …nmeln, scheint das sonderbare Schau…st miterlebt zu haben:

…n Stadtgebiet von Nîmes, befindet sich … Delphine den Fischern bei der Arbeit helfen. Zu gewissen Zeiten nämlich zieht durch den engen Verbindungskanal zwischen Lagune und offenem Meer ein Meeräschenschwarm, so riesig, daß Netze, die sich an dieser Stelle ohnedies nicht auswerfen ließen, die schwere Last nicht zu fassen vermöchten. Eilends ziehen die klugen Fische, den Wechsel der Gezeiten abpassend und die einzige Stelle, die günstig zu versperren, fliehend, geradewegs seewärts. Doch kaum werden die Fischer die-

ses Treibens gewahr, strömen die Leute in Scharen herbei, um sich das Vergnügen nicht entgehen zu lassen. Alle rufen aus vollem Halse ›Simon!‹ (Allem Anschein nach war ›Simon‹ damals der volkstümliche Name des Delphins. Das aus dem Griechischen stammende Wort bedeutet ›der Plattnasige‹.), und hurtig kommen die Delphine, zur Schlachtlinie aufgereiht, geschwommen, versperren den in wilder Flucht dahinschießenden Meeräschen den Zugang zu den tieferen Gründen und treiben sie zurück in die seichte Lagune, wo die Fischer sie mit ihren an Gabelstöcken befestigten Netzen einkreisen. Mit einem Sprung übers Netz suchen die Fische zu entkommen, doch die Delphine harren schon ihrer, begnügen sich indessen fürs erste damit, sie zu töten, und schieben das Mahl bis nach dem Siege auf. Die Schlacht ist in vollem Gange, und willig lassen sich die Delphine, die Meeräschen kühn bedrängend, von den Netzen einkreisen, gleiten, auf daß der verfolgte Feind ja nicht entwische, behende zwischen die Boote und die Netze oder Schwimmer, um keinen Ausweg offenzulassen. Sie, die sonst solchen Gefallen am Springen finden, brechen aus dem Kreise nicht eher aus, als bis man vor ihnen die Netze senkt. Ist dann der Fischzug zu Ende, teilen sie sich in die Meeräschen, die sie getötet, doch, wohl wissend, daß sie für ihre Mühen mehr verdienen als nur die Belohnung eines Tages, bleiben sie bis zum nächsten und tun sich nicht nur an Fischen, sondern auch an Brot, das man in Wein getunkt, gütlich.

Wie Mucianus berichtet, wird im Golf von Iasos auf die nämliche Weise gefischt, nur daß sich die Delphine dort ungerufen einstellen und ihren Anteil aus den Händen (der Fischer) empfangen und daß sich ein jeder Kahn seinen eigenen Delphin als Helfer erwählt, obgleich der Fischzug des Nachts bei Fackelschein stattfindet.«

Diese weithin bekannte Geschichte ist seit dem Altertum als Fabel abgetan und als Beweis für die Leichtgläubigkeit des Autors gewertet worden. Doch mag man Plinius auch manchen Bären aufgebunden haben, im vorliegenden Fall jedenfalls scheint er nicht auf die Fabulierfreude seiner südländischen Landsleute hereingefallen zu sein. Das alte Latera lebt heute noch im Namen des im Département Hérault in der Nähe des Etang de Méjean zwischen Pérols und Villeneuve les Maguelonne gelegenen Dorfes Lattès fort, und auch »die mit Netzen nicht absperrbare« Durchgangsstelle findet sich bei Palavas-les-flots noch, wo sich das Wasser der Lagunen von Méjean, le Grec und Pérols ins Meer ergießt.

Was freilich die Delphine betrifft, so scheinen die Fischer aus Hérault seit

Fischer vom Stamm der Imragen am Strand von Nouamghar (Mauretanien).

Plinius' Zeiten den Kontakt zu ihnen verloren zu haben, obgleich sie noch immer auf Meeräschenfang gehen.
Trotzdem ist die Geschichte glaubhaft, gibt es doch im weit entfernten Mauretanien an der Atlantikküste gleichfalls Fischer, die seit Jahrtausenden auf die Hilfe der Delphine bauen. Die Imragen (so der Name des Stammes) behaupten steif und fest, die Delphine trieben ihnen die Meeräschen, die während der Wanderzeit in Riesenschwärmen an der afrikanischen Küste entlangziehen und das stattliche Gewicht von drei bis vier Kilo erreichen, sowie noch einen anderen, über zehn Kilo schweren Fisch in die Netze.
Archäologische Funde deuten darauf hin, daß an diesem Küstenstrich, vermutlich sogar an derselben Stelle, seit der jüngeren Steinzeit, vielleicht auch noch länger, ununterbrochen gefischt wurde; und in der Tat sind die Imragen ein uralter Stamm, der, weder arabisch noch berberisch, den Kriegern und Marabuts (Raphaële Anthonioz, *Les Imragen, Pêcheurs Nomades de Mauritanie,* Bericht des IFAN, Bd. XXX) seit jeher tributpflichtig und von ihnen unterdrückt, ganz dem Meer zugewandt lebt, aus dem er seine Nahrung empfängt, während die Mauren der Wüste verhaftet blieben und sich vornehmlich Raubzügen, der Karawanserei und dem Sklavenhandel widmeten.
Diese kleine Gruppe, die, der Sahara den Rücken kehrend und alles vom Ozean erwartend, noch heute vier bis fünf elende kleine Siedlungen unterhält, winzige menschliche Einsprengsel auf der dürren Dünenküste Mauretaniens, wo die Wüste in den Atlantik ausläuft, ist nicht ortsständig, sondern zieht auf dem öden Strandbezirk umher, wo außer spärlichen Euphorbien- und Tamariskenbeständen nichts wächst, wo Salzsenken – die Sebkhas – und Sumpflöcher mit Dünen und harten, kahlen Sandstreifen abwechseln, wo die Seevögel – Pelikane, Kormorane, rosa Flamingos, Weiße Löffler – in Scharen hausen und dichte Schwärme lästiger Mücken herumschwirren ...
Draußen im Meer, die Klippen von Arguin, wo 1816 die Fregatte *La Méduse* zerschellte und anschließend eine Tragödie abrollte, die die damalige Welt bestürzte.
Alles in allem entschieden eine der verlassensten, beklemmendsten, sonnenversengtesten Regionen der Erde, diese Küste, auf der die Imragen, insgesamt kaum mehr als dreihundert Menschen, zur Zeit des Fischfangs umherziehen, um an jedem Haltepunkt aufs neue ihre primitiven Strohhütten, die »Tikitts«, zu errichten oder ihre armseligen Zelte aufzuschlagen.

Manche fischen fast das ganze Jahr hindurch, andere dagegen nur zwei bis sechs Monate lang. Im Frühling versammeln sie sich um die wenigen Wasserstellen, die »Ogols«, in den Sand gegrabene, mit schlammigem, brackigem Sickerwasser gefüllte Löcher. Trinkwasser zu finden gehört zu den ständigen

Sorgen der Bewohner dieses ausgetrockneten Landes. Bis in den Sommer hinein ernähren sie sich ausschließlich von Fisch, und anschließend, wenn der Fang nichts mehr abwirft, ziehen sie zu den Mauren in die Wüste und leben von Kamelmilch.

Fische jedenfalls gibt es in den Küstengewässern in erstaunlicher Menge, ja, der 150 Kilometer lange Abschnitt zwischen Kap Blanco und Kap Timiris dürfte zu den fischreichsten Meeresregionen der Erde überhaupt zählen. Hier ziehen von September bis Ende April auf der Wanderung nach Süden riesige Meeräschenschwärme durch, die Hunderte von Metern lang, zwanzig bis dreißig Meter breit und ein bis zwei Meter tief sein können und sich aus zwei Arten, der Gestreiften Meeräsche *(Mugil cephalus)* und der Gold-Meeräsche *(Mugil auratus risso)* zusammensetzen.

Der Fischsegen soll zuweilen so groß sein, daß die Imragen bei einem nach traditioneller Art durchgeführten Fischzug drei- bis viertausend Kilo Fisch an Land ziehen können, wo sie die Beute an der Sonne trocknen und »Botarga«, gesalzenen, gedörrten, in Bienenwachs eingegossenen Meeräschenrogen, herstellen.

Doch wer sind die Imragen eigentlich? Genaugenommen wissen wir nicht viel mehr, als daß ihr erst spät auftauchender berberischer Name »diejenigen, die jagen« oder »diejenigen, die sammeln« bedeutet. Mauren jedenfalls sind sie mit Sicherheit nicht, auch wenn sich sogenannte *porognes*, Mischlinge von Mauren und Schwarzen, unter ihnen finden sollen. Fest steht hingegen, daß sie als Sklaven und Gefangene den mächtigen Maurenhäuptlingen Tribut zahlen mußten und trotz Befreiung durch die französische Verwaltung ihrem Souverän auch heute noch einen Zehnten in Form von Naturalien entrichten.

Weder durch Blutsverwandtschaft noch durch einen gemeinsamen Glauben, sondern nur durch ihre ausschließliche Tätigkeit, den Fischfang, miteinander verbunden, stellen sie eine ethnische Gruppe ohne echten Zusammenhalt dar, die sich seit unvordenklichen Zeiten an dieser Küste behauptet hat, während sich ihre Unterdrücker im Hinterland ablösten – berberische Sanhadjas, arabische Hasaniden, Mauren. Ob es sich wohl um denselben Stamm handelt, der schon in der jüngeren Steinzeit an dieser Küste dem Fischfang nachging? Bei Ausgrabungen in Ganeb El Hafeira im Süden der Ostsahara entdeckte man an einer Fundstelle aus prähistorischer Zeit kleine gerillte Tonkugeln zum Beschweren der Netze, die den sogenannten »Idan« der Imragen aufs Haar gleichen, und außerdem hat man an der von ihnen besiedelten Küste eine komplette Fischerausrüstung aus prähistorischer Zeit gefunden.

Doch wie dem auch sei, jedenfalls sollen die Delphine den Imragen seit jeher beim Fischfang geholfen haben, die die Tiere nach uralter Überlieferung

Neben ihren Netzen hockend, beobachten die Imragen das Auftauchen der Delphine.

Die ersten Meeräschen gehen ins Netz.

günstig stimmen und für sich gewinnen konnten, und noch heute hält der Stamm diese Meeressäuger für wohlgesonnene, hilfreiche und unantastbare Wesen, die ihm die Meeräschen ins Netz treiben wie einst die Delphine Galliens den Zeitgenossen des Plinius.

Da uns dieses »Märchen« – wie könnte es auch anders sein – ungemein interessiert und wir zu gern wissen möchten, was Dichtung ist und was Wahrheit, startet, nachdem General du Bouchet seine Unterstützung und Professor Busnel seine Mitarbeit zugesichert haben, ein Team unter Jacques Renoirs Leitung nach Mauretanien.
Als Zeitpunkt haben wir die Monate Dezember bis Februar gewählt, in denen der Fischsegen am reichsten ist, und so brechen die Taucher und Filmleute der Equipe im Dezember 1970 von Nouakchott nach Nouamghar auf, einem etwa fünf Kilometer von Kap Timiris in der El-Merdja-Bucht gelegenen Fischplatz der Imragen.

Was unsere Leute vorfinden, ist nicht einmal ein richtiges Dorf, sondern eigentlich nur ein Zusammenschluß von einigen Familien mit knapp zehn »Tikitts«, in denen es von Kindern und Mücken wimmelt. Außerdem sind diese fensterlosen Hütten aus Astwerk noch winziger und übelriechender als erwartet – Wassermangel regt eben nicht zu häufigem Waschen an.
Neben Weidengeflechten mit ein paar gleichfalls ziemlich stark duftenden, zum Trocknen ausgelegten Fischen sind Netze hingebreitet, doch unser Team kommt zur Unzeit: Mit dem Fischfang klappt es nicht recht, die großen Meeräschenschwärme wollen sich dieses Jahr nicht einstellen, und auch von den Delphinen fehlt jede Spur, so angestrengt die Späher droben auf den Dünen auch aufs Meer hinausschauen mögen.
Da für eine Filmexpedition vielerlei Gerätschaften vonnöten sind, haben Jeeps und Kombiwagen auf den Dünen des Sandstrands ein buntes Sammelsurium abgeladen – einen Kompressor zum Wiederaufladen der Aqualungen, Preßluftflaschen, wasserdichte Kameras, Tauchanzüge, Scheinwerfer, Benzinkanister und ein zweimotoriges Schlauchboot, und all das türmt sich nun in der prallen Sonne, während unsere Kameraden etwas abseits ihr Zelt aufzuschlagen beginnen.
Die Imragen-Frauen haben sich in den »Tikitts« versteckt und lassen sich nicht blicken, und auch die im Sand hockenden Männer scheinen vom Treiben der Neuankömmlinge wenig erbaut. Etwas später stellt sich dann auch heraus, was sie bedrückt: Die Delphine, ohne die sie anscheinend nicht auf Meeräschenfang gehen können, wollen nicht kommen, und das fruchtlose Hinwarten zermürbt sie. Die Meeräschen sind ihre einzige Nahrung und der Verkauf von »Botarga« und Salzfisch außerdem die einzige Möglichkeit, zu etwas Geld zu kommen, um die notwendigsten Dinge wie Zucker, Salz und Tee einzukaufen.
Als abends die Feuerchen aufglimmen, wagen unsere Taucher vorsichtig die erste Annäherung, bieten Zigaretten an und versuchen eine Unterhaltung in Gang zu bringen, aber die Fischer zeigen sich widerborstig. Nun erscheinen auch die Frauen, vorab die ältesten, auf den Schwellen der »Tikitts«. Sie sind am meisten gegen die Fremden eingenommen, fürchten sie doch, die Anwesenheit unseres Teams könnte die Delphine vom Strand fernhalten und ihre Männer damit um ihre Helfer bringen. Denn die Imragen haben wohl begriffen, daß unsere Freunde die Absicht hegen, im Meer herumzuschwimmen, sich ins Fanggeschäft einzumischen und zweifelsohne auch an die Delphine heranzumachen. Die aber sind heilig, sie sind seit Jahrhunderten die Freunde der Imragen. Diese Franzosen da, die im Meer atmen können, werden sie ohne allen Zweifel mißtrauisch machen.
Ein hartes Stück Arbeit, diese Frauen umzustimmen. In ihre schwarzen Schleier gehüllt, schütteln sie nur immer starrsinnig den Kopf. Was geht sie

Filmen und Tauchen an. Sie bangen um ihre Familie, ihre Kinder. Nur dank der Meeräschen und der Delphine sind die Imragen seit Jahrhunderten vom Hunger verschont geblieben. Die Fremden kommen aus dem Landesinneren, und alles, was von dort kommt, ist von Übel – wie einst die Maurenkrieger.

Der Fischfang spielt im Leben der Imragen eine so beherrschende Rolle, daß er ihr ganzes Denken und Empfinden ausfüllt, Aberglauben weckt und religiöse Praktiken bestimmt. Unsere Kameraden zeigen Verständnis für die Ängste der armen Leute, und so wird die Unterhaltung nach und nach etwas offener, bis schließlich der Anführer der Fischer Renoir und Falco bittet, nicht ins Wasser zu gehen, um nicht durch ihre Anwesenheit im Meer die Delphine fernzuhalten. Was tun? Haben wir unsere Gerätschaften umsonst an diese unwirtliche Küste geschafft? War alle Mühe und Hoffnung vergebens, nur weil diese unglücklichen Leute, die bald betteln und bald drohen, den Sinn unserer Expedition nicht einsehen wollen? Die Taucher lassen sich erweichen und versprechen, zumindest so lange nichts zu unternehmen, wie die Delphine ausbleiben.

Tags darauf beginnt dann das lange Warten. Die Fischer hocken, die Ellbogen auf die Knie gestützt, am Strand und schauen aufs sonnenbeschienene Meer hinaus, das sich in kleinen Wellen kräuselt. Dann und wann tut einer der Späher auf den Dünen durch einen lauten Schrei kund, daß ein Meeräschenschwarm naht, und sogleich schlagen Buben mit Stöcken ins Wasser, geben das Signal, das die Delphine herbeilocken soll, doch vergebens. Die Meeräschen ziehen unbehelligt draußen vorbei, kein Delphin treibt sie zum Strand, wo alles in gespannter Bereitschaft wartet – die Fischer zu zweien, jeder eine Stange umklammernd, an der ein Ende des Netzes befestigt ist, und Yves Omer und Falco, die sich im Tauchanzug, die Kamera griffbereit neben sich, so gut es nur geht unsichtbar machen, sind entschlossen, abmachungsgemäß nur dann ins Wasser zu gehen, wenn sich die Delphine zeigen.

Ein Derwisch kniet, von jammernden Frauen umringt, im Sand und psalmodiert irgendwelche Beschwörungen.

Die ganze Atmosphäre ist gespannt, irgendwie feindselig.

Plötzlich taucht weit draußen im Meer eine Rückenfinne auf, dann mehrere, doch es sind nicht die Delphine, sondern Schwertwale. Zweifellos halten sie die Delphine fern, die große Angst vor ihnen haben und die Flucht ergreifen, sowie sie der gewaltigen Dreiecksflosse ansichtig werden oder die schrillen Pfiffe durchs Wasser schallen hören. Unsere Taucher wissen: Ehe die Schwertwale nicht abgezogen sind, werden die Delphine nicht ans Ufer kommen, und so springen Bébert Falco und Yves Omer kurzentschlossen ins Schlauchboot, nehmen Kurs auf die Eindringlinge und suchen sie einzeln zu

Um die Meeräschen, die die Delphine ans Ufer gescheucht haben, in ihre Netze zu treiben, schlagen die Imragen mit Stöcken ins Wasser.

vertreiben, was nach einer gut einstündigen Corrida schließlich auch gelingt: Vom Lärm des Außenbordmotors betäubt, durch das herumkurvende Boot völlig verwirrt, räumen die Schwertwale das Feld.
Kaum ist Falco wieder an Land, beginnt das Meer schon zu brodeln: Die Delphine streben, die Meeräschen vor sich hertreibend, dem Ufer zu.
Eiligst machen sich unsere Kameraleute Jacques Renoir und Michel Deloire fertig, packen ihre Apparate und waten ins Meer hinaus.

Und schon langen die Meeräschen am Ufer an, ein übereinanderstürzender, wimmelnder, erschreckter Schwarm, der, von den Delphinen eingekreist und zusammengetrieben, bald in Garben in die Höhe schnellt, als explodierte das

Meer und schleuderte dabei Fische in die Luft, bald in einem wilden Gewühl schuppig glänzender Leiber durcheinanderschießt. Doch auch die Delphine gebärden sich wie toll, packen den einen oder anderen Fisch, drehen ihn behend im Schnabel, um ihn Kopf voran zu schlucken, und stürzen sich dann wieder blindlings ins dichteste Gewimmel.

Die Imragen haben die Kleider heruntergerissen und rennen, nur noch mit einer kurzen Lederhose angetan, den Netzstock geschultert, zu zweien in Richtung Wasser, entfalten dann, mit kraftvollen Stößen schwimmend, das Netz und treiben die Fische in einem großen Bogen aufs Ufer zu. Etwas weiter weg wird ein zweites Netz entfaltet, dann ein drittes.

Mit weit aufgerissenem Schnabel schießen die Delphine zwischen den

Fischern herum, während die Meeräschen ringsum in die Höhe springen. Ein Hund kommt gerannt, verfolgt die Fische am Ufer entlangschwimmend, packt einen, bringt ihn seinem Herrn, einem Blinden, der gleichfalls mit seinem Netz ins Wasser watet und schlecht und recht mithält. Doch bei der reichen Ausbeute kommt auch er auf seine Rechnung, rafft mit einer Gier, die irgendwie Mitleid erregt, zusammen, soviel er erwischen kann.
Am Ufer stoßen die Frauen Freudenschreie aus, vollführen nackte Bengel, lauthals brüllend, Luftsprünge.
In der ersten Begeisterung ist es im Meer drunter und drüber gegangen, doch um den Reichtum, der da, von den Delphinen gejagt, den Imragen direkt vor die Füße geschossen kommt, auch wirklich zu nutzen, bedarf es einer gewissen Disziplin.
Der Fischfang hat denn auch seine strikten Gepflogenheiten und Regeln, etwa die, daß die zu Zweiergruppen zusammengeschlossenen Männer nicht alle gleichzeitig ins Meer gehen: Die Dorfältesten haben ausgelost, welches Team als erstes ins Wasser darf und in welcher Reihenfolge die übrigen folgen. Niemand kommt dabei zu kurz, die Meeräschen reichen für alle aus.
Trotz ihrer Armut und ihres entbehrungsreichen Lebens entpuppen sich die Imragen als wahre Athleten, unter deren bronzefarbiger Haut sich deutlich die kraftvollen Muskeln abzeichnen – offensichtlich hält sie der Fischfang in sportlicher Hochform.
Mit ihrem nur zwanzig bis dreißig Meter langen Netz fangen die Zwei-Mann-Gruppen manchmal 120 bis 150 Kilo Fisch, eine schwere, glitzernde, gelbgefleckte Last von springenden, zappelnden Leibern, deren Schuppen in der Sonne wie Diamanten aufblinken. Die Frauen kommen eilig gerannt, schichten die Fische in andere Netze um, heben sie auf den Kopf und traben, unter der Last vornübergebeugt, mit den nackten Füßen in den Sand einsinkend, in einem kleinen Dauerlauf den Hütten zu. Und hin und wieder schnellt eine Meeräsche mit einer Drehung um die eigene Achse aus dem Netz und fällt auf den Strand, wo sie, noch zappelnd, liegenbleibt.

Zwischen den Fischern, Meeräschen und Delphinen paddeln Jacques Renoir und Michel Deloire mit gezückter Kamera herum, andere Taucher stoßen zu ihnen. Manchmal streift einer einen vorübergleitenden Delphin, doch meist verschwindet alles im Schaum.
Um einen gewissen Abstand zu gewinnen und so die Ankunft der Delphine und ihr Eingreifen im Detail verfolgen zu können, entfernen sich die Kameraleute aus dem dichtesten Gewühl, müssen aber feststellen, daß sie im trüben Wasser so gut wie nichts sehen. Im übrigen ist die See nur bei Ost- oder Nordostwind wirklich klar und ruhig, in dieser Jahreszeit allerdings die vorherrschende Windrichtung.

Unseren Leuten geht allmählich auf, daß der Fischfang ohne die Hilfe der Delphine bestimmt nicht halb so ertragreich ausfiele, erweisen sich die Tiere doch als hervorragende Treiber.
Ein Delphin braucht keine klare Sicht, um eine springende Meeräsche oder einen anderen flüchtenden Fisch mit verblüffender Sicherheit zu packen. Sein Ultraschallsystem erlaubt ihm, die Beute zu orten und mit einer präzisen Bewegung zu fassen.
Yves Omer, der die Szene trotz der schlechten Sichtverhältnisse unter Wasser filmt, kann das Sonar der in höchstem Tempo hinter den Meeräschen dreinschießenden Delphine deutlich klicken hören. Doch schließlich wird die Ausbeute dürftiger, die Delphine ziehen wieder seewärts, die Fischer kehren an Land zurück, mustern den Ertrag dieser ersten Anstrengung und lächeln unseren Leuten zu, dankbar, daß sie die Schwertwale verjagten und die Delphine zurückholten. Von nun an herrscht eine ausgesprochen freundschaftliche Atmosphäre.

Filmleute und Taucher kehren gleichfalls ans Ufer zurück. Eifrig diskutierend, ob sie trotz des trüben Wassers einen passablen Film zustande bringen werden, beginnen sie ihre Montur abzulegen, wobei das dichte blonde Haar unseres Freundes Jean Clair Riant zum Vorschein kommt.
Kein Imragen hat je einen Mann mit blondem Haar und goldblondem Bart gesehen, geschweige denn einen, der wie Riant in einem hautengen schwarzen Anzug steckte.
Unsere Vinyl-Tauchanzüge, die in ihrer glatten Geschmeidigkeit an die Haut der Delphine erinnern, machen sie ohnehin neugierig, besonders die Frauen, die Jean Clair Riant jetzt umringen, unschlüssig, ob sie nicht etwa einen »Delphinmenschen« vor sich haben.
Jedermann an diesem mauretanischen Küstenstrich weiß, daß sich die Fortpflanzungsorgane des Delphins im Inneren der Bauchhöhle befinden – daher seine hydrodynamisch so vollendete Gestalt. Steht es bei Jean Clair Riant ebenso? Schließlich bleibt unserem Freund nichts anderes übrig, als aus seinem Anzug zu steigen und darzutun, daß er ein Mann wie alle anderen ist – eine Szene, die allgemeine Heiterkeit hervorruft.
Eine Stunde später neuer Alarm. Die Späher kündigen den nächsten Meeräschenschwarm an, und unverzüglich schlagen die Kinder mit ihren Stöcken ins Wasser, um die Delphine herbeizurufen, die auf das Signal hin erscheinen und mit gekrümmtem Buckel und gereckter Rückenfinne die Fische vor sich her ans Ufer treiben.
Für die Imragen ist der Fischfang lebensnotwendig, für die Delphine vor allem eine Freßorgie, wie aber steht es mit den Meeräschen? Bedroht das Massaker, das Mensch und Delphin gemeinsam anrichten, nicht ernstlich den

Die Beute wird zunächst am Strand angehäuft und später zu den Trockenplätzen geschafft.

Von den Delphinen gejagt, schnellen die Meeräschen aus dem Wasser.

Fortbestand der Art? Die Fachleute verneinen dies, denn trotz ihres spektakulären Charakters sind die Fangmethoden der Imragen bei weitem nicht so mörderisch, wie es zunächst den Anschein hat: Schätzungen zufolge gelingt es sogar neunzig Prozent der von Delphinen und Imragen verfolgten Meeräschen, zu entkommen.

Nach dem Fang sind allerlei gröbliche Arbeiten fällig, denn nun müssen die Fische zum Trocknen vorbereitet werden, in der Regel Aufgabe der Frauen und Kinder, doch legen, wenn die Ausbeute reichlich ausgefallen ist, auch die Männer Hand mit an.

Nachdem der Kopf abgeschnitten, der Bauch aufgeschlitzt, Gräten, Eingeweide und Rogen entfernt sind, werden die Fische im Meer gewaschen und dann teils einfach getrocknet, teils eingesalzen. Um »Botarga« herzustellen, eine auf allen Märkten des Mittelmeerraums gefragte und gut bezahlte Spezialität, drückt man die Rogen zwischen zwei Brettern platt, salzt sie ein und trocknet sie sieben Tage lang.

Diesmal ist der Fang über die Maßen gut ausgefallen, und längst haben die Imragen ihr Mißtrauen uns gegenüber abgelegt. Sie halten unsere Anwesenheit nicht mehr für unheilbringend – im Gegenteil: Wir haben ja die Schwertwale, die Erbfeinde der Delphine, verjagt.

Die Fischer, ihre Frauen und Kinder können uns gar nicht genug loben, und zum Zeichen ihrer Dankbarkeit laden uns diese armen Leute, die ihre mage-

ren Einkünfte einzig und allein den Meeräschen verdanken, zu dem Fest ein, mit dem in selbiger Nacht die Rückkehr der Delphine und der neu eingekehrte Überfluß gefeiert werden sollen.
Im Schein von Karbidlampen und im Sand geschürter Feuerchen, in denen Fischgräten verglimmen, tanzen und singen die Imragen zum Trommelklang – Gesänge und Tänze, die sich deutlich von denen der Araber und Berber unterscheiden. Während die Mauren den Tanz allgemein verachten, ist er bei den Imragen bei Feiern sehr beliebt. Bis tief in die Nacht hinein hallen die Klänge dieses bescheidenen Festes wider, dieser Huldigung an die Delphine und ans Meer, das die Söhne der Wüste seit vorgeschichtlichen Zeiten in dieser Bucht nährt und erhält, denn obgleich sie arm sind und weder Bäume noch Ländereien noch Herden ihr eigen nennen, haben sie dank der Delphine doch niemals Hunger gelitten.

Was nun diese Delphine betrifft, so war Professor Busnel, der rund zehn Tage mit unserem Team bei den Imragen kampierte, verblüfft, wie nahe beim Ufer sie die Meeräschen jagten – manchmal nur noch wenige Meter vom Sandstrand entfernt im allerseichtesten Wasser. Mit dem Identifizieren der 2,50 bis 3 Meter langen Tiere allerdings hatte es seine Schwierigkeiten: Sie waren recht unterschiedlich in der Gestalt, schwarz bis dunkelkastanienbraun gefärbt und schienen der Form der Rückenfinne nach zwei verschiedenen Gattungen anzugehören.
Als wir einen Schädel, den unsere Leute am Strand gefunden hatten, zur Bestimmung ans Britische Museum schickten, schrieb der berühmte Walspezialist F. T. Fraser, es handle sich um »das größte Exemplar, das wir bislang in unseren Sammlungen besitzen«. Um welche Gattung es sich dabei freilich handelte, ist noch offen, möglicherweise einen *Tursiops*, wenn auch vielleicht nicht gerade einen *truncatus*. Die Familie der Tümmler weist ja so viele Spielarten auf – die Mittelmeertümmler unterscheiden sich von den japanischen, die wieder von den bei Florida vertretenen, und vielleicht ist der mauretanische *Tursiops* wieder etwas anders, zumindest hinsichtlich seiner Größe. Doch Genaueres wissen wir darüber noch nicht.
Dafür konnte Professor Busnel bei zwei Fischzügen in einer Gruppe von zehn bis fünfzehn großen Delphinen als erster Wissenschaftler einen lebenden Kamerunfluß-Delphin *(Sousa teuszi)* identifizieren, eine seltene, an einem charakteristischen Höcker auf der Rückenfinne erkennbare Art, von der bislang nur ein 1892 bei Duala aufgefundenes gestrandetes Exemplar bekannt war.

Nun mag sich manch einer fragen, ob die Dankbarkeit, die die Imragen den Delphinen gegenüber empfinden, auch wirklich gerechtfertigt ist. Schließlich ist es recht unwahrscheinlich, daß die Tiere tatsächlich mit dem Menschen »zusammenarbeiten« und ihm beim Fischen helfen wollen – sie treiben die Meeräschenschwärme ja wohl nur deshalb gegen das Ufer, weil sie dort ihrerseits leichter Beute machen können.

Den Imragen freilich wird so leicht keiner ausreden, daß ihnen ihre heiligen Delphine aus besonderer Gunst die Fische ins Netz treiben.

Vielleicht lockt der seit Jahrtausenden an einer so günstigen Stelle betriebene Fischfang die Delphine in ähnlicher Weise an, wie er die Menschen dazu bewegt, inmitten einer Sandwüste auszuharren. Haben sich Menschen und Delphine also letztlich aneinander gewöhnt? Schwer zu sagen. Jedenfalls scheinen die Menschen größere Zuneigung zu den Delphinen zu hegen als umgekehrt.

Ähnliche Formen der Zusammenarbeit sind im übrigen aus aller Welt bekannt, beispielsweise aus Florida, wo viele einheimische Fischer gleichfalls steif und fest behaupten, die Delphine trieben ihnen durch ihre Manöver die Fische ins Netz.

Noch überzeugender für das Zusammenwirken von Mensch und Delphin ist das Beispiel der Süßwasserdelphine.

So hat in Burma jedes Dorf seinen Delphin *(Orcella fluminalis)*, der auf seinen Namen hört und sich am Fischfang beteiligt.

Und F.B. Lamb (vgl. Professor Busnel, *Rapport symbiotique entre l'homme et le dauphin*) wurde 1954 am südamerikanischen Tepegos Zeuge der Aktivität eines anderen Süßwasserdelphins *(Inia geoffroyensis)*: Zur Eröffnung des nachts mit Lampen und Harpunen betriebenen Fangs klopfte der Fischer mit dem Ruder gegen seinen Kahn und stieß einen besonderen Pfiff aus, woraufhin der Delphin erschien und die Fische, die vor dem herangleitenden Boot erschreckt abtauchten, verfolgte und dem Fischer zutrieb, ein Verfahren, bei dem beide Teile auf ihre Rechnung kamen.

Vielleicht also könnte der Delphin eines Tages doch ein echter Helfer des Menschen im Meer werden, ihn zu den Fischschwärmen führen und sie ihm bewußt und intelligent ins Netz treiben. Vorläufig ist das freilich noch Zukunftsmusik.

Der Reihe nach gehen die stets zu zweit arbeitenden Fischer ins Wasser.

Überall am Strand von Nouamghar werden Netze ausgespannt. Links die Delphine, die den Fischern die Meeräschen zutreiben.

11 Ehrfurcht vor dem Leben

Thunfischfang
In der Falle
»backing down«
Schutzbestimmungen
Leiden der Belugas
In Meereszoos besonders geschätzt: der Grindwal
Tintenfischfresser
»Selbstmord« der Grindwale
Der Narwal

Lange Zeit, zumindest während der ganzen Antike, hat der Mensch die Delphine geachtet, ja sogar hoch in Ehren gehalten: Fischer und Seeleute betrachteten sie als ihre Verbündeten, Dichter sangen ihr Lob, und es wäre niemandem eingefallen, den nützlichen Helfern, an deren Tod sich abergläubische Befürchtungen knüpften, nach dem Leben zu trachten.
Im Laufe der Neuzeit jedoch hat sich diese Einstellung grundlegend gewandelt. An die Stelle der Achtung ist die organisierte, mit Waffen durchgeführte Abschlachtung getreten, und im 20. Jahrhundert wurde das Los der Wale und Flossenfüßer durch eine Massenhysterie noch zusätzlich verschärft: Als mit dem Einsatz immer größerer Fischereifahrzeuge die Fangziffern zurückgingen, schoben die europäischen Fischer die Schuld auf Delphine, Belugas und Robben und konnten die Regierungen ihrer Länder so sehr von dieser Theorie überzeugen, daß beispielsweise die französische Fischereibehörde sämtlichen Fangbooten die Mitführung eines Gewehrs vorschrieb und auf jeden abgelieferten Delphinschwanz eine Prämie aussetzte. Diese Bestimmung ist zwar mittlerweile wieder aufgehoben worden, aber der Wahn, die Delphine schadeten den Fischern, hat sich nicht so ganz zerstreuen lassen.
Da diese Tiere die Meere in Riesenscharen bevölkerten, dachte niemand

daran, daß der Fortbestand ihrer Art eines Tages bedroht sein könnte. Heute jedoch, da sie im Gegensatz zu den Walen keinerlei Schutz genießen und in aller Welt systematisch gejagt, zu Hunderttausenden getötet und von der Futterindustrie anstelle der immer teurer werdenden Fleischabfälle zu Hunde- und Katzenfutter verarbeitet werden, ist diese Gefahr in greifbare Nähe gerückt.

Dazu sind sie neuerdings noch von anderer Seite bedroht, und zwar weitaus stärker, nämlich durch den industriell organisierten Thunfang, wie er seit rund zwanzig Jahren betrieben wird.

Schon seit langem wissen die Fischer, daß Delphinschulen und Thunschwärme gern gemeinsam wandern, die Delphine an der Oberfläche, die Thune weiter unten, und daß beide dasselbe Tempo vorlegen – wenn man also Delphine sichtet, kann man mit einiger Wahrscheinlichkeit auch mit Thunen rechnen.

Hatte man die Thunfische dreißig Jahre lang vorwiegend mit Leine und lebendem Köder gejagt, so gingen die Fischer seit den vierziger Jahren mehr und mehr zu Baumwollnetzen über, die sich trotz allerlei Nachteilen – sie zerrissen leicht, wurden von angreifenden Haien beschädigt und ermöglichten so vielen Thunfischen, wieder zu entkommen – rasch allgemein durchsetzten.

Als erstes Land modernisierte dann Amerika zwischen 1956 und 1961 seine Thunfangflotte und erzielte durch den Einsatz von Nylonnetzen und durch Anwendung neuer Fischereitechniken wesentlich höhere Fangziffern. Doch die Delphine spielten nach wie vor eine große Rolle: So wurden 1966 62 Prozent der in der tropischen Pazifikzone Amerikas mit dem Netz gefangenen Thune mit ihrer Hilfe erbeutet.

Auch wir selbst haben bei unseren Begegnungen mit den Delphinen wiederholt beobachtet, daß unterhalb der Schulen Thunschwärme mitzogen.

Warum sich die beiden Arten zusammenschließen, ist bislang unbekannt. Zunächst vermutete man, sie gingen gemeinsam auf Nahrungsjagd, diese Hypothese konnte aber durch Beobachtungen in jüngster Zeit widerlegt werden.

Auch die Erklärung, die Thunfische begäben sich unter den Schutz der Delphine, um vor den Angriffen der Haie sicher zu sein, klingt wenig überzeugend, da Haie Delphinschulen oft ungeschoren durchkreuzen.

Einer dritten Hypothese zufolge sollen sich die Thunfische mit Vorliebe in der Nachbarschaft schwimmender Objekte aufhalten, während die Fischereibehörde von La Jolla, Kalifornien, wiederum nach zahlreichen Studien und Experimenten zu dem Schluß gelangte, die Thunfische ließen sich von den Delphinen, die sich im Meer mühelos orientieren und an der Oberfläche ohne weiteres ihren Standort ausmachen können, schlicht und einfach führen.

Doch mögen die Gründe für diesen Zusammenschluß auch noch so ungeklärt sein, die Thunfische halten sich jedenfalls so eng an die Delphine, daß man die ganze heutige Fangtechnik auf diese Eigenart abstellen konnte. Tatsächlich wenden die derzeitigen Fangschiffe, mit gewaltigen Kühlanlagen ausgestattete 1000- bis 1500-Tonnen-Riesen, die vor Kalifornien, den Küsten Brasiliens, Perus und Kanadas kreuzen, allesamt dieselbe Taktik an: Stoppen, sowie Delphine in Sicht kommen, die Schiffsmotoren und lassen Boote zu Wasser, die die Tiere in einer bestimmten Richtung zusammenzutreiben versuchen, während sie gleichzeitig von einem leistungsstarken Motorboot mit einem Schleppnetz eingekreist werden.
Ziel des Manövers ist, die Delphine auf möglichst kleinem Raum zusammenzudrängen oder sie, falls dies nicht gelingt, in dichten Scharen vor dem Wind herzutreiben, da man in diesem Fall sicher sein kann, daß die Thune unten mitziehen (treibt man sie gegen den Wind, schwimmen sie den Delphinen ein Stück voraus und sind so schwerer zu fangen). Zu guter Letzt wird dann das Netz um Delphine und Thunfische geschlossen. Fragte sich nur, vor allem solange diese Methode noch in den Anfängen steckte, wie nach Einholen des Netzes die mitgefangenen Delphine wieder freikommen sollten. Die Fischer wußten sich keinen besseren Rat, als die Tiere tot oder verletzt wieder über Bord zu werfen, eine nicht nur zeitraubende, sondern auch über die Maßen anstrengende Aktion, denn einen 150 bis 200 Kilo schweren Delphin – tot oder lebendig – ins Meer zu bugsieren, ist ein hartes Stück Arbeit.

Im Laufe der letzten Jahre nun haben die meisten Fischereiflotten eine bessere und zugleich weniger brutale Taktik entwickelt: das sogenannte »backing down«, bei dem zunächst die vordere, mit Thunfischen gefüllte Netzhälfte an Bord gehievt und anschließend der hintere, vom Schiff am weitesten entfernte Netzabschnitt, in dem sich die Delphine befinden, durch Einschalten des Rückwärtsgangs abgesenkt wird, damit die Tiere entkommen können – in Wirklichkeit schwieriger als es klingt, sollen doch die Thune nicht hinter den Delphinen drein ins Meer entweichen. Um dies zu verhindern, läßt der Kapitän nach einiger Zeit das Schiff wieder Fahrt voraus machen, wodurch das Netz erneut angehoben wird.
All diese Manöver aber sind nicht nur für die Delphine, die sich leicht in den Maschen verfangen und ertrinken können, recht gefährlich (tatsächlich müssen jedesmal etliche ihr Leben lassen), sondern auch für die Fischer, die sie zu befreien und zu retten suchen und damit ein erkleckliches Risiko auf sich nehmen.

Für den Thunfischfang in tropischen Gewässern spielen nach Beobachtung der Fachleute mindestens drei Delphinarten eine Rolle – zwei Trugdelphine (*Stenella graffmani* und *Stenella longirostris*), beide, wie der lateinische Name andeutet, gefleckt, und eine dritte, noch unbekannte Gattung.
Den erstgenannten bezeichnen die Fischer seiner Flecken wegen als »Spotted«, den zweiten als »Spinner«, ein Wort, das an Spinnen und Spindel erinnert, durchaus treffend, denn dieser Delphin dreht sich bei seinen Luftsprüngen mehrmals um die eigene Achse, wobei allerdings dahinsteht, ob es sich um schlichten Übermut, eine bestimmte Phase des Liebesspiels oder ein Alarmsignal handelt.
Dieses Kunststück haben Tierlehrer auch dem *Tursiops truncatus* beigebracht, aber gewissermaßen nur mit List und Tücke, denn außer dem »Spinner« führt kein freilebender Delphin diese Akrobatennummer aus eigenem Antrieb auf.

Diese modern ausgerüsteten Fangflotten erbeuten allein an der Westküste der Vereinigten Staaten Jahr für Jahr 45000 Tonnen Thunfisch, was nach einer 1971 durchgeführten Schätzung 250000 Delphinen pro Fangsaison das Leben kostet. Da es sich dabei nur um die Fischereiflotte der USA handelt und kaum anzunehmen ist, daß die anderen Länder schonender verfahren, dürfte der Thunfang beträchtliche Lücken in die Delphinbestände reißen. Daher hat denn auch der amerikanische Kongreß am 21. Oktober 1972 den »Marine Mammal Protection Act«, ein Gesetz zum Schutze der Meeressäuger, verabschiedet und die Bundesfischereibehörde mit seiner Anwendung beauftragt.
Bereits im Januar 1973 begleiteten daraufhin dreizehn Vertreter der Behörde die von San Diego auslaufende Fangflotte, um die Zahl der getöteten Delphine festzustellen und Mittel und Wege zu suchen, dieses Massaker zu verhüten oder doch wenigstens abzumildern.
Der gleichzeitig unternommene Versuch, die Delphin-Gesamtpopulation vom Flugzeug aus zu zählen, erbrachte allerdings keine wirklich verläßlichen Ziffern.
Die Experten schlugen verschiedene Schutzmaßnahmen vor, so vor allem die Verwendung eines anderen Netzes, aus dem sich die Delphine leichter befreien können, und außerdem untersucht Dr. Fish, Kalifornien, gegenwärtig die Möglichkeit, die Fangschiffe durch Unterwassersender Schwertwal-Laute aussenden zu lassen: Denn da die Delphine die wilden Angriffe der

Louis Prézelin vom Taucherteam der *Calypso* füttert den Schwertwal Aida im Aquarium von Vancouver mit einem Fisch.

Louis Prézelin vom Taucherteam der *Calypso* füttert den Schwertwal Aida im Aquarium von Vancouver mit einem Fisch.

Schwertwale über die Maßen fürchten, könnte sie deren Kampfruf, im rechten Moment ausgestrahlt, beim Verlassen des Netzes durchaus zur wünschenswerten Eile anspornen.

Unmittelbar nach dem Ersten Weltkrieg wurde gegen die sogenannten *Belugas* ein ebenso unsinniger wie ungerechtfertigter Kreuzzug eingeleitet. In einer Art Massenpsychose und Sprachverwirrung behauptete man, sie dezimierten die Fischbestände und beschädigten die Netze – schon insofern ein Mißverständnis, als sich die echten *Belugas* kaum je an unseren Küsten blikken lassen. Doch obwohl zum Beispiel in Frankreich bislang lediglich ein einziges gestrandetes Exemplar an der Loiremündung aufgefunden wurde, diente der Begriff *Beluga* im volkstümlichen Sprachgebrauch lange Zeit als Sammelbegriff für alle mutmaßlichen Fischereischädlinge unter den Meeressäugern, ja, die französische Nationalmarine hatte gar mehrere Jahre lang Order, auf die Tiere mit Kanonen Jagd zu machen.
In Wirklichkeit jedoch leben die *Belugas* in den Polarregionen und verlassen die arktischen Gewässer nur ausnahmsweise.
Wie Professor Budker feststellte, »strandeten in den letzten 140 Jahren nicht mehr als zwölf *Belugas* an der englischen Küste, namentlich im Norden des Landes«.
Das aus dem Russischen stammende Wort »Beluga« heißt weiß, und so wird dieser Zahnwal auch häufig als Weißwal oder »weißes Meerschwein« (Frankreich) bezeichnet. Das Tier, das eine Länge von 3,50 bis 4 Meter, gelegentlich auch mehr (bis zu 5,40 Meter) erreicht, besitzt keine Rückenfinne, dafür aber, bei Delphinen eine Seltenheit, einen kurzen Hals, ernährt sich von Fischen, Mollusken und Krustazeen und wird seines begehrten Fleisches und Trans wegen an der kanadischen Küste, bei Alaska, im Weißen und im Ochotskischen Meer gejagt. Auch seine Haut ist sehr geschätzt, zählt sie doch zu den ganz wenigen Walhäuten, die sich zu einem brauchbaren Leder verarbeiten lassen (»Meerschwein-Leder«). Im übrigen ist der Weißwal bei der Geburt nicht weiß, sondern dunkelgrau.
Erfreulicherweise hat die kanadische Regierung, der starken Dezimierung der Bestände durch die schonungslose Jagd Rechnung tragend, mittlerweile Bestimmungen zum Schutz der *Beluga*-Rudel erlassen.

Auch der Grindwal *(Globicephala)*, der im Gegensatz zu den Tümmlern (normalerweise 2 bis 2,50 Meter) eine Länge von sechs, sieben Metern erreichen kann, zählt zu den Delphinen.
Der »Pilotwal« *(Globicephala melaena)* oder »Blackfish«, wie ihn die Amerikaner auch nennen, schwarz, mit einem großen weißen Fleck auf dem Bauch, hat jedoch eine völlig andere Kopfform als der Delphin. Sein Kopf

ist nahezu kugelrund, schnabellos und im Vergleich zu dem des Delphins völlig ausdruckslos.

Dabei wird er seiner Anpassungsfähigkeit, Verständigkeit und nicht zuletzt auch seiner eindrucksvollen Größe wegen in den Ozeanarien ebenso geschätzt wie der Delphin und vor allem in amerikanischen Meereszoos gern gehalten. Er lebt sich in der Gefangenschaft gut ein und kann fast alle Delphinnummern erlernen, als da sind: einen Ball fangen, eine Glocke läuten, auf seinen Namen reagieren – um so überraschender, als man dem »gesichtslosen« Tier im Gegensatz zum Delphin keinerlei »Verstand« zutrauen würde.

Insgesamt haben die vor allem vom *Marineland of the Pacific* an der Westküste der Vereinigten Staaten betriebenen Zähmungs- und Dressurarbeiten bereits vielversprechende Ergebnisse erbracht, und so steht zu hoffen, daß man diesen Meeressäuger, der von der amerikanischen Marine heute bereits mit Erfolg zum Aufspüren von Versuchstorpedos eingesetzt wird, nicht bloß zum Zirkustier degradieren wird.

In Freiheit zieht er in großen, manchmal mehrere hundert Exemplare umfassenden, von einem Leittier angeführten Schulen umher.

Wir selbst sind diesen im allgemeinen recht scheuen Meeressäugern bei unseren Kreuzfahrten mit der *Calypso* wiederholt begegnet: so 1948, als wir Professor Piccard auf der *Elie Monnier* begleiteten, um ihm bei der Erprobung seines Bathyscaphs FNRS-2 zu assistieren. Dieses Unternehmen, bei dem es erstmals gelang, eine Tauchkapsel in 1800 Meter Tiefe abzusenken, habe ich bereits an anderer Stelle ausführlich geschildert. Es war – auch wenn diese spezielle Tauchkugel der »Seetüchtigkeit ermangelte« und bei der Bergung vom schweren Seegang zertrümmert wurde – ein für die gesamte weitere Entwicklung der Bathyscaphs entscheidendes Experiment, da es bewies, daß ein derartiger Schwimmkörper selbsttätig wieder aufsteigen kann.

Als wir auf der Rückfahrt bei strahlendem Wetter Gibraltar passierten, stießen wir auf eine Grindwalschule. Da ich die Tiere unbedingt filmen wollte, stieg ich eilends mit Frédéric Dumas in ein Dingi und nahm zum Rudern einen Matrosen mit. Doch die Grindwale erwiesen sich als sehr listig: Kaum kamen wir ihnen näher, tauchten sie ab, um einige Minuten später ein ganzes Stück entfernt wieder aufzutauchen. Dieses Spiel setzte sich mehrere Stunden lang fort, bis wir, mit unseren Vermutungen endlich ins Schwarze treffend, uns plötzlich von Grindwalen umringt sahen. Einer tauchte direkt neben dem Dingi auf und bekam einen solchen Schreck, daß er mit einem Schwanzschlag alles in die Luft schleuderte – den Matrosen, Dumas, mich und die Kamera, woraufhin der ganze Trupp in wilder Panik davonschoß und wir im Wasser paddelnd des Augenblicks harrten, da uns die *Elie Monnier* samt unseren herumschwimmenden Utensilien wieder auffischte.

Kurz zuvor hatten wir bei derselben Expedition (1948) eine andere interessante Erfahrung mit Grindwalen gemacht.
Damals führten wir bei den Kapverdischen Inseln an einer viertausend Meter tiefen Stelle Tiefenlotungen durch, bei denen ich zum erstenmal das Echo der sogenannten DSL, der Tiefenstreuschicht, registrierte, die in vierhundert Meter Tiefe offenbar besonders dicht war und auf dem Echogramm als charakteristisches schwarzes Band erschien, das man für den Meeresgrund hätte halten können, hätte nicht der Wechsel von dichten und dünnen Abschnitten verraten, daß es sich um eine aus Tieren zusammengesetzte Streuschicht handeln mußte.
Während wir vollauf mit diesen Lotungen beschäftigt waren, sichteten wir in der Nähe des Schiffes wohl an die zwanzig Grindwale, die sich ungewöhnlich langsam bewegten und, statt weiterzuziehen, gemächlich am selben Fleck herumpaddelten und nur dann und wann abtauchten.
Da uns damals noch nicht dieselben Bedenken plagten wie heute und uns die Gründe für das sonderbare Verhalten der Tiere interessierten, harpunierten wir kurzerhand eins und ließen es von unserem Schiffsarzt sezieren. Der nun fand im Magen des Grindwals die Überreste von mehreren hundert Tintenfischen – eine in zweifacher Hinsicht aufschlußreiche Entdeckung, denn erstens bewies sie, daß sich die Grindwale ihre Nahrung in vierhundert Meter Tiefe in der aus Kopffüßern zusammengesetzten Tiefenstreuschicht holen, und zweitens, daß die Tintenfische nicht nur am Küstensaum, sondern als echte Hochseetiere auch in ziemlich großen Tiefen in Riesenscharen vorkommen.
Die erstaunliche Menge an unverdauten Tintenfischschnäbeln im Magen des sezierten Grindwals lieferte uns auch den Schlüssel für das merkwürdige Gebaren der Tiere: Zum Bersten angefüllt und vollauf mit Verdauen beschäftigt, hatten sie sich nur langsam bewegt und sich daher ausnahmsweise einmal weniger scheu gegeben.

Über den »Selbstmord« der Grindwale ist schon viel geschrieben worden. Tatsächlich stranden die Tiere manchmal in großer Zahl an der nordenglischen Küste, wobei ein guter Teil dieser tödlichen Unfälle auf die Jagdgepflogenheiten der Fischer der Färoer- und Shetland-Inseln zurückgeht, die einen oder zwei Grindwale ans Ufer treiben, denen dann die übrige Schule folgt. Auch an der französischen Küste, bei der Ile de Yeu und Saint Vaast la Hougue, hat man derartige Vorkommnisse beobachtet.

Zwei Weißwale in ihrem Bassin (Aquarium von Vancouver).

Als in den USA 1973 rund dreißig Grindwale bei Charleston aufs Trockene gerieten, konnte man die Tiere rasch genug wieder seewärts schleppen, doch nur ganz wenige blieben im offenen Meer. Die übrigen steuerten erneut aufs Ufer los, und als man sie wiederum ins tiefere Wasser zog, liefen sie allesamt zum drittenmal auf – eine sonderbare Hartnäckigkeit, die zu denken gibt.
In der Annahme, der mutmaßliche Selbstmord könnte vielleicht durch physiologische Ursachen, zum Beispiel eine Epidemie, ausgelöst worden sein, untersuchten Spezialisten vom Smithsonian Institute die Eingeweide der gestrandeten Grindwale, aber die Tiere schienen allesamt gesund.
Eine andere Hypothese lautete, da die Grindwale fast immer an denselben Küstenabschnitten stranden, führe womöglich die Bodenformation zu einer Störung der Echolotsignale. Dagegen jedoch ist einzuwenden, daß die von der Küste ins offene Meer hinausgeschleppten Tiere der Bodenformation nicht gut zum Opfer gefallen sein können.
Daß Delphine an der Gefangenschaft eingehen, ja sogar den Tod suchen können, haben wir selbst erlebt, aber warum freilebende Grindwale einen Massenselbstmord begehen sollten, bleibt unerfindlich.
Bei Ausgrabungen an der Unglücksstätte haben die Wissenschaftler vom Smithsonian Institute übrigens einen recht interessanten Fund gemacht – eine große Anzahl fossiler, mehrere Millionen Jahre alter Grindwalknochen, die bewiesen, daß dieses Phänomen nicht neu ist, sondern schon vor der Ära des Menschen auftrat, so daß man es mithin also weder dem Fischfang noch der Wasserverschmutzung anlasten kann.
Grindwale sind empfindsame Tiere. Zwar hat sich bis jetzt noch keiner von sich aus an Menschen angeschlossen, wie die Delphine Dolly oder Nina, aber immerhin ist ein Fall bekannt, in dem ein *Globicephala* eine leidenschaftliche Freundschaft zu einem Delphin entwickelte. Die beiden Tiere lebten in einem amerikanischen Ozeanarium im selben Becken, spielten miteinander und schwammen stets Seite an Seite. Als der Delphin nach einigen Jahren an einer Infektion einging, hielt der Grindwal den Kadaver verzweifelt tagelang an der Wasseroberfläche und ließ ihn sich nicht abnehmen. Als man ihn schließlich doch überlisten konnte, trat er in Hungerstreik, magerte zusehends ab und siechte sichtlich dahin. Um ihm das Leben zu retten, beschloß die Direktion des Ozeanariums, ihn im offenen Meer auszusetzen, doch es erwies sich als gar nicht so einfach, ihn loszuwerden. Er wich keinen Zoll vom Boot und fixierte die Männer mit dem verwirrten Blick des Tiers, das »Seelen«-Qualen leidet, ohne zu begreifen, was mit ihm vorgeht, und damit ge-

Im Aquarium von Vancouver zeigt der Schwertwal, der im Gegensatz zu den Delphinen nicht »lächeln« kann, die Zähne.

wissermaßen eine stumme Anklage gegen die Ungerechtigkeit der Welt erhebt.

Einer der sonderbarsten Zahnwale ist der 4,50 bis 5 Meter, gelegentlich bis zu 6 Meter lange Narwal mit seinem »Stoßzahn« – in Wirklichkeit der stark verlängerte linke äußere Schneidezahn des Oberkiefers, der die stattliche Länge von 2,50 bis 3 Meter erreichen kann und schraubenförmig von rechts nach links gedreht ist. Rechts ist der entsprechende Zahn meist verkümmert, doch gibt es gelegentlich auch Narwale, bei denen er voll ausgebildet ist.
Im übrigen ziert dieser Riesenzahn nur die Narwalbullen, und da er weder zum Aufspüren der Nahrung dient (auch die stoßzahnlosen Weibchen kommen offensichtlich zum nötigen Futter), noch eine Waffe darstellt (der Narwal ist nämlich alles andere als aggressiv), halten ihn manche Spezialisten schlicht für cin »sekundäres Geschlechtsmerkmal«.
Eben dieses Zahnes wegen, der ein besonders schönes und hoch bezahltes Elfenbein liefert, wird der in Rudeln von etwa zehn Tieren in der Arktis beheimatete Narwal von den Eskimos eifrig gejagt.
Offensichtlich haben die Vertreter der Delphinfamilie mit allerlei aufzuwarten – interessanten Eigenschaften, außergewöhnlicher Anpassungsfähigkeit, ja sogar mit kostbarem Elfenbein. Bleibt nur zu hoffen, daß die langsam erwachende Sympathie nach und nach jene Achtung bewirkt, die diese Tiere aufgrund ihrer Intelligenz und ihrer Gutartigkeit verdienen, mit anderen Worten, daß die Zeit des sinnlosen Abschlachtens wirklich ein für allemal ihrem Ende entgegengeht.

12 Eine uralte Freundschaft

Theseus, der erste Taucher
Symbolfunktion
Musikbegeisterte Meeressäuger
Der Delphin in der abendländischen Symbolik und Heraldik

Daß die Freundschaftsbande zwischen Mensch und Delphin uralt sein müssen, vielleicht ebenso alt wie die zwischen Mensch und Hund (auch wenn im Augenblick noch keine exakte Datierung möglich ist), beweisen unlängst in Südafrika entdeckte Felsenritzzeichnungen aus prähistorischer Zeit, auf denen man deutlich die Umrisse von Delphinen, ja sogar die Gestalt eines zwischen ihnen herumschwimmenden Menschen erkennt. (David K. Caldwell und Melba C. Caldwell, *The World of the Bottlenosed Dolphin,* J. B. Lippincott Company.)
Besonders schöne und treffende Delphindarstellungen sind aus der Zeit der ägäischen Kultur (3. und 2. vorchristliches Jahrtausend) erhalten, so zum Beispiel der Delphinfries, der im Palast von Knossos das Badezimmer der Königin schmückt.
Überhaupt scheinen die Kreter vertrauten Umgang mit den Meerestieren gepflogen und ihnen gegenüber eine Einstellung vertreten zu haben, wie sie im Abendland erst wieder im 20. Jahrhundert auflebte. Selbst für ein so wenig attraktives Wesen wie den Kraken (den auch wir selbst wieder zu Ehren zu bringen suchten) hegten sie, wie aus zahllosen Darstellungen auf Tongefäßen zu ersehen, warme Sympathie, und der Delphin war offenbar weit

Damals wäre es keinem Fischer eingefallen, einen Delphin zu töten, und geriet zufällig einmal einer ins Netz, wurde er auf der Stelle wieder freigelassen.

Wie sehr der Delphin die Phantasie der Griechen beschäftigte, zeigt ihre Töpferkunst in immer neuen Abwandlungen: Bald umringen die Tiere Theseus in munterem Reigen wie auf der berühmten Schale des Euphronios (5. Jh. v. Chr.) im Louvre, auf der der Held und Vorläufer der Taucher am Meeresgrund aus Amphitrites Hand zur Belohnung eine goldene Krone entgegennimmt, bald tragen sie gerüstete Krieger auf dem Rücken.

Gleichfalls große Vorliebe für das Delphinmotiv zeigen die aus Lydien stammenden, als hervorragende Seeleute bekannten Etrusker, die auf ihren Grabfresken immer wieder Delphine abbilden. Eine der schönsten Szenen, die sich in einer aus dem 6. Jahrhundert v. Chr. stammenden Grabkammer in Tarquinia findet, stellt ein Fischerboot dar, vor dessen Bug sich springende Delphine tummeln.

Auch auf Münzen, diesem für den Seehandel unabdingbaren Zahlungsmittel, taucht das Bild des Delphins bis zum Überdruß auf, so zum Beispiel auf den prachtvollen Silberstücken aus Syrakus, die das klassisch klare Profil der Nymphe Arethusa inmitten des Reigens der Delphine zeigen, oder auf der Münze von Tarent, auf der der Delphin den Namenspatron der Stadt, den Helden Taras, auf dem Rücken trägt, was möglicherweise sogar mehr als nur ein religiöses Symbol, ein Handelszeichen und Seefahreremblem ist, denn hinter der Sage von Taras, dem Sohn des Neptun, der, von einem Delphin ans Gestade getragen, die Stadt gegründet haben soll, könnte eine wahre Begebenheit anklingen: die Rettung eines Schiffbrüchigen durch einen Delphin. Insgesamt haben damals nicht weniger als vierzig griechische Städte Münzen mit Delphinen prägen lassen – eine Tatsache, die für sich selber spricht.

Daneben graviert man das mehr oder weniger stilisierte Abbild des beliebten Meeressäugers auch in die Anker ein, und die mächtigen griechischen und römischen Reeder, die *navicularii*, wählen den um einen Anker oder Dreizack gewundenen Delphin, ein Motiv, das auf ein aus dem 9. oder 8. Jahrhundert v. Chr. stammendes phönizisches Vorbild zurückgeht, als Handelsmarke.

In der Renaissance, im 16. Jahrhundert, wandelt sich die Handelsmarke dann zum Druckerzeichen, mit dem der berühmte venezianische Buchdrucker Aldus Manutius seine vorbildlichen Ausgaben griechischer und römischer Autoren versieht, eine Tradition, die in unserer Zeit der amerikanische Verlag Doubleday fortführt.

Anker und Dreizack, die Attribute des Meeresgottes Poseidon, weisen den Delphin als Symboltier der Seefahrt aus, wofür ihn seine Schnelligkeit und

Silbernes Dekadrachmon aus Syrakus mit dem Bildnis der von vier Delphinen umgebenen Nymphe Arethusa.

Delphinfries im Raum der Königin im Palast von Knossos, um 1600 v. Chr.

Ein Delphin folgt Fischern (man beachte auch den delphinförmigen Kahn). Fresko aus einer mit Jagd- und Fischereiszenen geschmückten Grabkammer aus Tarquinia, etruskische Kunst aus der Zeit um 520 bis 510 v. Chr. Foto: Giraudon.

Griechisches Tongefäß mit Delphinmotiv aus dem 4. Jahrhundert v. Chr., Louvre.

Klugheit prädestiniert haben dürften. Und die auf einem römischen Mosaik in der Zunfthalle von Ostia zwischen den Frachtschiffen einer ganzen Handelsflotte wohlwollend, ja fast heiter spielenden Delphine beweisen, daß auch noch die römischen Seeleute die Überzeugungen und Traditionen der Griechen übernahmen. So sind die Delphine den Schiffen der Menschen vom Hafen von Knossos bis in den Hafen von Rom gefolgt.

Nun darf man aber nicht meinen, Ägäer, Etrusker, Griechen und Römer hätten ihre Wände, Schilder, Vasen, Trinkschalen und Münzen nur aus ästhetisch-dekorativen Gründen mit Delphindarstellungen verziert. Motive nur ihrer Schmuckfunktion wegen zu verwenden, ist eine neuzeitliche Tendenz. Ursprünglich hatte ein Bild einen bestimmten, unter Umständen auch mehrschichtigen Sinngehalt. Der Delphin wäre demnach ein Symbol – nur: wofür? Da weder Texte noch Inschriften über diesen Punkt präzise Auskunft geben, sind wir auf Mutmaßungen angewiesen. Anders als zum Beispiel beim Gorgonenhaupt, das als magisches Abwehrmittel (Apotropäon) in die Stöcke der Bleianker eingraviert wurde, können wir die Delphindarstellungen höchstens subjektiv interpretieren.
Daß der Delphin, wie so viele Symbole aus dem Themenkreis Meer und Wasser, im Totenkult eine Rolle spielt, scheint zumindest ein Bildwerk zu bestätigen, ein im Museum von Antiochia aufbewahrtes Mosaik, auf dem Delphine Verstorbene zu den Inseln der Seligen tragen – offenbar ein aus der ägäischen Kultur stammendes Motiv. Jedenfalls schrieben schon die Kreter den Delphinen diese Rolle zu.
Doch so interessant es auch wäre, über die Delphinsymbolik, die im Mittelmeerraum viertausend Jahre lang im Schwange war, mehr zu erfahren, die überlieferten griechischen und lateinischen Texte geben über diesen Punkt keinen Aufschluß, sondern begnügen sich fast ausschließlich mit Anekdoten und Zeugnissen, die das Wohlwollen dieser Tiere für den Menschen ins rechte Licht rücken sollen.
Übrigens hatten die Griechen für dieses Wohlwollen ihre eigene Erklärung. Die Delphine, so meinten sie, wären ehedem Menschen gewesen, die Dionysos zur Strafe in Meerwesen verwandelte:
»Als Dionysos, zu Schiff nach Naxos fahrend, gewahr wurde, daß die Seeleute gen Asien steuerten, um ihn daselbst als Sklaven zu verkaufen, verwandelte er ihre Ruder in Schlangen, füllte das Schiff mit Efeu und ließ unsichtbare Flöten erklingen, hielt sodann das Gefährt in Weinranken fest, und als sich die Seeräuber wie von Sinnen ins Meer stürzten, verwandelte er sie in Delphine. Dies ist der Grund, weshalb die Delphine den Menschen so freundlich gesonnen: Sie sind reuige Piraten.« (Grimal, *Dictionnaire de la mythologie grecque et romaine*, Paris 1963.)

Schwarzfiguriger attischer Skyphos mit sechs auf Delphinen reitenden Kriegern. Foto: Museum of Fine Arts, Boston.

In der klassischen Literatur seit Homer wimmelt es von derartigen Berichten, die lange Zeit allgemein als Märchen oder mythologische Geschichten galten, heute jedoch, da wir über das Verhalten der Meeressäuger etwas besser Bescheid wissen, in anderem Licht erscheinen.
Zu diesen weithin bekannten »Märchen«, die mittlerweile einigermaßen plausibel erklärt werden können, gehört beispielsweise die Geschichte von Telemachos, dem Sohn des Odysseus, der als Kind ins Meer stürzte und von Delphinen ans rettende Ufer gebracht worden sein soll, weshalb sein Vater einen Ring mit eingraviertem Delphin trug.
Und in der *Ilias* überreichen die auf Delphinen reitenden Nereïden Achill den von Vulkan geschmiedeten Schild.
Daß die Griechen den Delphin jedoch auch naturwissenschaftlich korrekt zu sehen vermochten, beweist im 4. Jahrhundert v. Chr. Aristoteles, der bereits eine genaue anatomische Beschreibung der Tiere und eine treffende Charakterisierung ihres Verhaltens lieferte. Unter anderem erkannte er bereits, daß es sich nicht um Fische, sondern um Säugetiere handelt, und spricht staunend von den mannigfaltigen Lauten, die die Tiere ausstoßen, sowie von der Zuneigung und Hilfsbereitschaft, die sie einander bezeigen.
Diese gegenseitige Hilfestellung, die Fischer in Florida in den letzten Jahren

Italische Trinkschale mit Apollo und seinem Wagen (4. Jahrhundert v. Chr.). Links der Apollo geweihte Delphin. Louvre.

Delphinpaar auf offener See.

gleichfalls beobachtet haben, ist im übrigen für die meisten Wale kennzeichnend: Die Tiere stützen einen verletzten Artgenossen mit den Flossen, ein Akt der Solidarität, den die Amerikaner treffend als »standing by« bezeichnen.

Bereits Plinius der Ältere schrieb in seiner *Naturgeschichte:*

»Sie halten allesamt fest zusammen. Als ein König aus Karien eines Tages einen gefangenen Delphin im Hafen anketten ließ, kamen die anderen, sichtlich niedergeschlagen, zuhauf und suchten das Mitleid der Menschen zu wecken, bis der König schließlich den Befehl erteilte, den Gefangenen freizulassen.

Die Jungen werden stets von größeren Tieren begleitet, die sie behüten.

Rotfigurige attische Schale mit Thetis und Delphinen. Museum of Fine Arts, Boston.

Außerdem hat man gesehen, wie Delphine den Leichnam eines Artgenossen trugen, auf daß er nicht von den Meeresungeheuern zerrissen werde.«
Wie viele Leser haben im Laufe der Jahrhunderte die Achseln gezuckt und Plinius für naiv gehalten, weil er an derlei Histörchen glaubte. Und dabei findet sich unter all seinen Berichten nicht ein einziger, den wir heute füglich in Zweifel ziehen könnten.

Doch setzen wir die Reihe der antiken Schilderungen, die nach dem heutigen Wissensstand durchaus eine gewisse Wahrscheinlichkeit besitzen, noch ein wenig fort.
»Der Delphin«, schreibt Plinius, »gibt sich dem Menschen gegenüber nicht nur zutraulich, sondern läßt sich auch von der Musik, den harmonischen Klängen der Instrumente und insbesondere dem Schall der Wasserorgel fesseln. Und da er den Menschen nicht als ein feindliches Wesen fürchtet, tummelt er sich gern vor den Schiffen, vollführt spielerische Sprünge, ja, läßt sich

Kleine Trinkschale mit drei Delphinen. Griechische Keramik aus der hellenistischen Epoche. Louvre.

sogar zum Wettschwimmen herbei, bei dem er die Boote, mögen sich ihre Segel auch noch so voll im Winde blähen, stets überholt.«

Vor ihm schon hatte Herodot die Liebe der Delphine zur Musik geschildert: Als der im 7. Jahrhundert v. Chr. hochberühmte Dichter und Leierspieler Arion bei einer Seefahrt von den Schiffern, die es auf sein Geld abgesehen hatten, über Bord geworfen werden sollte, bat er sich als letzte Gunst aus, sein schönstes Poem, *Orthion* betitelt, singen zu dürfen. Von der Weise angelockt, kam ein Delphin herbei, nahm Arion, als er ins Meer gesprungen war, auf den Rücken und trug ihn bis zum Kap Tänaron, dem heutigen Kap Matapan.

Diese Empfänglichkeit für Musik haben wir an unseren Delphinen an Bord

Seite 248: Beim Schwimmen tauchen die Delphine abwechselnd auf und wieder unter.

Seite 249: Falco vor dem Bug der *Calypso* beim Delphinfang.

der *Calypso* einige Male selbst beobachten können, wenn Prézelin und Dr. Millet, unsere beiden Gitarrespieler, auf ihren Instrumenten etwas spielten. Doch zurück zu Plinius und einer anderen von ihm berichteten Geschichte über das Schicksal eines im Lukriner See beheimateten Delphins, den der Sohn eines armen Mannes aus Bajä bei Neapel regelmäßig fütterte. Die beiden schlossen Freundschaft, und der Delphin trug den Jungen durch den See bis nach Pozzuoli, wo er zur Schule ging, und abends wieder zurück, womit er ihm einen weiten Umweg ersparte. Als der Knabe unvermittelt starb, soll der Delphin am gewohnten Ort auf ihn gewartet haben und, als sein Freund nicht mehr auftauchte, selber vor Kummer gestorben sein.
Und Plinius der Jüngere, ein Neffe des oben zitierten Autors, schließlich erzählt in seinem Brief an Caninius Rufus von einem Delphin, der einen kleinen Jungen aus Hippo vor dem Ertrinken bewahrte und sich hinfort als sein Freund gebärdete, das Kind auf dem Rücken spazierentrug und bald Luftsprünge vollführend, bald tauchend so muntere Spiele mit ihm trieb, daß die Bewohner der Stadt in hellen Scharen zum Ufer strömten, um sich an dem Schauspiel zu ergötzen. Und genau wie 1850 Jahre später Nina in La Coruña und Opo in Neuseeland ließ sich das Tier auch von anderen Kindern und Erwachsenen streicheln.

Wie so viele andere Embleme ging auch das jahrtausendealte, bei Kretern, Etruskern, Griechen und Römern gleichermaßen beliebte Delphinsymbol in die christlichen Bestiarien und die abendländische Heraldik ein. Der Delphin wurde zum Symbol der Auferstehung, zum Fürsprecher, der den Menschen im Wasser stützt und führt, damit er, von seinen Sünden reingewaschen, der Wiedergeburt teilhaftig werden kann, und gleichzeitig zum Führer, der den Schiffbrüchigen in den Hafen des Heils geleitet. Kein Wunder, daß der Erlöserchristus, wie einst Apollo, unter dem Bild des Delphins erscheint.

Zum Abschluß noch eine kurze Anmerkung zum etwas rätselhaften Namen der französischen Dauphiné:
Wie kommt eine so weit vom Meer entfernte Landschaft zu diesem Namen und einem Delphin im Wappen? Nach Meinung des Präsidenten der Französischen Gesellschaft für Heraldik und Sigillographie, Monsieur Meurgey de Tupigny, vermutlich wegen des Vornamens Delphin oder Dauphin der ersten Grafen von Albon und Vienne.
Doch wie auch immer, jedenfalls ist der Delphin ein uraltes Symbol, das schon auf griechischen Schildern auftauchte und wie viele andere Embleme in die christliche Heraldik übernommen wurde – und in Frankreich durfte der Kronprinz seit dem Anschluß der Dauphiné im Jahre 1349 den Titel Dauphin führen.

Lange Zeit wurden die Berichte, Delphine hätten Menschen auf dem Rücken getragen, als Märchen abgetan. Oben ein Delphin des Meereszoos von Antibes mit einem jungen Mädchen (Foto: Gilbert Pressenda), unten Delphin mit Nereïde auf einer griechischen Vase des 5. vorchristlichen Jahrhunderts. Louvre.

13 Eine große Verheißung

Experimentalbiologie
Höherentwicklung

Und was wird weiter mit den Delphinen geschehen?
Falls Sympathie und Neugierde, die ihnen heute entgegengebracht werden, anhalten, werden sie bei dem wachsenden Interesse von Wissenschaft und Industrie am Meer in den nächsten zwanzig bis fünfzig Jahren in immer engeren Konnex mit dem Menschen treten und ihm immer häufiger in ihrem Element begegnen, was bei physiologisch so hochentwickelten Lebewesen mit Sicherheit zu Veränderungen im Verhalten und zu ähnlichen Anpassungserscheinungen führen wird, wie wir sie heute bereits an den Tieren in unseren Städten beobachten. So wissen zum Beispiel die Ratten, wann die Mülleimer auf die Straße gestellt werden, und die Meisen verstehen in England, wo die Milch noch ins Haus geliefert wird, die Kappen der vor den Türen abgestellten Flaschen aufzupicken. Um wieviel mehr dürfen wir da von den Delphinen, Schwertwalen, Belugas und Seelöwen erwarten, daß sie das Treiben des Menschen im Meer bald zu ihren Gunsten nutzen werden.

Diese beiden Delphine »unterhalten« sich miteinander. Man beachte die Luftperlen über dem Atemloch des einen.

Dazu kommt, daß zweifellos immer mehr Tiere für bestimmte Aufgaben geschult und eingesetzt und ihren in Schulen im Meer umherziehenden Artgenossen als Anführer dienen werden. Sie werden sich mit ihnen zu verständigen suchen, und mag dieser Dialog auch einfacher ausfallen als zunächst vermutet, er wird doch das Seine zur Umformung beitragen.
Und schließlich dürften auch die Ozeanarien, deren Zahl sicher weiter zunehmen wird, eine immer wichtigere Rolle spielen, pflegen sich doch die Arten in der Gefangenschaft ganz erheblich zu verändern. Haustiere sind ja nicht schlicht wilde Tiere, die der Mensch in Gehege und Ställe sperrt und dort weiter vermehrt, sondern neue Formen mit anderen Eigenschaften als ihre Artgenossen in der freien Natur. So hat der Mensch vor fünf- oder sechstausend Jahren in Mesopotamien, dem Industal und Ägypten Schweine-, Ziegen- und Rinderrassen gezüchtet, die sich von den Naturformen von Grund auf unterschieden, und so hat er im Verlauf von 60000 Jahren den Hund zu dem gemacht, was er mittlerweile ist. Ob es auch beim Delphin dahin kommen wird, läßt sich im Augenblick noch nicht absehen.

Der Hund, dessen Ursprünge ebenso weit zurückreichen wie unsere eigenen, konnte sich übrigens nur dank seiner ungewöhnlichen Wandelbarkeit und Anpassungsfähigkeit, die alle nur erdenklichen Metamorphosen zuläßt, zu einem so unzertrennlichen, seit jeher geschätzten und zu allem brauchbaren Gefährten des Menschen entwickeln. Zufälle, Mutationen und Kreuzungen ermöglichten, seine Größe, Gestalt, Farbe und selbst sein Verhalten zu verändern, kurzum, er hat sich als genetisch noch leichter beeinflußbar erwiesen als Getreide, Zuckerrübe oder Dahlie.
Ob sich die Wale freilich im selben Maß manipulieren lassen, steht vorläufig noch dahin. Immerhin ist es bereits gelungen, in der Gefangenschaft einen *Steno* (Furchenzahnwal) und einen *Tursiops* (Tümmler) zu kreuzen. Dieser Vorgang fand erstaunlich wenig Beachtung, obwohl doch die Kreuzung von Familien und Varietäten die wichtigste Handhabe der Züchter darstellt, beim Tier bestimmte Eigenschaften zu entfalten und Fehler auszumerzen. Sie ist das Mittel, durch das der Mensch Einfluß auf das Lebendige nimmt und jene große Unterwerfung der Tiere, oder anders gesagt, jenes »großangelegte experimentalbiologische Unternehmen« verwirklicht, das das wichtigste Kapitel seiner Geschichte darstellt.
Werden die Zoologen dieses Unternehmen systematisch weiterführen, und was wird dabei herauskommen? Wird es uns einen wertvollen Tauchgefähr-

Omer und Falco befestigen eine Unterwasserkamera an der Rückenfinne eines Delphins.

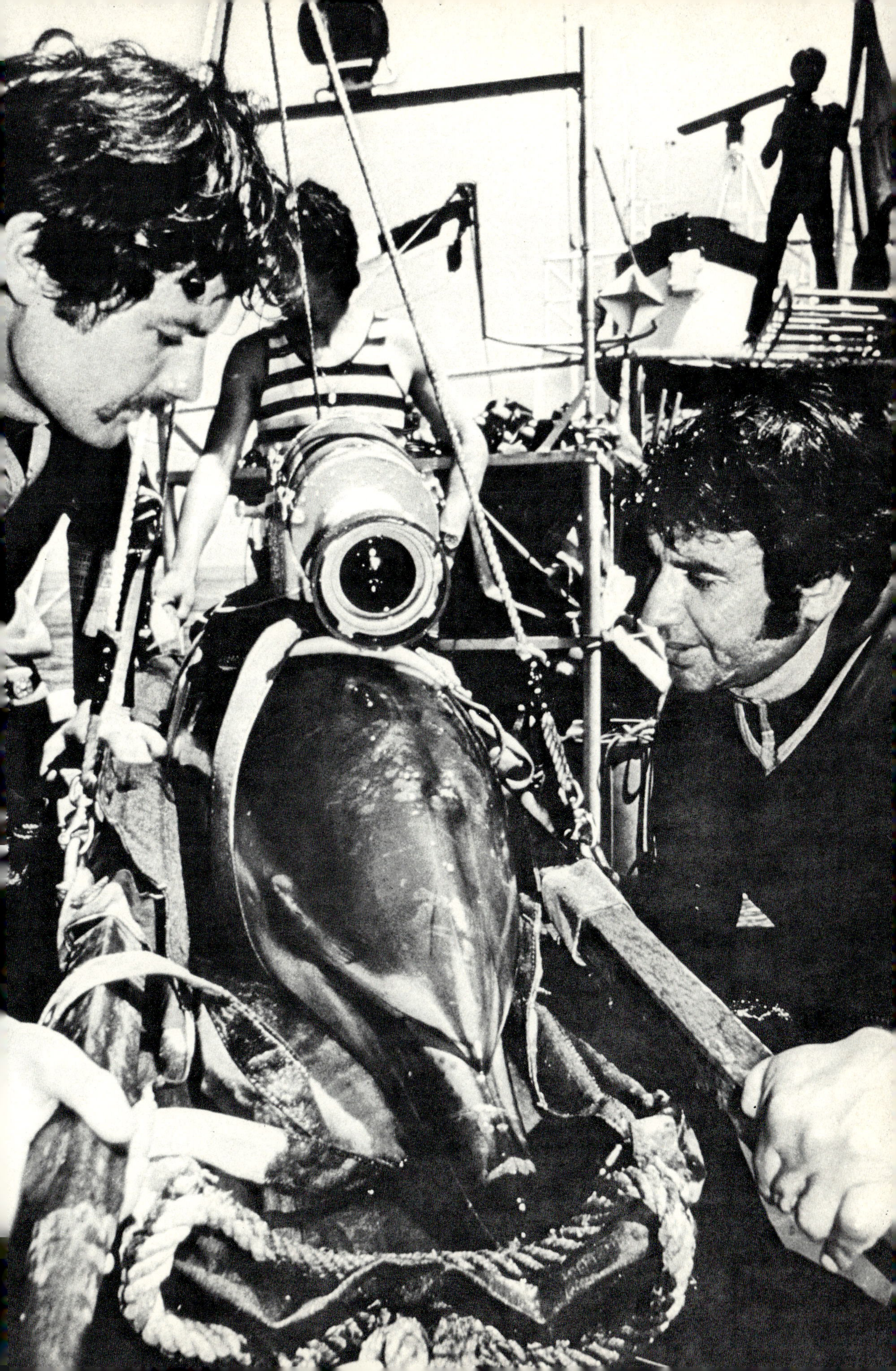

ten bescheren, der im Meer für uns und mit uns verschiedenartige Aufgaben übernimmt? Zweifellos, denn im Grunde ist diese Etappe heute bereits so gut wie geschafft. Und da unsere Sinne im Wasser nur sehr mangelhaft ansprechen – wir vermögen weder Gegenstände im Trüben zu lokalisieren noch eine Schallquelle zu orten –, kann uns der Delphin mit seinem hervorragend entwickelten Sinnesapparat von unschätzbarem Nutzen sein und bei der Erschließung der Meere sicher ebenso gute Dienste leisten wie zweitausend Jahre vor unserer Zeitrechnung das Pferd bei der Eroberung des Landes.
Doch in diesem Zusammenhang erhebt sich auch ein schwerwiegendes Problem: Was werden fünfzig oder hundert Jahre Gemeinschaft mit dem Menschen aus dem hochentwickelten, komplex strukturierten Gehirn des Delphins machen, das Erinnerungsvermögen und Assoziationsfähigkeit besitzt und bei entsprechendem Training dem Tier eines Tages vielleicht sogar die Möglichkeit geben wird, ähnlich wie die Primaten zu einer Art Sprache zu gelangen – Perspektiven, die das künftige Schicksal dieser Meeressäuger zum ebenso fesselnden wie beklemmenden Abenteuer machen.
Wir haben es im vorliegenden Buch selbst auf die Gefahr hin, den Leser damit zu enttäuschen, bewußt vermieden, die psychischen Möglichkeiten dieser Meeressäuger in allzu leuchtenden Farben zu schildern, und uns im Gegenteil bemüht, den volkstümlichen Delphinmythos abzubauen und einer allzu naiven Bewunderung entgegenzuwirken. Doch was heute nicht ist, kann morgen werden, oder anders gesagt, nichts beweist, daß der Delphin nicht eines Tages durch den Kontakt mit dem Menschen über die Stufe des Tierischen hinausgelangen könnte. Welche Verheißung, aber zugleich auch welche Verantwortung!

Mosaik in einem Bassin in Utique (Nordafrika), 4. Jahrhundert n. Chr.

Anhang

Delphine (Delphinidae)
Wale (Cetacea)
Flußdelphine (Platanistidae)
Schutzbestimmungen
Delphine in Delphinarien und Forschungsstätten
Glossar
Bibliographie
Bildnachweis
Dank
Register

Anhang A

Delphine (Delphinidae)

Da in diesem Buch nicht nur von Delphinen schlechthin, sondern von einzelnen Arten die Rede war (und wiederum nicht nur von dem einem breiteren Publikum bekannten Großen Tümmler und Gewöhnlichen oder Gemeinen Delphin), hier eine kurze Zusammenfassung, die dem Leser helfen soll, diese hinsichtlich Größe und Erscheinung recht unterschiedlichen Meeressäuger auseinanderzuhalten – wobei bereits die Terminologie ihre Tücken hat, denn wie bei den Namen der Fische herrscht auch bei den Bezeichnungen für die Delphine ein ziemliches Durcheinander.
So ist beispielsweise im englischen Sprachgebrauch das Wort *whale* nicht nur für die Bartenwale *(Mystacoceti)*, sondern auch für alle über fünf Meter langen Zahnwale *(Odontoceti)* üblich, während Zahnwale unter fünf Meter, sofern sie einen Schnabel besitzen, *dolphins* (Delphine), sofern sie hingegen eine stumpfe Schnauze haben, *porpoises* (Schweinswale) heißen. Um die Dinge noch weiter zu komplizieren, nennen die Amerikaner den typischsten und bekanntesten Vertreter der Delphinfamilie, den Tümmler *(Tursiops), porpoise* (Meerschwein oder Schweinswal), während die Engländer diesen Namen dem eigentlichen Schweinswal *(Phocaena phocaena)* vorbehalten. Eine andere gebräuchliche Bezeichnung für den *Tursiops* ist *bottlenosed dol-*

Von oben nach unten: Gewöhnlicher Delphin *(Delphinus delphis)*, Großer Tümmler *(Tursiops truncatus)*, Schweinswal *(Phocaena)*, Rundfinnen-Delphin *(Cephalorhynchus)*.

phin, was man jedoch nicht mit *bottlenosed whale*, dem Namen des Entenwals *(Hyperoodon)*, verwechseln darf.

Diese Schwierigkeiten kommen natürlich nicht zuletzt daher, daß die Delphine mit 62 Arten die größte Familie innerhalb der Ordnung der Wale bilden, daß es also, um mit Professor Budker zu sprechen, »nicht *den* Delphin, sondern deren viele gibt«.

Der größte Vertreter der Delphinfamilie ist der Schwertwal, auch *Orcinus orca*, Großer Mörder, Mörderwal, Killer, *thrasher* (Totschläger) oder Raubwal genannt, der acht bis neun Meter lang und etwa eine Tonne schwer wird und sich durch einen runden Kopf, eine gewaltige Rückenfinne und drei charakteristische weiße Flecken hervortut. Von Walen und Delphinen seiner Wildheit und Mordlust wegen außerordentlich gefürchtet, verhält er sich dem Menschen gegenüber erstaunlich gutartig und sanft, läßt sich leicht dressieren und mühelos in Ozeanarien halten, wo man ihn seiner beachtlichen »Intelligenz« wegen schätzt (er ist ohne allen Zweifel »klüger« als der Große Tümmler).

Die Tümmler *(Tursiops)* ihrerseits werden bis zu 3,75 Meter lang, doch gibt es im Roten Meer eine Spielart mit dunkelgrünem Rücken und weißem, unregelmäßig geflecktem Bauch *(Tursiops abusalam)*, die bis zu zehn Meter erreicht und damit den Schwertwal sogar noch übertrifft.

Der Tümmler, für das breite Publikum *der* Delphin schlechthin, kenntlich an seinem Schnabel und seiner »Lachfalte«, kommt vor allem im Atlantik in großer Zahl vor, während in allen warmen und gemäßigten Meeren wie Mittelmeer und Schwarzem Meer der etwas kleinere Gewöhnliche Delphin *(Delphinus delphis)* beheimatet ist (die in der Antike offenbar am bekanntesten und am häufigsten dargestellte Art).

Die Färbung der Delphine variiert je nach Gattung. So gibt es unter anderem den gefleckten Trugdelphin *(Stenella)*, den Weißseitendelphin *(Lagenorhynchus acutus)*, den weißschnauzigen Kurzschnauzen-Delphin *(Lagenorhynchus albirostris)* und den kleinen Rundfinnen-Delphin *(Cephalorhynchus)*, der mit seiner kurzen, wenig abgesetzten Schnabelschnauze und der weiß-schwarzen Färbung vor allem in südlichen Meeren vertreten ist, wo er von Medusen und Krebstieren lebt.

Eine Gruppe für sich bilden die Flußdelphine *(Platanistidae)* mit langgezogener, schnabelartig schmaler Schnauze, die in Anhang C ausführlich behandelt werden, darunter die südamerikanischen Langschnabel-Delphine *(Stenidae)* und der im Mekong vertretene Irawadi-Delphin *(Orcaëlla)*, die zum großen Teil blind sind.

Und das »Meerschwein«? wird man fragen. Dieser volkstümliche Name bezeichnet strenggenommen keinen Delphin, sondern einen Vertreter der Gattung Schweinswale *(Phocaenidae)*, jener kleinen Wale mit schwach ausgebildeter Rückenfinne und kurzer Schnauze, nämlich den in allen Meeren heimischen, 1,60 bis 2 Meter langen Finnen-Schweinswal, Schweinsfisch oder Braunfisch *(Phocaena phocaena).*

Gleichfalls nicht zu den Delphinen, sondern zu den Gründelwalen *(Monodontidae)* gehören Weißwal oder Beluga *(Delphinapterus leucas),* ein in kalten Meeren vertretenes, 3,50 bis 4,50 Meter langes Tier mit deutlich ausgeprägtem Hals und weißer Färbung (daher der Name), und der 4 bis 6 Meter lange Narwal *(Monodon monoceros),* der sich von Stachelhäutern, Tintenfischen und Fischen ernährt. Die Tiere tragen nur ein waagrecht stehendes Zahnpaar im Oberkiefer, dessen linker Zahn sich bei den Männchen zu einem bis zu zwei Meter langen »Stoßzahn« entwickelt.

Der in manchen Ozeanarien bereits erfolgreich gehaltene Entenwal *(Hyperoodon rostratus)* gehört zur Familie der Spitzschnauzen-Delphine oder *Ziphiidae* und soll der beste Taucher unter allen Walen sein. Der größte Vertreter dieser Gruppe ist der bis zu zwölf Meter lange Schwarzwal *(Berardius).*

Was schließlich noch die Grindwale *(Globicephalae)* angeht, so leben diese sechs bis sieben Meter langen und bis zu drei Tonnen schweren Tiere in Schulen von oft mehreren hundert Individuen, die blindlings einem Leittier folgen, in allen Meeren. Die Grindwale sind schwarz mit einem charakteristischen weißen Fleck auf der Unterseite, vertragen die Gefangenschaft recht gut und wurden bereits mehrfach mit Erfolg dressiert.

Bei der vom 1. bis 10. April 1974 in Montreal abgehaltenen Tagung der Internationalen Walfangkommission beschloß der für die kleinen Walgattungen zuständige Ausschuß, die Zahl der bislang bekannten Delphinarten zu überprüfen und unter anderem festzustellen, inwieweit es sich dabei lediglich um geographisch bedingte Spielarten handelt.

Anhang B

Wale (Cetacea)

Die Wale *(Cetacea)*, eine Ordnung, zu der auch die Delphine gehören, sind warmblütige Meeressäuger, die, wie schon Aristoteles wußte, durch Lungen atmen. Nach innerer Befruchtung werden die Jungen im Körper des Muttertiers ausgetragen und von diesem nach der Geburt gesäugt. Die Wale besitzen ein Herz mit vier Kammern und Flossen, deren Skelett dem der Hand gleicht.

Die Verwandtschaft zu den Landsäugetieren ist noch deutlich erkennbar, auch wenn sich die Wale von diesen durch bestimmte anatomische Besonderheiten, die ihnen eine vollendete Anpassung an das Leben im Wasser ermöglicht haben, unterscheiden.

Zwar hat man die fossilen Relikte ihrer an Land lebenden Vorfahren bislang noch nicht aufgefunden, doch lassen ein paar ins Muskelfleisch eingebettete winzige Knochen auf ein ursprünglich vorhandenes Becken schließen, zu dem bei manchen Arten noch rudimentäre Reste von Oberschenkelknochen und Schienbein kommen.

Die für die Wale (mit Ausnahme der Pottwale) charakteristische Rückenflosse hingegen scheint sich erst in relativ später Zeit ausgebildet zu haben, denn sie steht in keinem Zusammenhang zum übrigen Skelett.

Von oben nach unten: Entenwal *(Hyperoodon)*, Schwertwal *(Orcinus)*, Weißwal oder »Beluga« *(Delphinapterus)*.

Alle Wale besitzen eine waagrecht stehende Schwanzfluke (im Gegensatz zur senkrechten Schwanzflosse der Fische) sowie auf dem Scheitel zwei Spritzlöcher, die bei den Zahnwalen zu einer einzigen Öffnung verschmolzen sind und aus denen die je nach Walart unterschiedliche »Blaswolke« aufsteigt. DieOrdnung der Wale, die über hundert Arten umfaßt, gliedert sich in zwei Unterordnungen – die Zahnwale oder *Odontoceti* und die Bartenwale oder *Mystacoceti.*

Die Zahnwale (Odontoceti)

Die Zahl der Zähne schwankt bei dieser Wal-Unterordnung zwischen 2 (bei Cuviers Spitzschnauzen-Delphin) und 260 (bei manchen Delphinen). Alle Zahnwale sind Fleischfresser – auch die amerikanischen Süßwasserdelphine, von denen man eine Zeitlang fälschlicherweise annahm, sie ernährten sich von Wasserpflanzen.

Als artenreichste Walgruppe werden die Zahnwale in 5 Familien eingeteilt: 1. Delphine *(Delphinidae)*, 2. Flußdelphine *(Platanistidae)*, 3. Gründelwale *(Monodontidae)*, 4. Spitzschnauzen-Delphine *(Ziphiidae)* und 5. Pottwale *(Physeteridae).*

1. Die Familie der Delphine umfaßt 19 Arten: Gemeine oder Gewöhnliche Delphine *(Delphinus delphis)*, Große Tümmler *(Tursiops)*, Rundkopf-Delphine *(Grampus)*, Kurzschnauzen-Delphine *(Lagenorhynchus)*, Kleinschwertwale *(Feresa)*, Rundfinnen-Delphine *(Cephalorhynchus)*, Irawadi-Delphine *(Orcaëlla)*, Glatt-Delphine *(Lissodelphis)*, Borneo-Delphine *(Lagenodelphis)*, Furchenzahnwale *(Steno)*, Kamerunfluß-Delphine und Chinesische Weiße Delphine *(Sousa teuszi* und *Sousa sinensis)*, Brackwasser-Delphine *(Sotalia)*, Trugdelphine *(Stenella)*, Schweinswale *(Phocaena)*, Glattschweinswale *(Phocaenoïdes)*, Finnenlose Schweinswale *(Neomeris)*, Kleine Mordwale *(Pseudorca)*, Schwertwale *(Orcinus)* und Grindwale *(Globicephala).*

Die Tragzeit dauert bei Tümmler und Schwertwal etwa ein Jahr, beim Gemeinen Delphin 11 Monate und beim Grindwal zwischen 13 und 16 Monate.

2. Die Flußdelphine *(Platanistidae)* leben ausschließlich oder teilweise im Süßwasser, meist in den Mündungen großer Flüsse. Man unterscheidet 4 Gattungen: Ganges-Delphin *(Platanista)*, Amazonas-Delphin *(Inia)* in den Gewässern Südamerikas, La-Plata-Delphin *(Stenodelphis)* im Rio de la Plata und den Chinesischen Flußdelphin *(Lipotes).*

3. Gründelwale *(Monodontidae)* mit den beiden Gattungen:

Weißwal *(Delphinapterus*, »Beluga«), der hauptsächlich in den arktischen

Oben: Narwal *(Monodon)*, unten: Grindwal *(Globicephala)*.

Regionen Nordamerikas vertreten ist und nach einjähriger Tragzeit ein Junges wirft; und
Narwal *(Monodon monoceros)*.
4. Die Spitzschnauzen-Delphine *(Ziphiidae)*, gekennzeichnet durch eine schnabelförmige Schnauze, umfassen 5 Gattungen: Cuviers Spitzschnauzen-Delphin *(Ziphius)*; Zweizahnwal *(Mesoplodon)*; Shepherd-Wal *(Tasmacetus)*; Schwarzwal *(Berardius)* und Entenwal *(Hyperoodon)*.
Die Tragzeit des riesigen Schwarzwals beträgt nur 10 Monate.
5. Die Pottwale *(Physeteridae)* gliedern sich in 2 Gattungen – Pottwal *(Physeter)* und Zwergpottwal *(Kogia)*.
Charakteristisch für den Pottwal ist die eine schräge Blaswolke – es funktio-

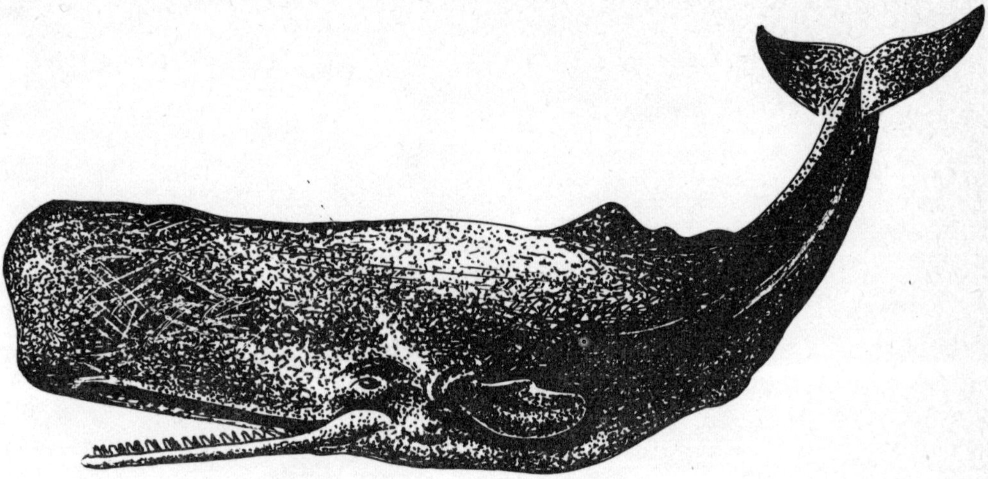

Anstelle einer Rückenfinne hat der Pottwal *(Physeter)* eine Art »Kamm«.

niert nämlich nur das linke Spritzloch –, vor allem aber der gewaltige, vorne viereckige Schädel, der ein Drittel der Körperlänge ausmacht. Nur der Unterkiefer ist bezahnt, allerdings mit furchterregenden, über 55 Zentimeter langen und bis zu einem Kilo schweren Zähnen.
Der Pottwal, der statt einer Rückenfinne eine Art »Kamm« trägt, ist im allgemeinen dunkel gefärbt und leicht gefleckt, wird aber mit zunehmendem Alter heller. Zwar hat ein weißer Pottwal, Herman Melvilles *Moby Dick*, literarischen Weltruhm erlangt, doch scheinen Pottwal-Albinos in Wirklichkeit äußerst selten – jedenfalls wurde bis jetzt nur ein einziges, 16 Meter langes Exemplar gesichtet (1951).
Die größten Pottwale, durchweg Bullen, sollen bis zu 18 Meter lang und zwischen 35 und 50 Tonnen schwer werden. Ihre Nahrung besteht in der Hauptsache aus Tintenfischen, die sie in großen Tiefen jagen. Pottwale bilden Harems, die 20 bis 50 Einzeltiere umfassen können. Alle drei Jahre werfen die Kühe nach 16monatiger Tragzeit ein einziges Kalb, das sie 12 Monate lang säugen.

Die Bartenwale (Mystacoceti)

Wie schon ihr Name besagt, tragen die Bartenwale im Oberkiefer statt Zähnen sogenannte Barten, senkrecht in die Mundhöhle herabhängende, am inneren Rand gefaserte Hornplatten, die eine Art feines Sieb bilden, mit dem die Tiere ihre Nahrung, das Krill, aus dem ins Maul genommenen und dann

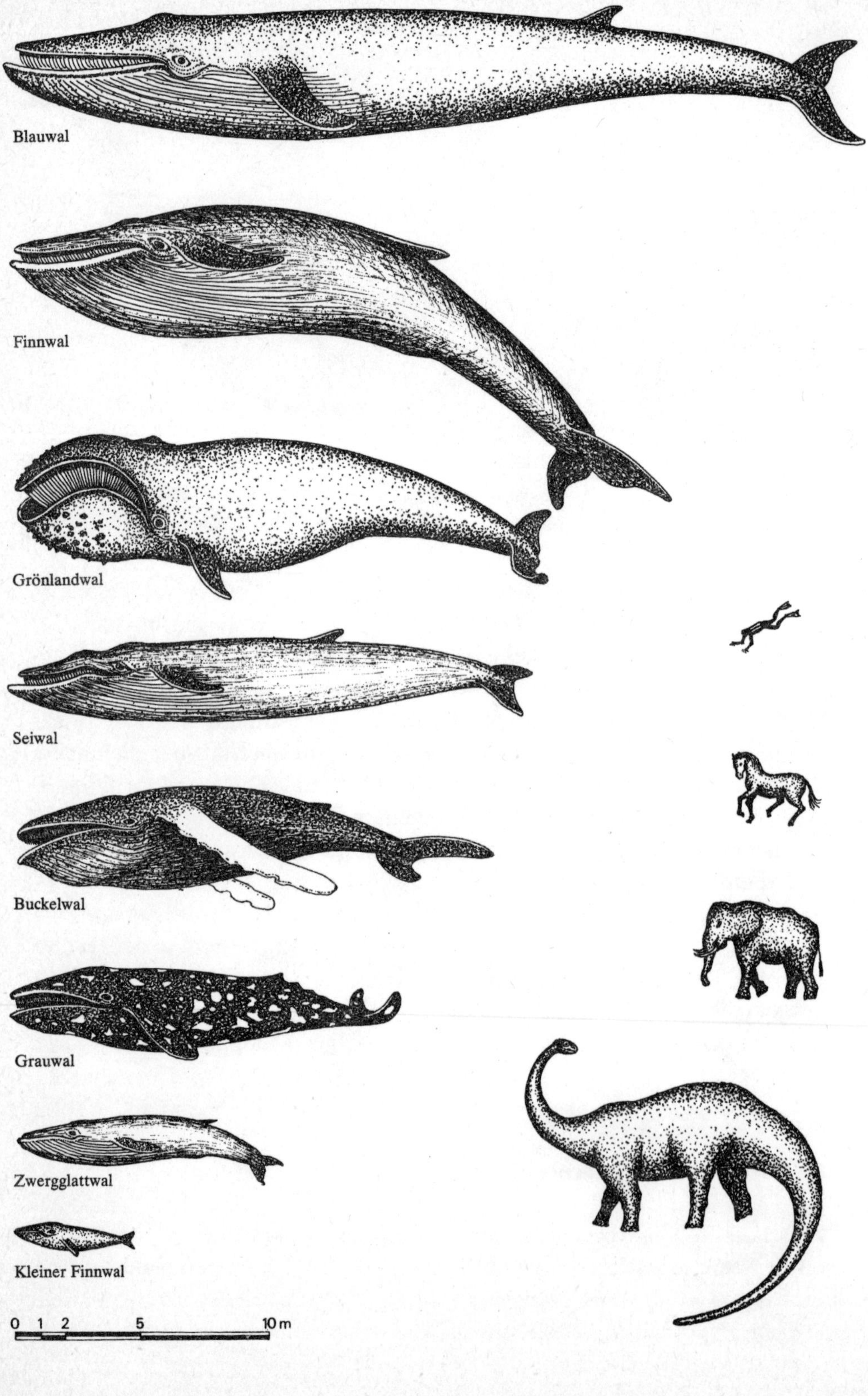
Blauwal
Finnwal
Grönlandwal
Seiwal
Buckelwal
Grauwal
Zwergglattwal
Kleiner Finnwal
0 1 2 5 10 m

wieder abfließenden Wasser heraussieben (wobei sich der Abstand der Barten nach der Größe der Beutetiere richtet).
Die Unterordnung der Bartenwale gliedert sich in 3 Familien auf:
1. Glattwale *(Balaenidae)* mit den 3 Gattungen: a) Grönlandwal *(Balaena)*, b) Nordkaper und Südlicher Glattwal *(Eubalaena)* und c) Zwergglattwal *(Caperea)*.
a) Die Gattung *Balaena* umfaßt nur eine einzige Art, den Grönlandwal *(Balaena mysticetus)*, der zwischen 15 und 18 Meter lang wird, schwarzblau gefärbt ist und am Kinn einen weißlichgrauen Fleck trägt. Dieser Wal, dessen Maul ein Drittel der Gesamtlänge ausmacht, ernährt sich von Krill, besitzt keine Rückenfinne und kann 10 bis 30 Minuten lang unter Wasser bleiben. Die Tragzeit dauert 9 bis 10 Monate.
Während es Anfang des 19. Jahrhunderts in der Arktis noch große Grönlandwalbestände gab, ist diese Walart im 20. Jahrhundert zwischen Grönland und Barents-See fast völlig ausgerottet worden. Lediglich im Bereich der Beringstraße sollen noch rund 1000 Individuen existieren, für die ein striktes Fangverbot besteht.
b) Die Gattung *Eubalaena* gleicht äußerlich der Gattung *Balaena*, nur daß das Maul des Nordkapers im Gegensatz zu dem des Grönlandwals bloß ein Viertel der Gesamtlänge ausmacht. Zu dieser Gattung gehören:
Nordkaper *(Eubalaena glacialis)*, der den Nordatlantik besiedelt und wegen seiner mäßigen Größe (13 bis 16 Meter) von den Basken schon im 9. Jahrhundert gejagt wurde. Er gehört heute zu den seltensten Walarten der Welt.
Südlicher Glattwal *(Eubalaena australis)*, der in der Antarktis noch vor 50 Jahren zu Hunderttausenden vertreten war, dann infolge unmäßiger Überfischung stark zurückging, nach 35 Jahren Schutz jedoch im Südatlantik, beim Kap der Guten Hoffnung und Südgeorgia wieder in Schulen gesichtet wird.
c) Die Gattung *Caperea* existiert nur mit einer einzigen Art, dem Zwergglattwal *(Caperea margi)*.
2. Grauwale *(Eschrichtiidae)* kennt man gleichfalls nur in einer einzigen Art, dem niederkalifornischen Grauwal *(Eschrichtius glaucus*, resp. *gibbosus)*, der längs der amerikanischen Pazifikküste und bei Korea vorkommt. Der Grauwal hat keine Rückenfinne, mißt 10 bis 15 Meter, wiegt zwischen 24 und 37 Tonnen und besitzt 3,50 bis 4 Meter lange Barten. Seine Färbung spielt zwischen Schwarz und Schiefergrau, wobei der Grauton von den Narben der von Schmarotzern verursachten Verletzungen herrührt.
Die Geschlechtsreife tritt beim Grauwal mit 4 1/2 Jahren ein. Die Tragzeit dauert 11 bis 12 Monate. Alle zwei Jahre wird nur ein einziges Junges zur Welt gebracht.
3. Furchenwale *(Balaenopteridae)*, bei denen man zwei Gattungen, a) Finnwale *(Balaenoptera)* und b) Buckelwale *(Megaptera)*, unterscheidet.

a) Zur Gattung *Balaenoptera* gehören 5 Arten: Blauwal *(Balaenoptera musculus)*, Seiwal *(Balaenoptera borealis)*, Zwergwal *(Balaenoptera acutorostrata)*, Brydewal *(Balaenoptera brydeï)* und Finnwal *(Balaenoptera physalus)*. Der letztgenannte, der 18 bis 24 Meter lang wird, ungefähr 50 Tonnen wiegt und an seinem schiefergrauen Buckel mit der hohen, dreieckigen, weit aus dem Wasser ragenden Rückenfinne leicht zu erkennen ist, zieht in Schulen von 20 bis 100 Individuen umher und ernährt sich von Plankton, Krebstieren und kleinen Fischen. An die im Winter stattfindende Paarung schließt sich eine 10- bis 12monatige Tragzeit an. Die Geschlechtsreife tritt bei den Bullen um das 5., bei den Kühen zwischen dem 5. und 8. Lebensjahr ein, doch sind die Tiere erst mit 15 voll ausgewachsen. Die großen Finnwale, die 20 bis 50 Minuten tauchen können, stellen über 90 Prozent der Ausbeute des Walfangs und sind dementsprechend stark dezimiert: Während ihre Zahl 1955 im Atlantik noch auf 110 000 Exemplare geschätzt wurde, dürfte sie mittlerweile auf etwa 30 000 zurückgegangen sein.
Der Blauwal *(Balaenoptera musculus)*, nicht nur der größte Wal, sondern überhaupt das riesigste Tier, das je auf unserer Erde existiert hat, mißt 21 bis 30 Meter und erreicht ein entsprechend stattliches Gewicht – das größte bislang bekannte Exemplar wog 112,5 Tonnen. Dieser Wal, ein ausgesprochener Einzelgänger, der im Sommer in polaren Gewässern lebt und im Winter bis fast in tropische Breiten zieht, ist schieferblau gefärbt, kann 10 bis 20 Minuten lang unter Wasser bleiben und ernährt sich vorwiegend von Krill. Nach der Paarung im Mai oder Juni bringen die Blauwalkühe nach 11monatiger Tragzeit alle 2 Jahre ein Junges zur Welt, das mit 4½ Jahren geschlechtsreif wird. Da der Blauwal den meisten Tran liefert, hat man ihn am schonungslosesten gejagt, und so liegen die 1930 in der Antarktis noch auf 30 000 bis 40 000 Individuen geschätzten Bestände heute höchstens noch bei etwa 2000, weshalb man den »Blauen« unter strikten Schutz gestellt hat.
b) Die Gattung *Megaptera* existiert nur mit einer Art, dem Buckelwal *(Megaptera novaeangliae)*, der bei den Bermudas vorkommt und sich neben dem Grauwal als einzige Walart in Küstennähe aufhält.
Der etwa 8 bis 13 Meter lange und rund 29 Tonnen schwere Buckelwal ist oben schwarz, an Kehle und Brust hingegen weiß gefärbt und an seinen großen weißen Brustflossen, die ein Drittel der Körperlänge ausmachen, mühelos zu erkennen. Seine Nahrung besteht hauptsächlich aus Krebstieren. Die Kühe dieser Walart, die mit etwa 3 Jahren geschlechtsreif werden, aber erst mit 10 Jahren voll ausgewachsen sind, werfen nach zehnmonatiger Tragzeit alle 2 Jahre ein Junges. Während die Buckelwalbestände der Antarktis in den dreißiger Jahren noch auf 22 000 Köpfe geschätzt wurden, sind es heute nur noch etwa 3000, wozu allerdings noch rund 5000 im Nordpazifik kommen. Der Fang dieser Walgattung ist mittlerweile strikt verboten.

Anhang C

Flußdelphine (Platanistidae)

Manche Delphine leben gänzlich oder teilweise im Süßwasser, so sämtliche Flußdelphine *(Platanistidae)*, 2 Gattungen der Familie Langschnabel-Delphine *(Stenidae)*, nämlich *Sousa* und *Sotalia*, sowie der Irawadi-Delphin *(Orcaëlla)* des Mekong, der zugleich Flüsse und Küstengewässer bewohnt.
Charakteristisch für die in Ganges, Brahmaputra und Indus vertretenen *Platanistidae* ist der mit vielen Zähnen besetzte lange Schnabel und der deutlich abgesetzte Hals. Sie ernähren sich von Krebstieren und gründeln im Schlamm nach Fischen.
Obwohl die Flußdelphine blind sind (ihr Auge besitzt weder Linse noch Pigmentepithel, der Sehnerv ist stark rückgebildet), finden sie dank ihres Ultraschallsystems in Wasser und Schlamm spielend ihre Beute und lassen sich nur schwer mit dem Netz fangen.
Diese Tiere, die die Gezeitenzone nicht überschreiten und manchmal in weniger als 20 cm Tiefe fischen, wobei sie sich auf die Seite drehen müssen, sind im Gegensatz zu vielen anderen Delphinen eher einzelgängerisch, halten sich gelegentlich aber auch in kleinen Gruppen in der Nähe menschlicher Siedlungen auf.
Zu den *Platanistidae* zählt unter anderem der Orinoko-Delphin *(Inia geof-*

froyensis), auch Bonto oder Butu genannt, ein in Amazonas und Orinoko beheimateter Delphin mit rosiger Haut, kleinen Augen, langem Schnabel und buckligem Rücken, von dem M. und D. Caldwell schreiben, er sei »der häßlichste unter allen Delphinen«. Gelegentlich verläßt er das Flußbett und wagt sich bis in den überschwemmten Uferwald vor. Im Gegensatz zu manch anderen Flußdelphinen bilden die Butus Schulen von 12 bis 20 Individuen, die außerordentlich fest zusammenhalten.

Ein Langschnabel-Delphin, *Sotalia fluviatilis*, der nah mit dem Tümmler *(Tursiops)* verwandt ist, nicht über 1,50 bis 1,80 Meter lang wird und von Brasilien bis Venezuela im Amazonas- und Orinokobecken lebt, gilt bei den Einheimischen teilweise als heilig.

Der kleine graue La-Plata-Delphin *(Pontoporia* beziehungsweise *Stenodelphis blainvillëi)*, in Uruguay auch »Franciscana« genannt, ernährt sich von Krebstieren, Kalmaren und Fischen und siedelt im Winter von den Flußmündungen in die Küstengewässer über.

Die Gattung *Sousa* mit den beiden Arten *Sousa sinensis* (Chinesischer Weißer Delphin) und *Sousa teuszi* (Kamerunfluß-Delphin) lebt in Südasien, an der West- und Ostküste Afrikas, in Senegal, Kamerun und bei Sansibar.

Der Chinesische Flußdelphin oder Jangtse-Delphin *(Lipotes vexillifer)* schließlich kommt lediglich im Tungting-See (chinesische Provinz Hunan) vor, hat verkümmerte Augen (er scheint fast völlig blind) und ernährt sich von aalförmigen, in den Seeschlamm eingegrabenen Welsen.

Von oben nach unten: Orinoko-Delphin *(Inia geoffroyensis)*, Ganges-Delphin *(Platanista gangetica)*, Brackwasser-Delphin *(Sotalia fluviatilis)*.

Anhang D

Schutzbestimmungen

Frankreich

Hier der Text des Erlasses, der den Fang beziehungsweise die Tötung von Delphinen verbietet:
»In Anlehnung an Artikel 3 des Sondergesetzes vom 9. Januar 1852 über die Hochseefischerei
sowie Artikel 4 der Verfügung über die Neuorganisation der Hochseefischerei vom 3. Juni 1944
trifft der Verkehrsminister im Hinblick auf den Beitrag der Delphine zum ökologischen Gleichgewicht der Meere und ihre Bedeutung für die wissenschaftliche und technische Forschung folgenden Entscheid:
Art. 1: Es ist verboten, Meeressäuger der Familie *Delphinidae* (Delphine und Schweinswale) zu töten oder auch ohne Tötungsabsicht auf irgendeine Weise zu verfolgen oder zu fangen.
Art. 2: Von dieser Verfügung ausgenommen sind lediglich Unternehmen, die rein wissenschaftlichen Zwecken dienen.
Art. 3: Die Leiter der Seeämter von Le Havre, Saint-Servan, Nantes, Bordeaux und Marseille erhalten Weisung, dem obenstehenden Erlaß, der im

Gesetzblatt der französischen Republik veröffentlicht und ins Amtsblatt der Handelsmarine aufgenommen werden soll, jeweils in ihrem Zuständigkeitsbereich Geltung zu verschaffen.

Paris, den 20. Oktober 1970

Im Auftrag des Ministers
Der Direktor der Hochseefischerei
JEAN TOUYA.

Vereinigte Staaten

Am 21. Oktober 1972 stimmte der US-Kongreß über eine Gesetzesvorlage zum Schutz der Meeressäuger ab, die am 21. Dezember 1972 in Kraft trat. Das neue Gesetz, dessen Durchführung beim Handels- und Innenministerium liegt, verbietet den Fang und Import von Meeressäugern sowie die Einfuhr aller aus Meeressäugern hergestellten Erzeugnisse in die USA.
Zu wissenschaftlichen Zwecken und öffentlichen Schaustellungen dürfen Meeressäuger künftig nur noch mit Sondererlaubnis verwendet werden.
Diese Schutzbestimmungen gelten nicht für die systematisch gejagten Pelzrobben der Pribiloff-Inseln, und auch die Eskimos und Indianer dürfen weiterhin die für ihre Erhaltung erforderlichen Wale jagen.
Außer einem Forschungsprogramm, mit dessen Hilfe man die Zahl der beim Thunfang beiläufig getöteten Delphine auf ein Minimum zu reduzieren hofft, sucht man durch Zählungen zu ermitteln, wie viele Exemplare der 62 für die USA vorrangig interessanten Gattungen von Meeressäugern gegenwärtig noch existieren.

Anhang E

Delphine in Delphinarien und Forschungsstätten

Wir unterscheiden hier zwei Arten von Einrichtungen, in denen Delphine aufgezogen, abgerichtet oder in Gefangenschaft beobachtet werden, nämlich kommerzielle Unternehmen, in denen man dressierte Tiere vorführt, und wissenschaftliche Forschungsstätten. Manche Meereszoos kombinieren beide Möglichkeiten. Sie tauchen dementsprechend in beiden Aufstellungen auf.

Meereszoos und Seeaquarien
In den USA:

Steinhart Aquarium, San Francisco, Kalifornien
ABC Marine World, Redwood City, Kalifornien
Marineland of the Pacific, Kalifornien
Sea World, San Diego, Kalifornien
Marineland of Florida, Florida
Ocean World, Ft. Lauderdale, Florida
Miami Seaaquarium, Miami, Florida

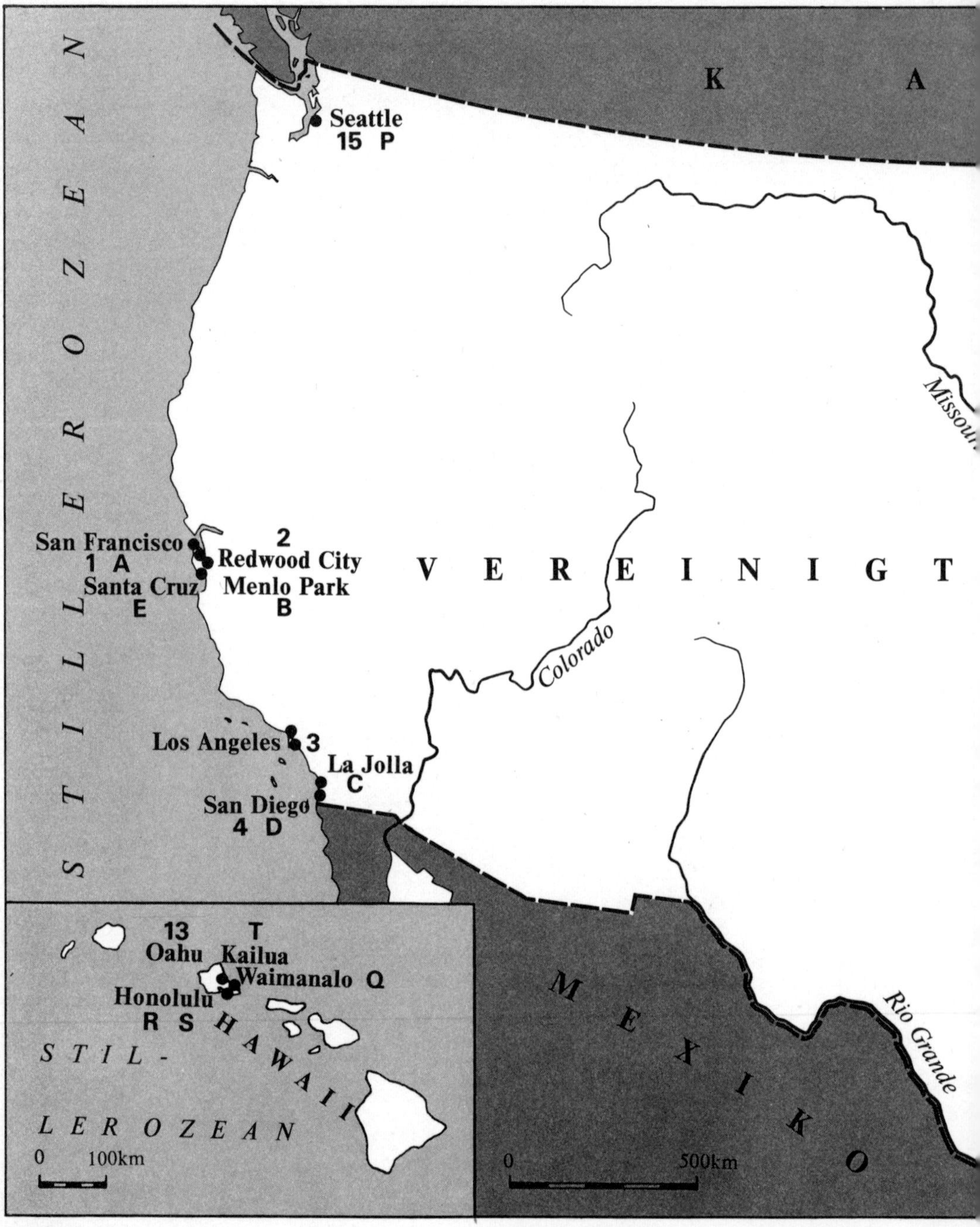

Die Ziffern bezeichnen Meereszoos, die Buchstaben Laboratorien und Forschungsstätten, wo mit Delphinen gearbeitet wird.

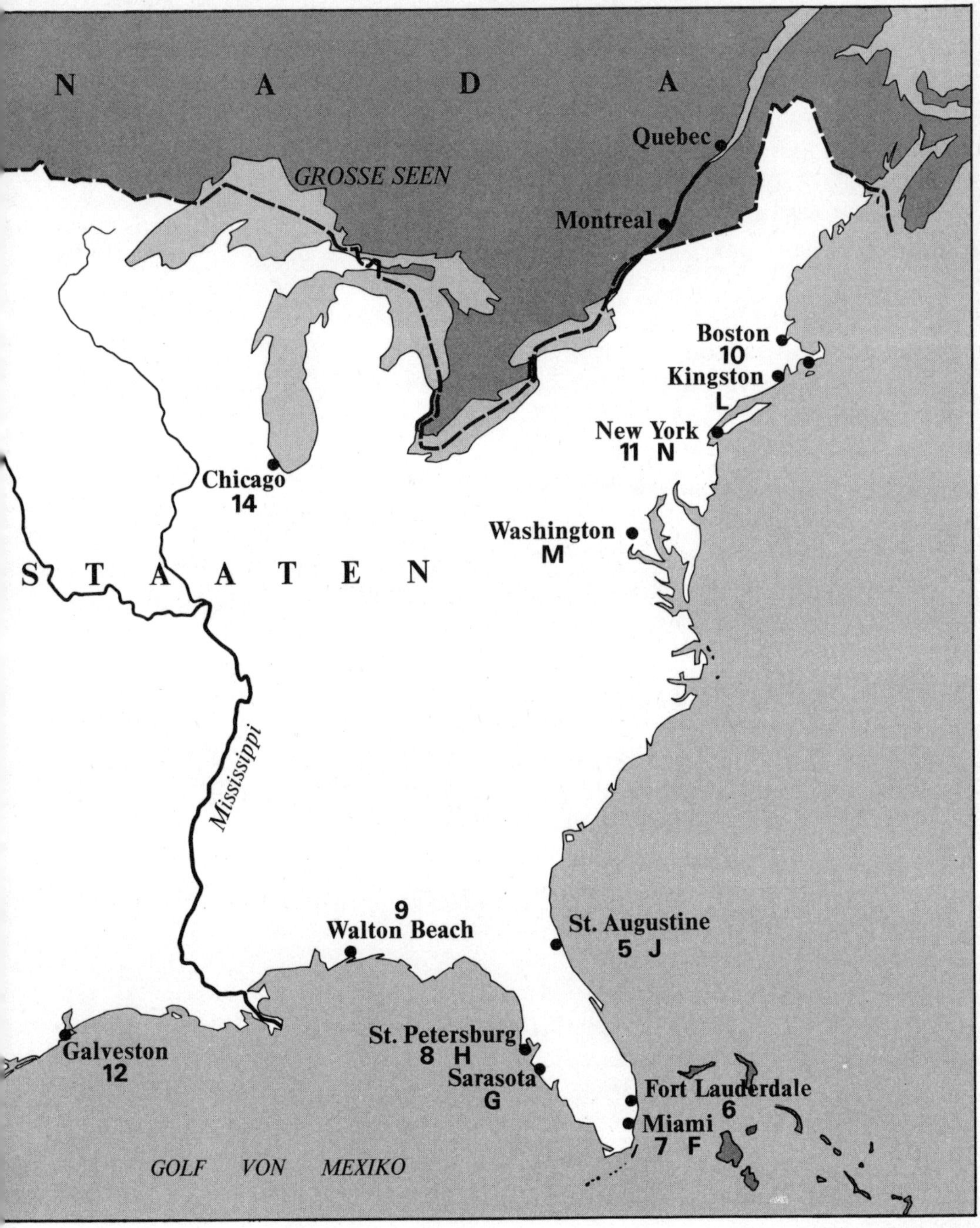

N A D A
GROSSE SEEN
Quebec
Montreal
Boston
10
Kingston
L
New York
11 N
Chicago
14
Washington
M
S T A A T E N
Mississippi
9
Walton Beach
St. Augustine
5 J
Galveston
12
St. Petersburg
8 H
Sarasota
G
Fort Lauderdale
6
Miami
7 F
GOLF VON MEXIKO

Aquarium von St. Petersburg Beach, Florida
Florida's Gulfarium, Walton Beach, Florida
New England Aquarium, Boston, Massachusetts
New York Aquarium, Coney Island, New York
Sea-Arama Marineworld, Galveston, Texas
Sea Life Park, Oahu, Hawaii
Sea World, Chicago, Illinois
Seattle Marine Aquarium and Namu Inc., Seattle, Washington.

In den übrigen Ländern:

Australien:	Coolangatta, Queensland
	Melbourne
Belgien:	Zoologischer Garten, Antwerpen
BRD:	Zoologischer Garten, Duisburg
Frankreich:	Marineland d'Antibes
Großbritannien:	Flamingo-Park, Malton, Yorkshire
Japan:	Enoshima Marineland
	Ito Aquarium, Ito
	Mito Aquarium, Numazu
	Toba Aquarium, Toba
	Iruka Jima Yvenchi, Toba
	Shimonose Aquarium, Schimonoseki
	Numazu Aquarium, Numazu
Kanada:	Niagara Falls
	Vancouver Public Aquarium, Britisch-Kolumbien
Neuseeland:	Marineland of New Zealand, Napier
Niederlande:	Harderwijk
Schweiz:	Zoologischer Garten, Bern
Spanien:	Zoologischer Garten, Barcelona
Südafrika:	Burban Aquarium
	Sea Aquarium and Snakes Park, Port Elizabeth

Laboratorien und Forschungsinstitute
In den USA:

Steinhart Aquarium, California Academy of Sciences, San Francisco, Kalifornien
Stanford Research Institute, Menlo Park, Kalifornien

Scripps Institution of Oceanography, La Jolla, Kalifornien
Naval Undersea Research and Development Center, San Diego, Kalifornien
University of California, Santa Cruz
School of Marine and Atmospheric Sciences, University of Miami, Florida
Mote Marine Laboratory, Sarasota, Florida
Marine Research Laboratory of the Florida Department of Natural Resources, St. Petersburg Beach, Florida
Marineland Research Laboratory, St. Augustine, Florida
Woods Hole Oceanographic Institution, Woods Hole, Massachusetts
Narragansett Marine Laboratory, University of Rhode Island, Kingston
Smithsonian Institution, Washington D.C. (Museum's Marine Mammals Study Center)
Rockefeller Institute, New York
Marine Mammal Biological Laboratory of the U.S. Department of Commerce, Seattle, Washington
Makapuu Oceanic Center, Waimanalo, Hawaii
U.S. Navy Marine Biosystem Division, Honolulu, Hawaii
Department of Psychology, University of Hawaii, Honolulu
Naval Undersea Research and Development Center, Hawaii Laboratory, Kailva, Hawaii

In den übrigen Ländern:

Australien:	Arthur Rylah Institute for Environmental Research, Heidelberg, Victoria
	School of Biological Sciences, University of Sydney
Dänemark:	Universität Aarhus, Marsuinstation, Strib.
Frankreich:	Centre d'Etudes des Cétacés, Museum d'Histoire Naturelle, La Rochelle
	Laboratoire de Physiologie Acoustique, INRA, ERA CNRS, Jouy-en-Josas – 78
Großbritannien:	Whale Research Unit, National Institute of Oceanography
	Department of Mammalogy, British Museum of Natural History
Japan:	Ocean Research Institute, Tokyo University
	Whales Research Institute, Tokio
	Faculty of Fisheries, Nagasaki University, Nagasaki-Ken.

Kanada:	Arctic Biological Station, Fisheries Research Board of Canada, St. Anne de Bellevue, Quebec
	Marine Ecology Laboratory, Fisheries Research Board of Canada, Bedford Institute, Dartmouth, Neuschottland
	Department of Zoology, University of Guelph, Guelph, Ontario
Neuseeland:	Department of Zoology, Victoria University of Wellington
Niederlande:	Naturhistorisches Museum, Leiden
Schweiz:	Hirnforschungsinstitut der Universität Bern und Delphinarium
UdSSR:	Morphologisches Institut der Akademie der Wissenschaften, Moskau
	Nervenforschungszentrum der Universität Moskau
	Biologische Fakultät der Universität Moskau
	Entwicklungsbiologisches Institut der Akademie der Wissenschaften, Moskau

Glossar

Ägäische Kultur. Sammelbezeichnung für die prähellenischen Kulturen, die sich zwischen 2600 und 1200 v. Chr. an der Küste und auf den Inseln des Ägäischen Meeres, insbesondere auf Kreta und im Peloponnes, entfalteten.

Aqualunge. Die heutige Aqualunge, wie sie 1943 von Commandant Cousteau und Ingenieur Émile Gagnan entwickelt wurde, ist ein Atemgerät mit sogenanntem »offenem Kreislauf«: Die verbrauchte Luft wird unmittelbar ins Wasser abgeleitet, die Luftzufuhr erfolgt nicht kontinuierlich, sondern geregelt nach dem Atemrhythmus des Tauchers.
Zur Ausrüstung gehören eine oder mehrere Flaschen mit stark komprimierter Druckluft, die der Taucher auf dem Rücken trägt. Bei jedem Atemzug wird Luft durch einen »Regler« freigegeben, wobei der Luftdruck stets dem des umgebenden Wassers angepaßt ist. Die verbrauchte Luft wird unter der Reglerkappe durch den »Entenschnabel« abgeleitet. Der Regler ist durch zwei flexible Schläuche mit dem Mundstück verbunden; der eine dient zum Ein-, der andere zum Ausatmen.
Das vollautomatische Gerät ist ebenso sicher wie einfach zu bedienen. Damit wurde einem breiten Publikum gefahrlos das Tauchen ermöglicht und eine eingehendere Erforschung des Meeres begünstigt. Historisch gesehen ist diese Erfindung ein entscheidender Schritt beim Vordringen des Menschen ins Meer und eine beachtliche Leistung in der Entwicklungsgeschichte des menschlichen Fortschritts.
Die Cousteau-Gagnansche Aqualunge hat das Tauchen revolutioniert und die alten Taucherausrüstungen mit Helm und Schlauch abgelöst, die im Gebrauch umständlich waren und deren mühsame und gefährliche Handhabung nur schwer erlernt werden konnte; außerdem beschränkte sich früher das Aktionsfeld des Tauchers auf einen sehr begrenzten Raum.
Wenn in den letzten 25 Jahren dem Menschen der Unterwasserraum erst richtig zugänglich wurde, so durch die von der Außenversorgung unabhängige Taucherausrüstung, die neben ihrer sportlichen Nutzung vor allem ein Forschungsinstrument ist. Unentbehrliches Zubehör zu diesem Gerät sind die von Commandant de Corlieu entwickelten Flossen, die Maske und ein mit mehreren Kilo Blei belasteter Gürtel, durch den der Auftrieb des Körpers kompensiert wird.
Damit hat der Mensch vollständige Bewegungsfreiheit im Wasser erlangt. Dennoch ist er noch immer zwei Gefahrenmomenten ausgesetzt, die auch die Helmtaucher schon bedrohten: dem Tiefenrausch und Dekompressionsunfällen.

Azimut. Der Azimut eines Schiffes auf See ist der Winkel zwischen seinem Kurs und Norden.

Backbord. Seemännische Bezeichnung für die linke Schiffsseite (vom Heck aus gesehen).

Bathyscaph. Der erste, von Auguste Piccard entworfene und gebaute Bathyscaph FNRS-2 (»Fonds National de la Recherche Scientifique»), eine schwere, gegossene Tauchkugel, wurde am 31. Oktober 1948 unbemannt vor Dakar in 1380 Meter Tiefe abgesenkt.

Zwei Jahre später, im Oktober 1950, ermöglichte dann ein Abkommen zwischen der französischen Marine und dem belgischen Nationalfonds für wissenschaftliche Forschung den Bau eines neuen, verbesserten Schwimmkörpers für die Stahlkugel des ersten Bathyscaphs. Mit diesem Gerät, das den Namen FNRS-3 erhielt, unternahmen Commandant Huot und Schiffbauingenieur Willm am 15. Februar 1954 vor Dakar ihren tiefsten Tauchversuch (4050 Meter).
Zwischen 1954 und 1958 wurde FNRS-3 dann im Mittelmeer, dem Atlantik und dem Japanischen Meer noch zu verschiedenen Tieftauchexperimenten verwendet und nach 94 Tauchexpeditionen schließlich aus dem Verkehr gezogen.
Unterdessen hatten Auguste und Jacques Piccard jedoch längst einen neuen Bathyscaph, die *Trieste*, gebaut und am 30. September 1953 in 3150 Meter Tiefe erstmals erprobt. Dieses vom Forschungsamt der US-Marine gekaufte Tauchschiff wurde dann am 23. Januar 1960 an der tiefsten bis dahin überhaupt bekannten Stelle im Pazifischen Ozean, dem Challengertief, auf 10916 Meter abgesenkt.
Unter Mitwirkung des Centre National de la Recherche Scientifique und des Fonds National de la Recherche Belge beschloß die französische Nationalmarine den Bau eines neuen, noch weiter verbesserten Bathyscaphs. Das *Archimède* getaufte Gefährt lief am 28. Juli 1961 in Toulon vom Stapel, führte im Juli 1962 im Kurilen-Graben 6 Tauchversuche in über 9000 Meter Tiefe durch und wurde in der Folgezeit von zahlreichen Wissenschaftlern und Forschern vor Puerto Rico und Madeira zu Tauchexpeditionen in große Tiefen eingesetzt.

Becken. Der breite Knochengürtel, der die unteren Gliedmaßen mit dem Rumpfskelett verbindet.

Blaswolke. Sooft ein Wal zum Atmen an die Oberfläche kommt, entläßt er durch ein oder zwei Spritzlöcher eine weithin sichtbare »Blaswolke«, den sogenannten »Blas«, einen weißlichen Dunst, der auch in den Tropen beobachtbar ist und deshalb nicht als Kondensation der warmen Atemluft in der kalten Außenluft erklärt werden kann.
Ein Wal vermag aber auch kein Wasser durch seine Spritzlöcher zu pressen, denn zwischen Mundhöhle und Lunge existiert keine Verbindung.
Der französische Biologe Paul Portier hat daher folgende Hypothese aufgestellt: Die im Brustkorb der Wale unter starkem Druck stehende Luft dehnt sich in der Atmosphäre aus; infolge dieser Expansion kondensiert sich der in der Blaswolke enthaltene Wasserdampf.
F. C. Fraser und P. E. Purves haben herausgefunden, daß in den Atemwegen der Wale feinste Öl- und Schleimtröpfchen vorhanden sind, welche die Sichtbarkeit der Blaswolke erklären könnten. Diese ölige Emulsion soll bei der Stickstoffabsorption eine Rolle spielen.
Jede Walart zeigt eine typische Form der Blaswolke. Bei Blau- und Finnwal steigt nur eine einzige Säule auf, die bis 8 beziehungsweise 15 Meter Höhe erreicht. Der Glattwal bläst stets eine Doppelwolke. Die Blaswolke der Pottwale wiederum ist stets um 45 Grad nach links geneigt.

Brustflossen der Wale. Aus dem Bau der Brustflossen kann man entnehmen, daß die Vorfahren der Wale Landsäugetiere waren:
Außer beim Finnwal zeigt das Röntgenbild die Knochen der 5 »Finger«, des »Handgelenks« und des »Armes«.

Calypso. Die *Calypso*, ursprünglich ein Minensuchboot von 350 Tonnen, das 1942 im Auftrag der Engländer in den Vereinigten Staaten gebaut wurde und schließlich ausrangiert bei Malta lag, konnte von Commandant Cousteau dank der großzügigen finanziellen Unterstützung des englischen Mäzens Loël Guinness erworben und zum ozeanographischen Forschungsschiff ausgebaut werden.
Mit ihrem doppelt beplankten Holzrumpf und ihren beiden Motoren, die eine Maximalgeschwindigkeit von 10 Knoten erlauben, läßt sich die *Calypso* mühelos manövrieren und dank ihres geringen Tiefgangs selbst durch enge Fahrrinnen und Korallenriffe steuern.
Um das ehemalige Minensuchboot in ein Forschungsschiff umzuwandeln, mußten verschiedene Änderungen vorgenommen werden. So wurde am Bug eine »falsche Nase« angebracht, ein unter die Wasserlinie hinabreichender Metallschacht, der in einen Beobachtungsraum mit fünf Bullaugen mündet. Und auf dem Vorderschiff wurde aus zwei Leichtmetallmasten mit Querverbindung eine Brücke gebildet, die als erhöhter Beobachtungsstand bei Fahrten durch Riffe und schwierige Passagen ebenso hervorragende Dienste leistet wie bei der Ausschau nach Meerestieren.

Curare. Pfeilgift südamerikanischer Herkunft, aus der Rinde von *Strychnos toxifera* und anderen Pflanzen gewonnen, führt durch Lähmung der motorischen Nerven zum Tod.

Dekompressionspausen. Steigt ein Gerätetaucher, der die Druckluft der Aqualunge geatmet hat, zu rasch auf, muß er mit sogenannten Dekompressionsunfällen rechnen, bei denen das im Organismus unter erhöhtem Druck gelöste Gasgemisch freigesetzt wird. Dabei kann es je nach dem Tempo des Aufsteigens, der Tauchtiefe und Tauchdauer zur Bildung mehr oder weniger großer Blasen kommen, die den Blutkreislauf hemmen und unter Umständen zu einer »Gasembolie« führen.
Damit die Gase ohne Blasenbildung ausgeschieden werden können, muß der Aufstieg langsam erfolgen, wobei der Taucher aus sogenannten Dekompressionstabellen ersehen kann, wie oft und wie lange er bei einer bestimmten Tauchtiefe und Aufenthaltsdauer unter Wasser pausieren, d. h., welche »Dekompressionspausen« er einlegen muß.

Echolot. Verschiedene Tiere wie Fledermäuse und Wale senden Ultraschallwellen aus, an deren Echo sie sich orientieren.

Falsche Nase. Um die *Calypso* für Forschungszwecke auszustatten, wurde unter anderem am Bug eine »falsche Nase« angebracht, ein 2,50 Meter unter die Wasserlinie hinabreichender Metallschacht, der in einen Beobachtungsraum mit fünf Bullaugen mündet. Von hier aus lassen sich die Vorgänge im Wasser selbst während der Fahrt mühelos beobachten und filmen.

Finnwal. Ein Bartenwal *(Balaenoptera)* mit kräftig ausgebildeter Rückenfinne und abgeflachtem, breitem Kopf, zurückweichendem Oberkiefer und zahlreichen Parallelfurchen auf dem Bauch.
Der Blauwal *(Balaenoptera musculus)* kann eine Länge von 28 bis 30 Meter und ein Gewicht von 136 Tonnen erreichen (das größte bekannte Exemplar maß 100 Fuß). »Der Blauwal«, schreibt Professor Budker, »hält einen Rekord, der weder in der Gegenwart noch in der Vergangenheit je gebrochen wurde: Er ist das größte, massigste und schwerste Lebewesen, das je an Land oder im Meer existiert hat« (vgl. auch Anhang C).

Die *Calypso*: Länge 43 Meter, Tiefgang 2,50 Meter; 2 Schiffsmotoren von je 500 PS; Geschwindigkeit: 10 Knoten, Wasserverdrängung 800 t. Bietet Platz für 29 Mann.

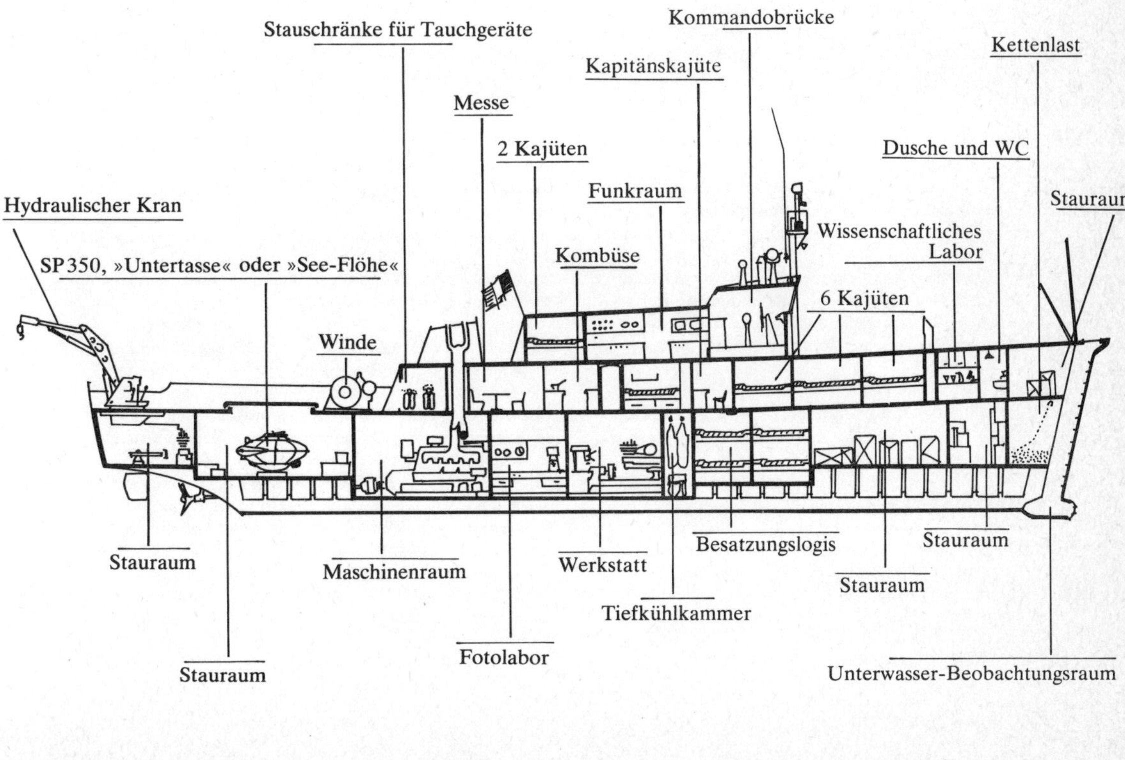

Fluoreszeïn. Ein zu den Phthaleïnen gehörender Farbstoff, der sich in Alkali mit gelbroter und grüner, schon in den stärksten Verdünnungen deutlich wahrnehmbarer Fluoreszenz auflöst.

Großhirnrinde, *Cortex cerebri.* Oberste Schicht der beiden Großhirnhalbkugeln.

Haie. Artenreiche Gruppe der Ordnung der Knorpelfische *(Elasmobranchier* oder auch *Selachier).* Aufgrund ihres knorpeligen Innenskeletts (ein eigentliches Knochengewebe fehlt) werden die Haie vielfach als »primitive Tiere« bezeichnet, obwohl sie ein hochentwickeltes Nervensystem und zum Teil sehr raffinierte Fortpflanzungspraktiken (mit Paarungsakt und innerlicher Befruchtung) haben.
Der Haispezialist Professor Budker schreibt: »Über den Begattungsakt der großen Hochseehaie können wir im Grunde nur Vermutungen anstellen, da die Beobachtung alles andere als einfach und lückenlos ist.« Immerhin jedoch weiß man, wie die Kopulation bei den kleinen Haiarten vonstatten geht, etwa beim Hundshai, bei dem sich das Männchen eng um das reglos ausgestreckt verharrende Weibchen windet.
Viele Haie sind lebendgebärend, so vor allem die Blauhaie *(Carcharhinidae)*, wobei der beziehungsweise die im Uterus des Muttertieres heranwachsenden Embryos (zwischen 4 und 40) mit dem mütterlichen Organismus über eine Nabelschnur in Verbindung stehen.
Körper und Kopf der Haie sind reich mit Sinnesorganen besetzt, die den Tieren eine genaue Wahrnehmung ihrer Umgebung ermöglichen, so mit den lorenzinischen Ampullen (Druckwahrnehmung) und den der Wasserprüfung dienenden, von Professor Paul Budker 1938 erstmals beschriebenen »Sinnesgruben« *(pit organs)* in der Nähe der Seitenlinie.
Die Rolle der verschiedenen Sinnesorgane, mit deren Hilfe der Hai wahrscheinlich sowohl den Wasserdruck wahrnehmen, Schall- und Ultraschallwellen auffangen als auch die chemische Zusammensetzung des Wassers prüfen kann, wird zur Zeit noch genauer erforscht, wobei bereits mit ziemlicher Sicherheit feststeht, daß er mit Hilfe seiner Geschmackszellen selbst auf weite Entfernungen hin Blut im Wasser zu wittern vermag. Dank dieser dem Menschen abgehenden Sinnesorgane ist der Hai dem Taucher namentlich nachts weit überlegen.
Während das Haiauge unbewegte Objekte in Einzelheiten und Farben kaum wahrnimmt, bemerkt und erkennt der Hai alles, was sich regt. Sein Gesichtsfeld bleibt selbst bei jähen Bewegungen konstant.
(Weitere Hinweise sowie die Schilderung für das Verhalten der Haie aufschlußreicher Experimente findet man in: Jacques-Yves Cousteau und Philippe Cousteau, *Haie - Herrliche Räuber der See*, Droemer Knaur, München 1971.)

Harpune. Diese Waffe wurde bereits in vorgeschichtlicher Zeit für Jagd und Fischfang verwendet und war aus Rentierhorn oder aus Knochen gefertigt, mit einer oder zwei Reihen von Widerhaken versehen.
Die *harpe* – ein griechisches Wort, abgeleitet von hebräisch *Hereb* – tritt auf Denkmälern des 3. Jahrtausends v. Chr. auf.
Im Baskischen bedeutet das Wort *arpoi* »lebendig fangen«.
Die Harpune wird durch einen Text aus dem Jahre 1474 bezeugt. Der Harpunentyp mit ausschwenkbaren Haken stellt eine bedeutende Verbesserung dar. Bei dieser Waffe stellen sich nach dem Einschuß die Haken in der Wunde quer und verhindern, daß sich die Beute losreißt.

Hydrophon. Abgesenktes Mikrophon.

Kalmar, *Loligo.* Kopffüßer der Familie *Loliginidae*, Unterordnung *Myopsida*, Ordnung *Teuthoïdeï*, Unterklasse *Coleoïdea.*
Der Gemeine Kalmar oder Tintenfisch *(Loligo vulgaris)* mit zigarrenförmigem, hinten zugespitztem Körper, großen, dreieckigen, endständigen Flossen und schwertförmigem Chitinblatt (der sogenannten Lamelle, einer rückgebildeten Schale), ist in Atlantik, Nordsee, Mittelmeer und Rotem Meer vertreten. Seine Lebensdauer dürfte durchschnittlich 2 bis 2¹/₂ Jahre betragen, Männchen wie Weibchen werden nur etwa 20 Zentimeter lang, doch besitzt das Männchen längere Arme.
Loligo opalescens wurde von der Cousteau-Mannschaft vor Kalifornien gefilmt (»Die Nacht der Kalmare«).
Daneben gibt es noch eine Reihe anderer Kalmare von zum Teil ganz beträchtlicher Größe.
(Vgl. Jacques-Ives Cousteau und Philippe Diolé, *Kalmare, Wunderwelt der Tintenfische*, Droemer Knaur 1973)

Katamaran. Ursprünglich ein aus Baumstämmen gefertigtes, dreiteiliges Floß, an der Ostküste Indiens und auf Ceylon in Gebrauch. Hier: Segelboot mit zwei Rümpfen.

Kielholen. Trockenstellen eines Schiffs, um die Unterwasserteile von Algen und Muscheln zu säubern, etwaige Schäden auszubessern und den Rumpf frisch zu malen. Das Schiff wird dabei durch seitlichen Zug an den Masten so weit geneigt, daß der Kiel austaucht. Nur bei kleinen Fahrzeugen üblich (große müssen gedockt werden).

Krake, Pulp. Zweikiemige Kopffüßer mit acht gleich langen, mit Saugnäpfen besetzten Armen (»Octopus«) und rückgebildeter Schale (diese kann auch gänzlich fehlen).
Die Vertreter dieser äußerst artenreichen Tierordnung findet man in allen Meeren. Kraken sind im allgemeinen seßhaft, können über 2 Meter groß werden und scheiden gelegentlich durch die Speicheldrüsen ein starkes Gift aus (der Biß einer australischen Art ist für den Menschen tödlich).
Der dritte rechte Arm des Männchens ist zum Begattungsarm (Hektokotylus) umgestaltet, der in die Mantelhöhle des Weibchens eingeführt und wiederholt wellenförmig zusammengezogen wird, wodurch die »Spermatophoren« durch einen Kanal in die weibliche Geschlechtsöffnung gelangen.

Kreta. 140 Kilometer lange, 8331 Quadratkilometer große Insel im östlichen Mittelmeer, deren Kultur am Anfang aller großen Mittelmeerkulturen steht und die im 2. vorchristlichen Jahrtausend von den Dorern zerstört wurde.

La Méduse. Die Fregatte *La Méduse*, die am 17. Juni 1816 mit drei weiteren Schiffen von der Insel Aix mit Kurs auf die Kolonie Senegal ausgelaufen war, scheiterte am 2. Juli auf der Banc d'Arguin. Nachdem die Schiffbrüchigen fünf Tage lang vergeblich versucht hatten, das Schiff wieder flottzubekommen, zimmerten sie in größter Eile ein 20 Meter langes und 7 Meter breites Floß zusammen, auf dem sich 149 Menschen drängten. Die restliche Besatzung nahm in fünf vom Floß geschleppten Booten Platz, während man 17 Betrunkene kurzerhand auf dem sinkenden Wrack zurückließ. Nachdem das Floß, auf dem sich fürchterliche Szenen abspielten, 12 Tage lang ohne Wasser und Proviant auf dem Meer herumgetrieben war, konnten schließlich noch 15 Überlebende halbtot geborgen werden – alle übrigen waren den Haien oder ihren Mitmenschen zum Opfer gefallen.

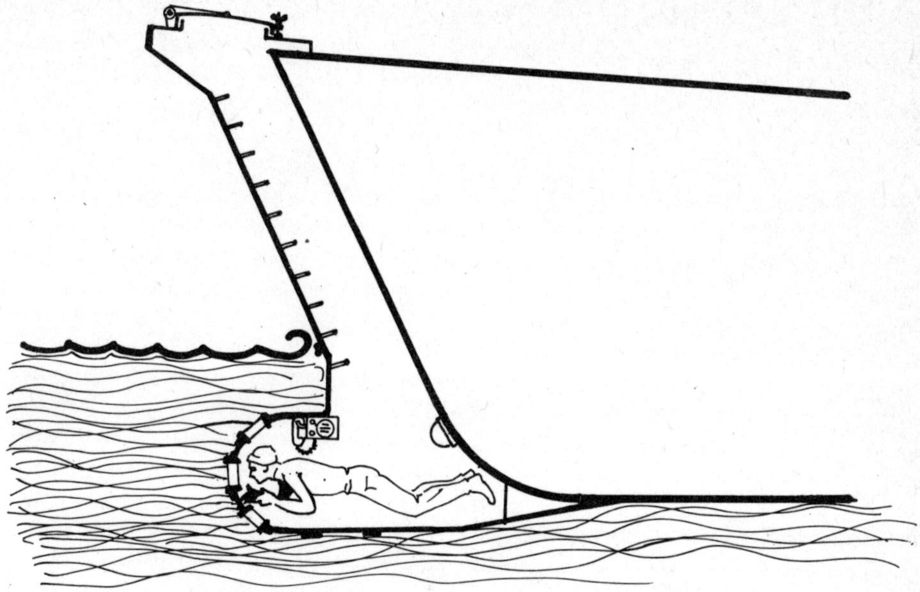

Am Bug der *Calypso* wurde eine »falsche Nase« angebracht, ein senkrechter Metallschacht, der in einen 2,50 Meter unter dem Wasserspiegel gelegenen Beobachtungsraum mündet, von dem aus man durch fünf Bullaugen die Vorgänge im Wasser fotografieren und filmen kann.

Le radeau de la Méduse (Das Floß der Méduse), ein berühmtes Bild von Géricault, wurde 1819 im Salon ausgestellt und hängt heute im Louvre.

Meeräsche. Dieser in gemäßigten Meeren sehr zahlreich vertretene Küstenfisch der Familie *Mugilidae*, der bis zu 60 Zentimeter lang und 5 Kilo schwer werden kann, hat eine nur wenig ausgeprägte Seitenlinie, einen empfindlichen weißen Bauch, große, glänzende, deutlich gegeneinander abgesetzte Schuppen und einen oben breiten und abgeflachten Kopf mit zahnlosem Maul. Mit Ausnahme der Laichzeit ziehen die Meeräschen in Schwärmen umher.

Meerbarbe. Familie barschartiger Fische der gemäßigten und tropischen Meere, unter anderem die Gemeine Meerbarbe *(Mullus barbatus)*, ein lebhaft gelbrot schillernder Fisch mit zwei Barteln, die dem Tier als Tastorgane und zum Gründeln im Schlamm dienen.

Meerbrasse. Im Mittelmeer sehr häufiger Fisch der Familie *Sparidae*, als Speisefisch nicht sonderlich geschätzt.

Melone, *Walratkissen.* Massiges Polster auf dem Vorderkopf der Delphine und anderer Zahnwale. Dieses Organ enthält bis zu 5 Tonnen Spermaceti oder Walrat, eine ölige, wachsartige Masse, deren biologische Funktion noch nicht völlig geklärt ist, die den Waltran an Qualität übertrifft.

Minoische Kultur. Abschnitt in der Geschichte Kretas, der vom 3. vorchristlichen Jahrtausend bis gegen 1100 v. Chr. reicht und sich in drei Perioden gliedert – die frühminoische (2400 bis 2000), die mittelminoische (1900 bis 1600) und die spätminoische (1550 bis 1100).

Mykenische Kultur. In der Bronzezeit steht ein großer Teil Griechenlands und später auch der Kykladen und Kleinasiens unter mykenischer Herrschaft, die die minoische Kultur ablöst. Die Mykener, die Bernstein und Zinn von der Nord- und Ostsee holen, kontrollieren das gesamte östliche Mittelmeer, bis ihr Reich, dessen Blütezeit um 1400 v. Chr. liegt, dann um 1100 v. Chr. plötzlich zusammenbricht. Damals wird auch die Burg Mykenä endgültig zerstört.

Neuron. Nervenzelle, bestehend aus dem Zellkörper mit mehreren verästelten kurzen Fortsätzen (Dendriten) und einem längeren (Axon, Neurit), der die Nervenfaser bildet.

Paarzeher, *Artiodactyla.* Unterordnung der Säugetiere, die im Gegensatz zu den Unpaarhufern das Körpergewicht nicht auf dem Mittelstrahl der Gliedmaßen tragen, sondern auf die 3. und 4. Zehe verlagern; diese beiden sind besonders kräftig und gleichmäßig stark entwickelt, während die 2. und 5. als »Afterzehen« mehr oder weniger verkümmert sind. Zu dieser Gruppe gehören unter anderem die Wiederkäuer und die Schweine.

Robben, *Pinnipedia.* Die Ordnung der Robben oder Flossenfüßer umfaßt 3 Familien:
die Ohrenrobben *(Otariidae),* zu denen die Seelöwen und Pelzrobben gehören;
die Walrosse *(Odobaenus);*
die Seehunde *(Phocidae)* mit Seehunden und See-Elefanten.
Robben sind amphibisch lebende Säugetiere, die sich von Fischen und Krebstieren ernähren und mit Ausnahme des Indischen Ozeans alle Meere, besonders die der Polarzone, bewohnen.
(Vgl. Jacques-Ives Cousteau und Philippe Diolé, *Robben, Seehunde, Walrosse – Gesellige Meeressäuger,* Droemer Knaur 1974)

Saumriff. In seichten Gewässern der tropischen Meere bilden die Korallen häufig relativ lange, zusammenhängende Riffe entlang der Küste oder auf einem unterseeischen Plateau auf hoher See. Diese Korallenbildungen nennt man Saumriffe.

Schleppnetz. 100 bis 150 Meter langes und etwa 20 Meter tiefes Netz, dessen Enden so geschleppt werden, daß sich entweder nach und nach das ganze Netz oder aber eine Kammer, in der sich die Fische sammeln, schließt.

Schließmuskel, *Sphincter.* Ringmuskel um eine Leibesöffnung, die durch seine Kontraktion geschlossen werden kann.

Schnecke. Spiralförmiger Kanal im inneren Ohr.

Scrotum. Hodensack, Hauttasche, die die Hoden umkleidet.

Semantik. Lehre von den Bedeutungen der Wörter und den Bezeichnungen der Sachen. Das Studium der Semantik stellt einen Zweig der Linguistik dar.

Sonar. »*Sound Navigation Ranging*«, dem Radar ähnliche, auf der Reflexion von Schall- und Ultraschallwellen beruhende Vorrichtung zur Unterwasserortung und -verständigung.

Spritzloch. »Nasenloch« der Wale. Es sind stets zwei angelegt, aber beim Pottwal ist nur das eine funktionstüchtig. Dieses Organ steht in keiner Verbindung zur Mundhöhle und weist einen recht verwickelten Bau auf.
Die äußere Öffnung wird von einem kräftigen Rundmuskel betätigt. Im Inneren befinden sich zu beiden Seiten der Scheidewand dehnbare Lufttaschen. Zwei innere »Lippen« kontrollieren das Ausströmen der Luft und spielen bei der Modulation der Töne eine Rolle. Außerdem können die Wale mit Hilfe einer zungenförmigen fleischigen Lamelle das Spritzloch mehr oder weniger hermetisch verschließen.

Steilküste. Küste, die unter Wasser senkrecht abfällt.

Steuerbord. Rechte Schiffsseite, vom Heck aus gesehen.

Stutzen. Vorrichtung, die, ans Ende einer Leitung angeschraubt, die Regulierung der ausströmenden Flüssigkeit ermöglicht.

Tauchende Untertasse. Mehrere von Commandant Cousteau entwickelte Typen »tauchender Untertassen« wurden vom Centre d'Etudes Marines Avancées in Marseille gebaut.
Die SP 350, die im hinteren Laderaum der *Calypso* untergebracht werden kann, faßt zwei Personen. Ihre Ausrüstung besteht aus einer Filmkamera, einem Fotoapparat, einem hydraulisch betriebenen Greifgerät und einem zugehörigen Sammelkorb. Mehr als 600 Taucheinsätze waren erfolgreich.
SP 1000 oder *Seefloh* kann beim Tauchen mit einem anderen zusammengekoppelt werden, Einsitzer, trägt 2 ferngesteuerte Außenkameras, 16 und 35 Millimeter, sowie Tonbandgeräte zur Aufzeichnung von Unterwassergeräuschen. Der *Seefloh,* der mehr als 100 Einsätze absolviert hat, kann gleichfalls auf der *Calypso* mitgeführt werden.
SP 4000 oder *Deepstar* kann bis zu einer Tiefe von 1200 Meter tauchen. Auf Kosten der amerikanischen Firma Westinghouse konstruiert und 1966 erstmals erprobt. Faßt 2 Personen und hat eine Geschwindigkeit von 3 Knoten. Über 500 Taucheinsätze.
SP 3000, auf Kosten des Centre National pour l'Éxploration des Océans (CNEXO) gebaut, kann 3 Personen fassen und bis zu 3 Knoten laufen.

Thunfisch. Zu den Makrelen *(Scombriformes)* gehörender Meeresfisch, der in zwei Spielarten vorkommt: als Weißer Thun *(Thunnus* oder *Germo alalunga)* und als Gewöhnlicher oder Roter Thun *(Thunnus thynnus).*
Die bei Neuschottland gefangenen Riesenthune können bis zu 4 Meter lang und 700 Kilo schwer werden.

Tiefenstreuschichten, *DSL.* Als DSL, »*Deep Scattering Layers*«, zu deutsch Tiefenstreuschichten, bezeichnete man während des Zweiten Weltkriegs rätselhafte Schichten, die man mittels Echolot in ganz unterschiedlichen Tiefen und Regionen der Ozeane registriert hatte.
Beobachtungen haben ergeben, daß sich diese nachts auf-

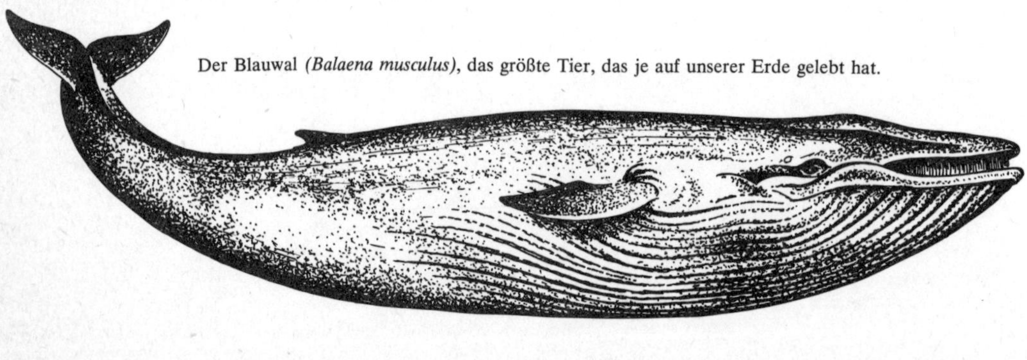

Der Blauwal *(Balaena musculus),* das größte Tier, das je auf unserer Erde gelebt hat.

steigenden und bei Tageslicht wieder absinkenden Schichten aus Meerestieren zusammensetzen, die Professor H. E. Edgerton vom Massachusetts Institute of Technology von der *Calypso* aus mit elektronischem Blitzlicht fotografieren konnte.
Diese lebendige Schicht besteht in der Hauptsache aus Ruderfüßern *(Kopepoden)*, Medusen, Staatsquallen *(Siphonophoren)*, Eiern und Larven.

Tintenfisch. Kopffüßer der Familie *Sepiidae*, Ordnung *Sepioïdei*, Unterklasse *Coleoïdea*.
Lebt in den Küstenzonen, in Tangwäldern und auf Sandgrund, ernährt sich von Krebstieren. Die meisten der etwa 80 Arten finden sich in den tropischen und subtropischen Meeren des indopazifischen Raumes, im Westpazifik und Indischen Ozean, während sie im Atlantik kaum und in den amerikanischen Gewässern überhaupt nicht vertreten sind. Der schildförmig ovale, von einem Flossensaum umgebene Körper ist durch eine Binnenschale, den sogenannten Kalkschulp *(Os sepiae)*, verstärkt, der, von luftgefüllten Kammern durchsetzt, dem Tier als hydrostatische Einrichtung zum Schwimmen und Driften dient. Neben seinen rings um den Kopf angeordneten 8 Armen besitzt der Tintenfisch auch 2 verlängerte Fangarme, die normalerweise in unterhalb der Augen befindliche Taschen zurückgezogen werden.
Am bekanntesten ist der bereits von Aristoteles vor über 2300 Jahren beobachtete und beschriebene Gemeine Tintenfisch, *Sepia officinalis*, ein typischer Bewohner der Küstengewässer und küstennahen Regionen des Mittelmeers, der die 150-Meter-Grenze kaum je unterschreitet. Tintenfische können 3 bis 4 Jahre alt werden, doch dürfte nur ein Bruchteil der Population dieses Alter erreichen – die durchschnittliche Lebensdauer liegt bei 2 bis 2½ Jahren. Der kleinste Tintenfisch, *Hemisepius typicus*, mißt nur 7 Zentimeter, der größte, *Sepia latimanus*, 1,75 Meter, wobei die Mantellänge im Höchstfall 40 bis 50 Zentimeter beträgt. Die Fortpflanzung findet im Frühling beziehungsweise im Sommer statt.

Trosse. Aus mehreren Tauen zusammengedrehte schwere Leine zum Festmachen, Verholen und Schleppen von Schiffen.

Unterwasserkabinen. Beim ersten Experiment mit einem »Haus am Meeresgrund«, das 1962 im Mittelmeer vor der Küste von Marseille stattfand, hielten sich 2 Taucher 8 Tage lang in 10 Meter Tiefe auf.
Der zweite Versuch, »Précontinent II«, wurde 1963 im Roten Meer bei Shab Rumi vor der Küste des Sudan durchgeführt: 2 Aquanauten lebten eine Woche lang in knapp 26 Meter Tiefe, 8 weitere einen Monat lang in knapp 11 Meter Tiefe.
Beim dritten, 1965 durchgeführten Experiment »Précontinent III« hielten sich 6 Taucher 3 Wochen lang in 100 Meter Tiefe in einem »Haus am Meeresgrund« vor Kap Ferrat auf.

Vordersteven. Besonders widerstandsfähiger vorderer Abschluß der Bordwand.

Zackenbarsch. Ortsständiger Fisch der Familie *Serranidae*, der in sehr unterschiedlichen Tiefen Grotten oder Korallenhöhlen, vornehmlich mit sandigem Grund, bewohnt, wo er seiner manchmal schon von fern »gewitterten« Beute auflauert, um sich pfeilschnell auf sie zu stürzen.
Ehedem an den Küsten des Mittelmeers sehr häufig, doch durch übermäßige Jagd inzwischen stark dezimiert, während er an der afrikanischen sowie an der nord- und südamerikanischen Küste noch in großer Zahl vorkommt.
In warmen Meeren sind zahlreiche Arten dieser buntfarbigen Küstenfische vertreten, so unter anderem *Ephinephelus, Cephalopholis* usw., vor allem aber *Stereolepis* oder *Promicrops*. Letzterer kann in ausgewachsenem Zustand bis zu 3 Meter lang werden und kommt namentlich an der Westküste Afrikas vor. Während die Amerikaner den Ausdruck »Jew Fish« auf den Zackenbarsch beschränken, bezeichnen die Engländer sämtliche Fische der Familie *Serranidae* mit dem Sammelnamen »Grouper«.

Cousteau-Gagnansche Aqualunge.

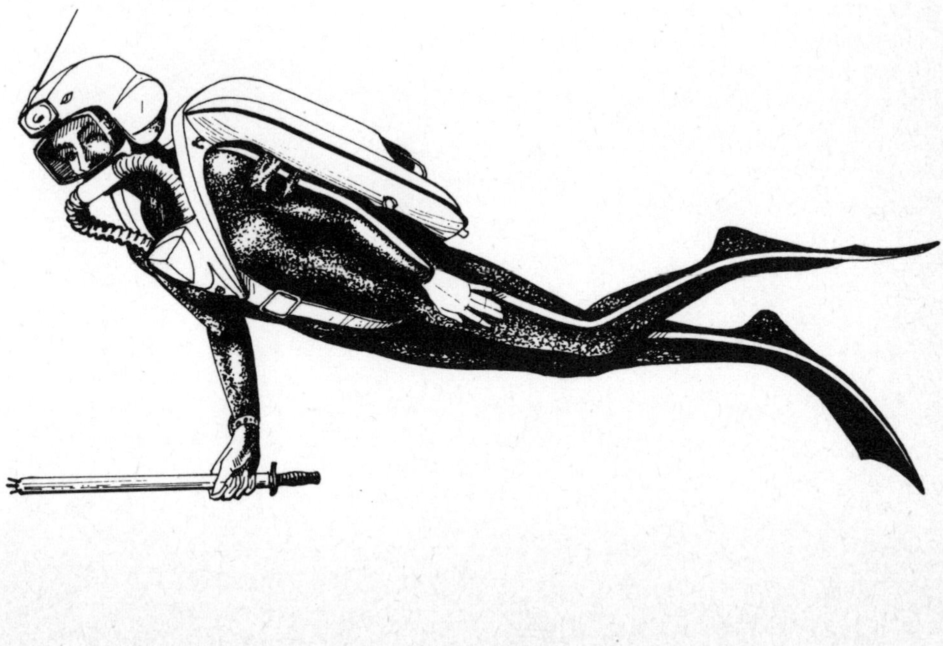

Bibliographie

Antony Alpers: *Delphine – Wunderkinder des Meeres*, Bern 1962

Raphaële Anthonioz: *Les Imragen, Pêcheurs Nomades de Mauritanie.* Abgedruckt in den Forschungsberichten des IFAN, Bd. XXIX, Ser. B, Nr. 3–4, 1967, und Bd. XXX, Ser. B, Nr. 2, 1968.

Paul Budker: *Dauphin*, in *La Mer*, Encyclopédie Alpha, Editions de la Grange Batelière, Paris 1973.

René-Guy Busnel, A. Moles und M. Gilbert: *Un Cas de Langue Sifflée Utilisée dans les Pyrénées Françaises*, Logos Bd. 5, Nr. 2, Oktober 1962.

René-Guy Busnel: *Le Dauphin, Nouvel Animal de Laboratoire*, Sciences et Techniques Nr. 3, 1966.

–: *Symbiotic Relationship between Man and Dolphins*, Meeting of the Section of Psychology, New York Academy of Sciences, 1972.

– (Hg.): *Les systèmes sonars animaux.* Laboratoire de Physiologie Acoustique, Jouy-en-Josas 1967.

David K. und Melba C. Caldwell: *Sounds and Behavior of Captive Amazon Freshwater Dolphins*, Sciences Nr. 108, 1966.

–: *The Ugly Dolphin*, Marineland Research Laboratory, St. Augustine (Florida).

–: *The World of the Bottlenosed Dolphin*, J. B. Lippincott Company, Philadelphia u. New York 1972.

André Classe: *L'Etrange Langage Sifflé des Iles Canaries.* Courrier de l'UNESCO, November 1957, Nr. 11.

F.C. Fraser: *British Whales, Dolphins and Porpoises.* The British Museum of Natural History, London 1966.

R.E. Green, W.F. Perrin und B.P. Patrick: *The American Tuna Pure Seine Fishery.* Modern Fishing Gear of the World: 3. Fishing News Books Ltd., London.

Earl S. Herald: *Field and Aquarium Study of the Blind River Dolphin.* Naval Undersea Research and Development Center, Juli 1969.

Ph. Hershkovitz: *Catalog of Living Whales.* Smith Institute, U.S. National Museum, Washington D.C. 1966.

Blair Irvine: *Conditioning Marine Mammals to Work in the Sea.* M.T.S. Journal, Bd. 4, Nr. 3, 1970.

A. Jonsgard und P. B. Lyshoel: *A Contribution to the Knowledge of Killer Whale.* Nouv. Jour. Zool. 1970.

W.N. Kellogg: *Porpoises and Sonar.* Phoenix Sc. Ser. 1961.

John Cunningham Lilly: *Man and Dolphin.* Doubleday, New York 1961.

–: *The Mind of the Dolphin, A Non-Human Intelligence,* Doubleday, New York 1967.

L.H. Matthews: *The Whale.* London 1968.

Richard L. McNeely: *The Pure Seine Revolution in Tuna Fishing.* Pacific Fisherman, Juni 1961.

Kenneth S. Norris: *Trained Porpoise Released in Open Sea.* Science 147 (3661), S. 1048–1050.

– (Hg.): *Whales, Dolphins and Porpoises.* University of California Press, Berkeley und Los Angeles 1966.

William F. Perrin: *Using Porpoise to Catch Tuna.* World Fishing, Bd. 18, Nr. 16, 1969.

G. Pilleri: *Observations on the Behavior of Platanista gangetica in the Indus and Brahmaputra Rivers.* 1970.

D.W. Rice und V.B. Scheffer: *A List of the Marine Mammals of the World.* U.S. Fish and Wildlife Serv., Nr. 579, Washington D.C. 1968.

–: *Recent Mammals of the World, A Synopsis of Families.* Cetaceans. Ronald Press Co., New York 1967.

Sarah R. Riedman und Elton T. Gustafson: *Home is the Sea for Whales.* Rand McNally & Company, New York 1966.

E. J. Slijper: *Riesen des Meeres.* Berlin 1962.

Bildnachweis

Die in diesem Band veröffentlichten Fotos stammen von Henri Alliet, Ron Church, Jan und Philippe Cousteau, François Dorado, Marie-Noëlle Favier, Ivan Giacoletto, André Laban, Edmond Laffont, Jean-Jacques Languepin, Yves Omer, Louis Prézelin, André Ragiot, Jacques Renoir und Jean-Clair Riant, einige der Überwasseraufnahmen auch von anderen Mitgliedern der Crew.
Die Zeichnungen in den Anhängen und im Glossar fertigte Jean-Charles Roux an.
Bildunterschriften: Marie-Noëlle Favier.

Dank

Unser besonderer Dank gilt den Wissenschaftlern, die uns bei der Zusammenstellung dieses Buches mit Rat und Tat zur Seite standen, so vor allem
Professor Paul Budker, dem Direktor der Abteilung für Biologie der Wale und anderen Meeressäuger an der Ecole Pratique des Hautes Études;
Professor René-Guy Busnel, dem Direktor der lautphysiologischen Abteilung am CNRS (Centre National de la Recherche Scientifique) in Jouy-en-Josas;
Charles Roux, dem stellvertretenden Direktor der Abteilung für Reptilien und Fische am Muséum National d'Histoire Naturelle;
Albin Dziedzic von der lautphysiologischen Abteilung am CNRS.

Stichwortregister

Die Zahlen mit * verweisen auf die Abbildung auf der jeweiligen Seite